数字电子技术项目式教程

主　编　董小琼
副主编　陈　杰
主　审　余海明

北京理工大学出版社
BEIJING INSTITUTE OF TECHNOLOGY PRESS

内容简介

本书内容由7个项目组成，项目内容的选取具有典型性和可操作性，包括电子液位控制器的设计制作、四路抢答器的设计制作、多路控制开关的设计制作、计数显示电路的设计制作、自动控制小车电路的设计制作、信号发生器电路的设计制作和数字频率计的设计制作。本书以项目任务为出发点，引入掌握数字电子技术所需的基础知识和基本技能。通过项目任务的完成，提高学生对数字电子技术的理解，使之能综合运用所学知识完成小型数字系统应用电路的设计制作，培养学生实际操作能力以及发现问题、解决问题的能力。

本书可作为高等院校的电力、电子、通信、机电一体化、电气自动化、计算机等专业的教材，也可供从事电子行业的工程技术人员参考使用。

图书在版编目（CIP）数据

数字电子技术项目式教程/董小琼主编. —北京：北京理工大学出版社，2017. 5
ISBN 978-7-5682-3831-1

Ⅰ. ①数…　Ⅱ. ①董…　Ⅲ. ①数字电路—电子技术—高等学校—教材　Ⅳ. ①TN79

中国版本图书馆CIP数据核字（2017）第054383号

出版发行 / 北京理工大学出版社有限责任公司
社　　址 / 北京市海淀区中关村南大街5号
邮　　编 / 100081
电　　话 / （010）68914775（总编室）
（010）82562903（教材售后服务热线）
（010）68948351（其他图书服务热线）
网　　址 / http：//www. bitpress. com. cn
经　　销 / 全国各地新华书店
印　　刷 / 三河市华骏印务包装有限公司
开　　本 / 787毫米×1092毫米　1/16
印　　张 / 12
字　　数 / 282千字
版　　次 / 2017年5月第1版　2017年5月第1次印刷
定　　价 / 45.00元

责任编辑 / 王艳丽
文案编辑 / 王艳丽
责任校对 / 周瑞红
责任印制 / 李志强

图书出现印装质量问题，请拨打售后服务热线，本社负责调换

本书本着“工学结合、项目引导、任务驱动、教学做一体化”的原则，以理论够用、着眼应用的思想而编写。供高等院校电力、电子、计算机、通信、机电一体化及电气自动化类各专业“数字电子技术基础”“数字电子技术”课程教学使用。教材内容力求全面体现应用型高等教育的特点。

(1) 以项目引导教与学。

本书通过项目任务引入相关知识和理论，通过项目的实施进行技能训练，施行“教、学、做”一体化的教学思路。

(2) 项目的选取具有典型性、可操作性。

本书每个项目的选取都来源于生活实际需求，将基础知识适当地融入项目实施中。学习的过程是围绕工作进行的，从而提高学生学习的兴趣，调动学生学习的积极性与主动性。

(3) 注重职业能力的培养。

本书共7个项目，每个项目有要求、目标、电路原理和实施过程。通过项目的设计制作、调试和故障排除，不仅提高了学生对数字电子技术的理解和应用能力，也强调了学生职业技能的训练、职业能力的培养，做到学以致用，使学生能独立解决实际工作中遇到的问题。

(4) 在内容选取上以“必需、够用”为原则。

数字电子技术是当前发展较快的学科之一，其发展主要体现在数字电路器件与系统设计方法、制作技术以及对数字信号处理的方法上。本书对数字电子技术的基本理论进行了必要的阐述，对组合逻辑电路与时序逻辑电路的分析方法以及组合逻辑电路的设计等做了必要的介绍，没有涉及时序逻辑电路的设计问题。通过项目的实施介绍电路设计制作、调试与检测。内容层次清晰，循序渐进，让学生对数字电子技术基本理论、电路组成及电子系统有较深入的理解和掌握，为今后的持续学习奠定基础。

(5) 内容安排符合职业成长规律。

本书根据职业成长规律、认知规律和递进规律重构学习领域。对基本方法和基本技能力求完整、明确、实用，做到学用结合。在内容上突出常用集成电路的功能和使用方法介绍，减少对其内部电路的讲解和讨论。另外，本教材还注重吸收新技术、新产品和新内容。本教材结构合理，重点突出，例题简明，便于教学。

本书每个项目都有所需达到的知识目标、技能目标及任务要求，起承前启后的作用。每个项目都有项目小结，便于复习和巩固。每个项目都由几个模块构成，应用实例与实际应用结合紧密，便于学生掌握，每个项目后都附有习题，题型丰富，难度适中。

本书由董小琼主编，陈杰任副主编，佘海明任主审，由董小琼负责总体策划及全书的统稿。本书在编写过程中得到了丁官元教授的关心和支持，在此表示衷心的感谢。

由于编者水平有限，书中难免有错误和疏漏之处，热忱欢迎使用本教材的教师与学生们对本书提出批评与建议。

编　者

目录 Contents

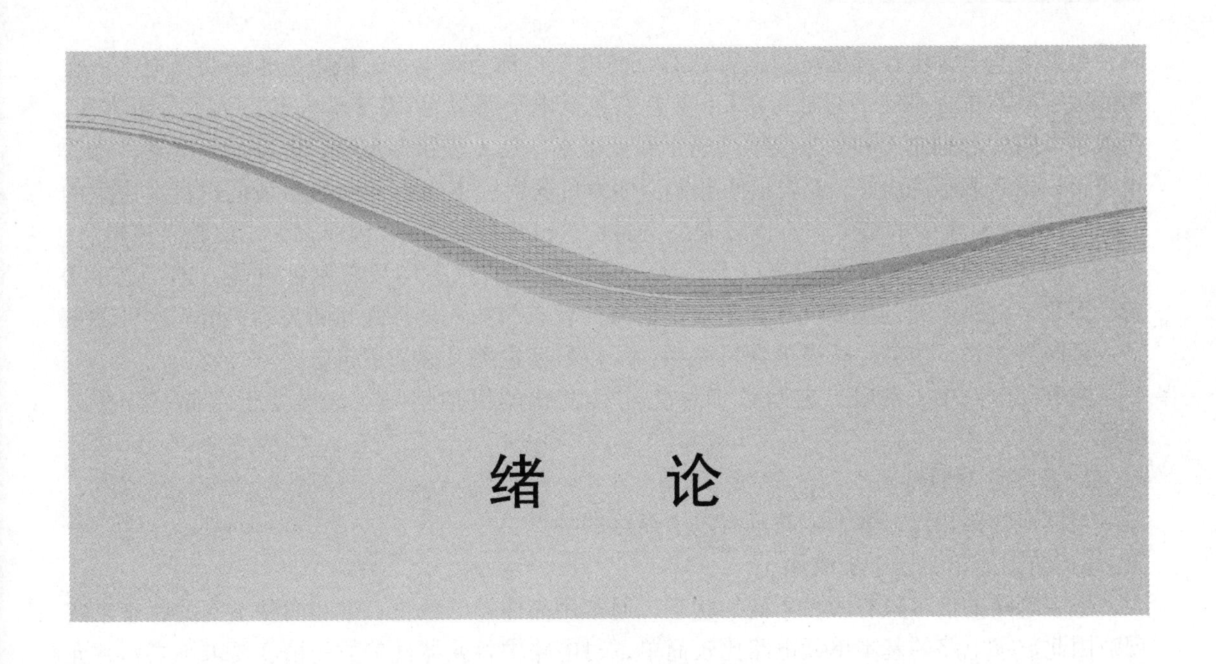

绪　论

电子电路中的信号是用来完成某些有用功能的电流变量或电压变量的总称。模拟信号和数字信号是电子电路中传递和处理的两类基本电信号。处理模拟信号的电路称为模拟电路；处理数字信号的电路称为数字电路。研究处理以及应用相关数字信号、数字器件以及数字电路的技术称为数字电子技术。数字电子技术已被广泛地应用于人们的生产、生活中，小到数字表、电子秤、数字电视、数码相机，大到“神舟十号”载人飞船，无处不体现着数字电子技术的应用。数字电子技术对电子产品的小型化、处理速度的快速化、通话效果的清晰化以及网络安全化等起着举足轻重的作用，它渗透在人们每时每刻的生活、学习、工作中，了解与掌握数字电子技术的相关知识意义深远。

1. 数字信号与数字电路

模拟信号的特点是在时间上和幅度上都是连续变化的电信号，如图0-1（a）所示。自然界中绝大多数物理量的变化都是平滑、连续的，如声音、温度、压力、湿度等，这些物理量通过传感器变成电信号后，其电信号的数值相对于时间的变化过程也是平滑的、连续的，它们都是模拟信号。用来产生、传递、加工和处理这些模拟信号的电路，如放大器、滤波器、信号发生器等都是模拟电路。

数字信号又称脉冲信号，这种信号在时间和幅度上都是离散的电信号，如只有高、低电平跳变的矩形脉冲信号，如图0-1（b）所示。常见的数字信号波形还有锯齿波、三角波、尖锋波、阶梯波等。但数字电路中常用到的脉冲波形通常为矩形波。能产生、传递、加工和处理数字信号的电路，如脉冲信号的产生、放大、整形、传送、控制、记忆、计数电路，计算机中的存储器电路等都是数字电路。

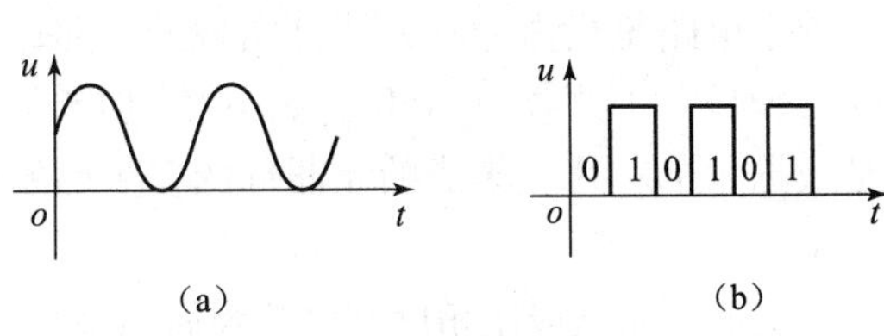

图0-1　模拟信号和数字信号示例

（a）模拟信号　（b）数字信号

数字信号在时间和数值上均是离散的，反

映在电路上具有高电位和低电位两种状态，高电位也称为高电平，低电位也称为低电平。在实际数字电路中，高电平通常为 +3.5 V 左右，低电平通常为 +0.3 V 左右。为了分析方便，在数字电路中分别用 1 和 0 来表示高电平和低电平。用 1 表示高电平，0 表示低电平，称为正逻辑；用 0 表示高电平，1 表示低电平，称为负逻辑。本书中采用的均是正逻辑。这里的 0 和 1 不是十进制中的数字，不代表大小，而是逻辑 0 和逻辑 1，因而称为二值数字逻辑。

在数字电路中，电路的状态以及输入、输出信号的状态均只有两种可能，即 1 态和 0 态，而数字电路研究的主要问题就是输出信号的状态与输入信号之间的关系，由于这种关系是一种因果关系，也就是所谓的逻辑关系，所以数字电路又称为逻辑电路。

在数字电路中，常用二进制数来量化连续变化的模拟信号，这样便于存储、分析或传输。

2. 数字电路的特点

与模拟电路相比，数字电路具有以下显著的特点。

1）结构简单、便于集成化

数字电路的信号只有两种不同的状态，通常用晶体管的截止、饱和两种不同的状态来实现。因此数字电路的基本单元电路比较简单，对电路中各元器件参数的精度要求不高，并允许有较大的分散性，只要能区分高电平和低电平就可以了，从而可以将很多基本单元电路集成到一块芯片上，便于集成制造和系列化生产。

2）数字电路工作可靠性高、抗干扰能力强

由于数字电路传输、加工和处理的都是二值逻辑电平，只有环境干扰相当强才能改变信号的状态。数字电路还可以用增加二进制数的位数来提高电路的运算精度。因此，数字电路的抗干扰能力强，电路工作可靠。

3）便于长期存储、保密性好、使用方便

数字电路中的二值信号具有便于长期存储的特点，使大量的信号资源得以妥善保存，并且容易调出，使用方便。另外，在数字电路中可以进行加密处理，使可贵的信息资源不易被窃取。

4）数字电路能对数字信号进行各种逻辑运算

数字电路不仅能完成算术运算，还可以完成逻辑运算，具有逻辑推理和逻辑判断的能力，在各种数控装置、智能仪表以及数字电子计算机等现代科技产品制造中得到广泛应用。

3. 数字电路的分类与发展

1）数字电路的分类

根据数字电路的组成结构不同，可分为分立元器件数字电路与集成电路两类。分立元器件数字电路是指由分立元器件实现的电路，现在已不常用。广泛使用的集成电路又分为小规模（SSI）、中规模（MSI）、大规模（LSI）和超大规模（VLSI）集成电路，其规模的大小是根据每个芯片上集成的元器件的多少而定的，一般由几千个到几万个甚至更多，如表0－1所示。

集成电路从应用角度又可分为通用型和专用型两大类。通用型是指已被定型的标准化、系列化产品，适用于各种不同的数字电路。专用型是指为特殊用途专门设计、具有复杂而完整的特定功能的产品，只适用于专用的数字电路，一般很难在其他场合应用。典型的专用型数字集成电路有计算机中的存储器芯片（RAM、ROM）、微处理器芯片（CPU）及语音芯片等。

表 0－1 数字集成电路分类表

集成电路分类	集成度	电路使用范围
小规模（SSI）	1～10 门/片 10～100 元器件/片	逻辑单元电路：逻辑门、触发器
中规模（MSI）	10～100 门/片 100～1000 元器件/片	逻辑功能部件：编码器、译码器、计数器、寄存器、比较器、运算器、选择器和转换器等
大规模（LSI）	＞100 门/片 ＞1000 元器件/片	数字逻辑系统：存储器、中央控制器、串并行接口电路
超大规模（VLSI）	＞1000 门/片 ＞10 万元器件/片	高集成度数字逻辑系统：在一个芯片上集成一个完整的微处理器

通用型数字集成电路又有两种类型。一种是逻辑功能固定的标准化、系列化产品；目前常见的中、小型数字集成电路大多属于这一种。利用这些产品可以组成更为复杂的数字系统，但当系统变复杂以后，电路体积会很庞大，电路可靠性也降低。通用型数字集成电路的另一种类型便是可编程逻辑器件（PLD），其内部包含了大量的基本逻辑单元电路，通过写入编程数据，可以实现所需要的逻辑功能。它具有像专用集成电路可靠性高、体积小、能满足各种专门用途的特点，同时又可以作为电子产品生产的集成电路。

根据电路使用半导体器件类型的不同又分为双极型和单极型两种。双极型电路一般由晶体三极管组成，而单极型电路主要由场效应管组成。数字器件的内部组成并不影响人们对它的使用，只是要注意不同器件组成的数字电路对使用环境的要求有所不同。例如，单极型电路因对静电敏感，故在使用过程中要采取防静电措施，如要戴防静电手环、用防静电烙铁、铺防静电胶垫以及使用防静电包装袋等。

根据电路的输出信号与输入信号之间的关系，数字电路也可分为组合逻辑电路和时序逻辑电路两大类。组合逻辑电路的输出只与当前的输入有关，而与电路原来的状态和时间无关；而时序逻辑电路不仅与时间有关，还与原来的电路状态有关，它们共同决定了时序逻辑电路的输出，具有记忆功能。在实际电路中两者常常结合起来使用，组合逻辑电路和时序逻辑电路是各种数字系统和数字设备的基本部件。

2）数字电路的发展

数字电路从分立元器件、小规模集成电路发展到超大规模集成电路，其工作速度越来越快，耗电量越来越低。加工工艺也从最初的手工焊接发展到自动化的表面贴装技术（SMT），贴装精度小于 ±0.1 mm，而数字器件的管脚可以更细。我国目前已有能力设计、制造先进的超大规模集成电路，完全靠进口的时代已经一去不复返了。

数字电路是电子技术的最重要分支，由于数字电路相对于模拟电路有一系列优点，使它的应用十分广泛，而且还在不断发展。它不仅应用于计算机、通信、雷达、自动控制技术等方面，而且在核物理、航天、激光、医药等各个技术领域的控制设备和数字测量中，也发挥着重要的作用，对现代科技、工农业生产及人类社会生活的各个领域产生着越来越重要的影响。

项目1 电子液位控制器的设计制作

在日常生活和工业生产中，很多种应用电路都通过逻辑门电路和其他一些元器件配合构成，用来完成相应的功能。电子液位控制器是用在存储液体或液塔中，能对液位进行监测，当液位达到一定位置时即时报警并控制泵电动机转动，它是逻辑门电路在控制方面的应用。通过本项目的设计制作，将达到如下目标。

知识目标

（1）了解数的进制的概念，掌握二进制、八进制、十六进制、十进制的表示方法及其之间的相互转换。

（2）了解码制的概念，掌握几种常见码制表示方法。

（3）掌握三种基本逻辑关系及相应的复合逻辑关系，能熟练运用真值表、逻辑式、逻辑图来表示逻辑函数。

（4）了解逻辑代数的基本规则，能熟练运用卡诺图化简逻辑函数。

（5）理解常用逻辑门的逻辑功能、图形符号，掌握TTL集成逻辑门电路及CMOS集成逻辑门电路的逻辑功能。

（6）了解TTL集成门电路与CMOS集成门电路的使用注意事项。

技能目标

（1）能分析各种常见逻辑门的逻辑功能。

（2）能根据时序图、真值表写逻辑表达式。

（3）能组装基本逻辑门电路，并能进行逻辑功能测试。

（4）能用基本门电路进行简单数字电路的设计。

项目任务

储存液体的液箱或液塔共设置四段位置高度，用灯的亮灭显示液位达到的高度段，当液体达到相应位置高度时，对应指示灯亮。当液箱无液或液位很低（低于第一段位置高度）时，三个指示灯均灭，表示要注液；当液位达到第二段高度位置时，一个指示灯亮；当液位达到第三段高度位置时，两个指示灯亮；当液位达到最高位置时（第四段位置高度），三个指示灯均亮并发出报警信号，同时泵电动机自动停转，关闭注液水泵。用逻辑门电路设计制作该液位控制器，满足上述控制要求。

模块 1.1　常用数制及转换

在日常生活中，人们习惯用十进制，而在计算机、微处理器、数字电路中广泛使用的是二进制，但用二进制表示时，所需位数太多，不太方便，所以也常采用十六进制和八进制。对于任何一个数，可以用不同的进制来表示，本模块将介绍几种常用进制的表示方法及它们之间的相互转换，另外还介绍常用的码制。

1.1.1　数制

计数时，要用多位数码，把多位数码中每一位的构成方法和低位向高位的进位规则称为数制。在学习各种数制特点前，先介绍两个基本概念：一个是“基数”，就是在该进位制中可能用到的数码个数；另一个是“权”，在某一进位制的数中，每一位的大小都对应着该位上的数码乘上一个固定的数，这个固定的数就是这一位的权，权是一个幂。基数和权是进位制的两个基本要素。

1. 十进制

在十进制中，用0，1，2，…，9 这 10 个不同的数码按照一定的规律排列起来表示数值的大小，是以 10 为基数的计数体制。当数超过 9 就要向高位进位，其计数规律是“逢十进一”，故称为十进制。十进制数的数码处于不同的位置时，它所表示的数值也不相同。例如，十进制数 893 可表示成

$$(893)_D = 8 \times 10^2 + 9 \times 10^1 + 3 \times 10^0$$

括号加下标“D”表示十进制数。等式右边的 10^2、10^1、10^0这些 10 的幂表示的是十进制数各相应位的“权”，10 是基数。不难看出，各位的数值就是该位数码（系数）乘以相应的权，每位的数值加起来就得到相应的数。按此规律，任意一个十进制数 $(N)_D$都可以写成按权展开式，即

$$\begin{aligned}(N)_D &= K_{n-1} \times 10^{n-1} + K_{n-2} \times 10^{n-2} + \cdots + K_1 \times 10^1 + K_0 \times 10^0 + K_{-1} \times 10^{-1} + \cdots \\ &= \sum_{i=-\infty}^{\infty} K_i \times 10^i\end{aligned}$$

式中，K_i代表第 i 位的系数，可取 0 ~9 这 10 个数码中的任一个；10^i为第 i 位的权；i 为 $-\infty$ 到 $+\infty$ 之间的任意整数。

2. 二进制

二进制常用 B 表示，如二进制数 1100 常表示为 $(1100)_B$。与十进制数相似，二进制数的特点如下。

（1）二进制数只有两个数码，为 0、1，即以 2 为基数的计数体制。

（2）二进制计数规律为逢二进一，借一当二，位权是 2 的整数幂。

（3）任意一个二进制数都可以写成以 2 为底的幂之和的形式，即按权展开相加。

例如，一个二进制数 $(101101)_B$ 可表示为

$$
\begin{aligned}
(101101)_B &= 1\times 2^5+0\times 2^4+1\times 2^3+1\times 2^2+0\times 2^1+1\times 2^0 \\
&= 32+8+4+1 \\
&= (45)_D
\end{aligned}
$$

此表达式也称为按权展开式。任意一个二进制数 $(N)_B$ 可表示为

$$
\begin{aligned}
(N)_B &= K_{n-1}\times 2^{n-1}+K_{n-2}\times 10^{n-2}+\cdots+K_1\times 2^1+K_0\times 2^0+K_{-1}\times 2^{-1}+\cdots \\
&= \sum_{i=-\infty}^{\infty} K_i\times 2^i
\end{aligned}
$$

式中，i 同样为 $-\infty$ 到 $+\infty$ 之间的任意整数；K_i 为第 i 位的系数，即 0 或 1；2^i 则为第 i 位的“权”数。如一个带小数的二进制数 101.101 可按权展开表示为

$$
\begin{aligned}
(101.101)_B &= 1\times 2^2+0\times 2^1+1\times 2^0+1\times 2^{-1}+0\times 2^{-2}+1\times 2^{-3} \\
&= 4+1+0.5+0.125 \\
&= (5.625)_D
\end{aligned}
$$

二进制数的运算规则如下。

加法：$0+0=0\quad 0+1=1+0=1\quad 1+1=10$

乘法：$0\times 0=0\quad 0\times 1=1\times 0=0\quad 1\times 1=1$

通过上述叙述可知，二进制数比较简单，只有 0 和 1 两个数码，并且算术运算也很简单，所以二进制数在数字电路中获得广泛应用。但是二进制数也有缺点，用二进制表示一个数时，位数多，读写不方便，而且也难记忆。

3. 八进制

八进制数是以 8 为基数的计数体制，它用 0，1，2，…，7 这 8 个数码表示，采用“逢八进一”的计数规律，各位的权为 8 的幂。3 位二进制码可用一位八进制码表示。任意一个八进制数 $(N)_O$ 可写成按权展开式，即

$$
\begin{aligned}
(N)_O &= K_{n-1}\times 8^{n-1}+K_{n-2}\times 8^{n-2}+\cdots+K_1\times 8^1+K_0\times 8^0+K_{-1}\times 8^{-1}+\cdots \\
&= \sum_{i=-\infty}^{\infty} K_i 8^i
\end{aligned}
$$

式中，下标“O”表示八进制数；K_i 为第 i 位的系数，是 0 ~ 7 这 8 个数码之一；8^i 为第 i 位的“权”数。例如，一个八进制数 $(132.4)_O$ 可展开表示为

$$
(132.4)_O = 1\times 8^2+3\times 8^1+2\times 8^0+4\times 8^{-1} = (90.5)_D
$$

4. 十六进制

十六进制数使用 0 ~ 9、A、B、C、D、E、F 共 16 个数码，其中 A 代表 10、B 代表 11、C 代表 12、D 代表 13、E 代表 14、F 代表 15，采用“逢十六进一”的计数规律，基数为 16，各位

的权为16的幂。4位二进制码可用一位十六进制码表示。

任意一个十六进制数 $(N)_H$ 可以写成按权展开式，其表达式为

$$(N)_H = K_{n-1} \times 16^{n-1} + K_{n-2} \times 16^{n-2} + \cdots + K_1 \times 16^1 + K_0 \times 16^0 + K_{-1} \times 16^{-1} + \cdots$$
$$= \sum_{i=-\infty}^{\infty} K_i \times 16^i$$

式中，下标"H"表示十六进制数；K_i 为第 i 位的系数，是0～F这16个数中的任意一个数码；16^i 则为第 i 位的"权"数。例如，一个十六进制数A3F. C可按权展开表示为

$$(A3F.C)_H = A \times 16^2 + 3 \times 16^1 + F \times 16^0 + C \times 16^{-1}$$
$$= 2560 + 48 + 15 + 0.75$$
$$= (2623.75)_D$$

请读者熟记不同的4位二进制数对应的十进制数，一共有16个（见表1－1），以及这4位二进制数与1位十六进制数之间的对应关系，这对以后专业课的学习非常有益。

表1－1　几种数制对照表

十进制数	二进制数	八进制数	十六进制数
0	0000	0	0
1	0001	1	1
2	0010	2	2
3	0011	3	3
4	0100	4	4
5	0101	5	5
6	0110	6	6
7	0111	7	7
8	1000	10	8
9	1001	11	9
10	1010	12	A
11	1011	13	B
12	1100	14	C
13	1101	15	D
14	1110	16	E
15	1111	17	F
16	10000	20	10

1.1.2 数制转换

十进制是人们日常生活中惯用的计数体制，二进制是数字电路中使用的计数体制，而八进制和十六进制则是在数字电路中辅助二进制计数所用的计数体制。十进制、二进制、十六进制使用的场合不同，可以利用其特点进行相互转换。

1. 二进制、八进制、十六进制数转换为十进制数

将一个二进制、八进制或十六进制数转换成十进制数，只要写出该进制数的按权展开式，然后按十进制数的计数规律相加，就可得到所求的十进制数。

例 1-1 将二进制数 $(1110.011)_B$ 转换成十进制数。

解：

$$\begin{aligned}(1110.011)_B &= 1\times2^3+1\times2^2+1\times2^1+0\times2^0+0\times2^{-1}+1\times2^{-2}+1\times2^{-3}\\ &= 8+4+2+0.25+0.125\\ &= (14.375)_D\end{aligned}$$

例 1-2 将八进制数 $(156)_O$ 转换成十进制数。

解：

$$(156)_O = 1\times8^2+5\times8^1+6\times8^0 = (110)_D$$

例 1-3 将十六进制数 $(6C.E)_H$ 转换成十进制数。

解：

$$(6C.E)_H = 6\times16^1+12\times16^0+14\times16^{-1} = (108.875)_D$$

2. 十进制转换为二进制、八进制、十六进制数

在将十进制数转换成二进制、八进制、十六进制数时，可将整数部分和小数部分分开进行。

十进制的整数部分分别采用“除 2 逆向取余法”“除 8 逆向取余法”“除 16 逆向取余法”，即十进制数除基数 R 逆向取余，直到商为 0，便可求得二、八、十六进制数的各位数码 K_{n-1}，K_{n-2}，…，K_1，K_0。注意最先得出的余数对应相应进制的最低位。

例 1-4 将十进制数 $(35)_D$ 转换为二进制数。

解：采用“除 2 取余法”。

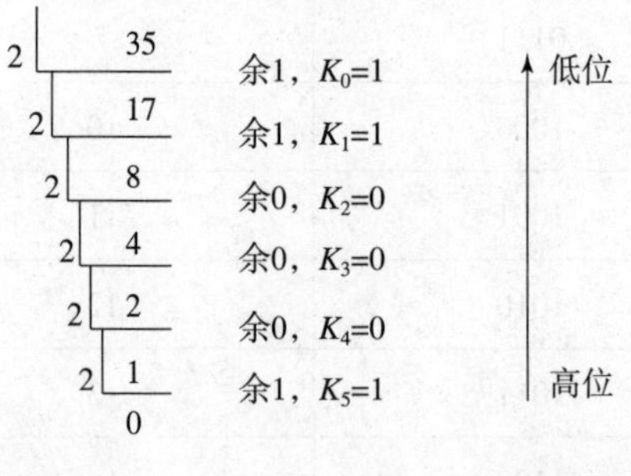

除数	被除数	余数	
2	35	余1，$K_0=1$	↑ 低位
2	17	余1，$K_1=1$	
2	8	余0，$K_2=0$	
2	4	余0，$K_3=0$	
2	2	余0，$K_4=0$	
2	1	余1，$K_5=1$	高位
	0		

最后的商为 0。于是得

$$(35)_D = (K_5K_4K_3K_2K_1K_0)_B = (100011)_B$$

例 1-5 将 $(139)_D$ 转换成十六进制数。

解：

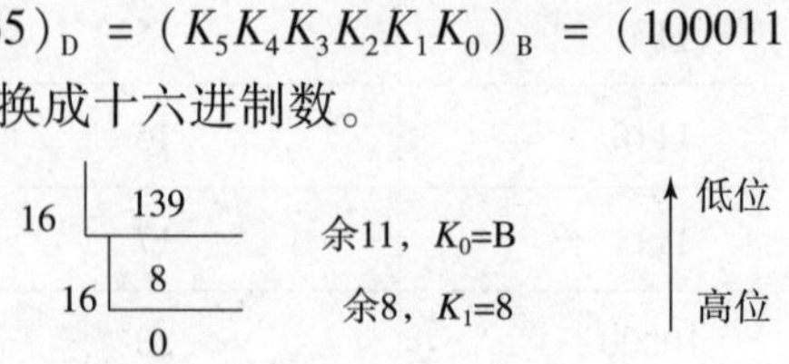

除数	被除数	余数	
16	139	余11，K_0=B	↑ 低位
16	8	余8，$K_1=8$	高位
	0		

得：$(139)_D = (8B)_H$

另外，对于一个十进制数，要转换成 R 进制，可根据数学知识将其分解成不同的 R 的幂次的组合，继而将其规范成 R 进制表示的形式，从而得出 R 进制的各位数码。注意没有出现的幂次则表示其位码 K_i 为“0”。

例1－6　将下列十进制数转换成二进制数。

$$
\begin{aligned}
(55)_D &= 32+23\\
&= 32+16+7\\
&= 32+16+4+2+1\\
&= 2^5+2^4+2^2+2^1+2^0\\
&= 1\times2^5+1\times2^4+0\times2^3+1\times2^2+1\times2^1+1\times2^0\\
&= (110111)_2
\end{aligned}
$$

$$
\begin{aligned}
(238)_D &= 128+64+32+8+4+2\\
&= 1\times2^7+1\times2^6+1\times2^5+0\times2^4+1\times2^3+1\times2^2+1\times2^1+0\times2^0\\
&= (11101110)_B
\end{aligned}
$$

十进制的小数部分可用“乘基数 R 取整”法转换成相应的 R 进制数，即将这个十进制数小数部分连续乘基数 R，直至为0或满足所要求的误差为止。每次乘基数 R 所得整数的组合便是所求的二进制数。注意最先得出的整数对应 R 进制的最高位。

例1－7　将 $(0.375)_D$ 转换为二进制数。

	整数部分	对应 K_i
0.375 × 2 = 0.750	0	$K_{-1}=0$
0.750 × 2 = 1.500	1	$K_{-2}=1$
0.500 × 2 = 1.000	1	$K_{-3}=1$

故 $(0.375)_D=(0.011)_B$。

例1－8　将 $(0.23)_D$ 转换为二进制数（保留3位小数）。

	整数部分	对应 K_i
0.23 × 2 = 0.46	0	$K_{-1}=0$
0.46 × 2 = 0.92	0	$K_{-2}=0$
0.92 × 2 = 1.84	1	$K_{-3}=1$

故 $(0.23)_D=(0.001)_B$。

3. 二进制、八进制、十六进制数间的相互转换

由于八进制的基数为8，而 $8=2^3$，因此，1位八进制数刚好转换成3位二进制数（一分为三）。同样，十六进制的基数为16，而 $16=2^4$，因此，1位十六进制数刚好转换成4位二进制数（一分为四）。

二进制转换成八进制，可将二进制数以小数点为基点，分别向左和向右“每3位为一组，不够添0”，直接将二进制转换成八进制（三合一）。如果出现不够3位的情况，则整数部分在最高位补0，小数部分在最低位补0，不改变原数值的大小。

二进制转换成十六进制，可将二进制数以小数点为基点，分别向左和向右“每4位为一组，不够添0”，直接将二进制转换成十六进制（四合一）。如果出现不够4位的情况，则整数部分在最高位补0，小数部分在最低位补0，不改变原数值的大小。

例1-9 $(625)_O=(110010101)_B$

$(8E.B)_H=(1000\ 1110.1011)_B$

$(1101\ 1100.0011)_B=(\underline{1101}\ \underline{1100}.\ \underline{0011})_B$

$=(\underline{13}\ \underline{12}.\ \underline{3})_H$

$=(DC.3)_H$

由以上分析可看出，二进制数的位数较多，不便于书写和记忆，如采用八进制、十六进制，则位数要少得多，如32位二进制数只需8位十六进制数即可表示。二进制数与十六进制数、八进制数之间的相互转换是非常容易的，再从八进制数或十六进制数到十进制数的转换也是人们非常熟悉的，这样二进制数、十进制数、十六进制数之间的相互转换就方便了很多。

1.1.3 码制

码制是编码的规则，编码规则是人们根据需要为达到某种目的而制定的。例如，身份证号，它是由所在城市代码、出生年月日以及性别等信息组成的。在二进制数字系统中，由0和1组成的二进制数不仅可以表示数值的大小，还可以用来表示特定的信息。如果用若干位二进制数码表示数字、文字符号以及其他不同的事物，称这种二进制码为这些信息的代码。对这些代码的编制就称为编码。

1. 二-十进制码

将十进制的10个数码分别用一个4位二进制代码来表示，这种编码称为二-十进制编码，也称为BCD码。4位二进制数码共有16种组合，而十进制数码仅有0~9这10个数，因此，可以从16种组合里选择其中任意10种以代表十进制中0~9的10个数码，其余6种组合是无效的。按选取方法的不同，BCD码就有多种形式。BCD码分为有权码和无权码，有权码是指二进制数码的每一位都有固定的权值，所代表的十进制数为每位二进制数加权之和，而无权码无须加权。常用的有8421BCD码、余3码、格雷码、2421码、5421码等，在这些BCD码中，最常用的是8421BCD码。表1-2列出了常用的二-十进制编码（BCD码）。

1）8421码

8421码是使用最多的有权BCD码，10个十进制数码与自然二进制数一一对应，即用二进制数的0000~1001来分别表示十进制数的0~9。是一种有权码，各位的权从左到右

分别为8、4、2、1，如果将其二进制码乘以其对应的权后求和，就是该编码所表示的十进制数码，所以称为8421BCD码。如果要求任意一个十进制数的8421BCD码，只需直接按位转换即可。例如，十进制数845的8421码形式为

$$(845)_D = (100001000101)_{8421\,BCD}$$

表1-2　常用二-十进制码（BCD）

BCD码 / 十进制数码	8421码	5421码	2421码	余3码（无权码）	格雷码（无权码）
0	0000	0000	0000	0011	0000
1	0001	0001	0001	0100	0001
2	0010	0010	0010	0101	0011
3	0011	0011	0011	0110	0010
4	0100	0100	0100	0111	0110
5	0101	1000	1011	1000	0111
6	0110	1001	1100	1001	0101
7	0111	1010	1101	1010	0100
8	1000	1011	1110	1011	1100
9	1001	1100	1111	1100	1000

2）2421和5421码

2421和5421码也是有权码，其名称即为二进制的权。5421码每个码的权位都是按照“5、4、2、1”的规律排列的。2421码每个码的权位都是按照“2、4、2、1”的规律排列的，如十进制数8对应的5421码是“1011”。

3）余3码

余3码是一种无权码，它是由8421码加0011得来的，即用0011～1100来表示十进制0～9这10个数。它比对应的8421码都多3，所以称为余3码。

4）格雷码

余3循环码和格雷码这两种码都是无权码，又称循环码。它们的特点是两组相邻数码之间只有一位代码取值不同，这种码可靠性高，出现错误的机会少，对代码的转换和传输非常有利。

2. ASCII码

ASCII码全名为美国信息交换标准码，是一种现代字母数字编码。ASCII码采用7位二进制数码来对字母、数字及标点符号进行编码，用于与微型计算机之间读取和输入信息。表1-3给出了ASCII码中对应26个英文字母的编码表。

表 1-3 英文字母的 ASCII 编码表

字母	ASCII 码	字母	ASCII 码
A	1000001	N	1001110
B	1000010	O	1001111
C	1000011	P	1010000
D	1000100	Q	1010001
E	1000101	R	1010010
F	1000110	S	1010011
G	1000111	T	1010100
H	1001000	U	1010101
I	1001001	V	1010110
J	1001010	W	1010111
K	1001011	X	1011000
L	1001100	Y	1011001
M	1001101	Z	1011010

思考题

1. 十进制如何转换成十六进制？
2. 什么是 BCD 码？任意一个十进制数如何转换成 8421BCD 码？
3. 二进制与八进制、十六进制之间如何相互转换？
4. 任意 R 进制的数如何转换成十进制数？
5. 一年级有 100 名同学，若分别用二进制、八进制、十六进制对其学号进行编码，则各需要几位数？

模块 1.2 逻辑代数基础

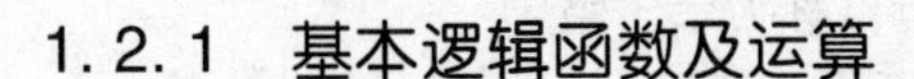

1.2.1 基本逻辑函数及运算

所谓“逻辑关系”就是指事物的因果关系。在数字电路中，电路的输出信号与输入信号之间的关系就是逻辑关系。反映和处理逻辑关系的数学工具就是逻辑代数，它和普通代数一样有自变量和因变量。事物的原因即为这种逻辑关系的自变量，称为逻辑变量。而由原因所引起的结果则是这种逻辑关系的因变量，称为逻辑函数。虽然自变量都可用字母 A，B，C，…来表示，但是只有两种取值，即 0 和 1。这里的 0 和 1 不代表数量的大小，而是表示两种对立的逻辑状态。例如，用“1”和“0”表示事物的“真”与“假”，电位的“高”与“低”，脉冲的“有”与“无”，开关的“闭合”与“断开”等。故逻辑变量具有二值性。逻辑函数就是逻辑代数的因变量，它也只有0和1两种取值，表示两种对立的状态。

如果逻辑变量A，B，C，…的取值确定之后，逻辑函数F的值也被唯一地确定了，那么，称F是A，B，C，…的逻辑函数，写作

$$F=F\ (A,\ B,\ C,\ \cdots)$$

逻辑代数是分析和设计数字电路的主要数学工具，它的运算规则也不同于普通的运算规则。在数字电路中，存在着三种基本逻辑关系：与逻辑、或逻辑和非逻辑，因此逻辑代数中变量的运算也只有三个基本运算：与运算、或运算和非运算三种逻辑运算。完成三种运算对应的电路称为与门、或门、非门。

1. 与逻辑

“与逻辑”又称“与运算”或“逻辑乘”。

只有当决定一件事情的条件全部具备之后，这件事情才会发生，这样的因果关系称为“与逻辑”关系。

图1－1所示用两个串联开关控制一盏灯电路，很显然，若要灯亮，则两个开关必须全都闭合。如有一个开关断开，灯就不亮。这种与逻辑还可以用真值表来表示。所谓真值表，就是将逻辑变量各种可能取值的组合及其相应逻辑函数值列成的表格。

如用A和B分别代表两个开关，并假定闭合时记为1，断开时记为0，F代表灯，亮为1，灭为0，其真值表如表1－4表示。

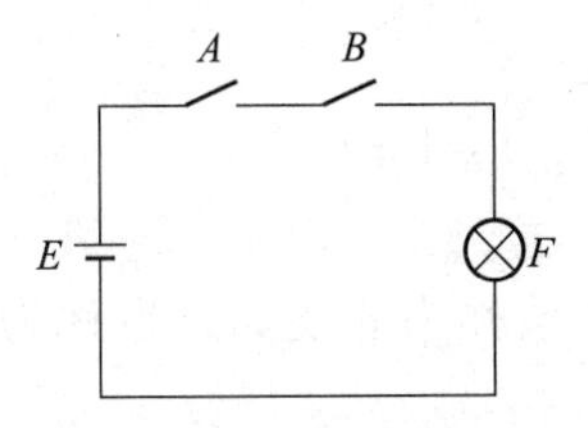

图1－1　与逻辑电路图

表1－4　与逻辑真值表

A	B	F
0	0	0
0	1	0
1	0	0
1	1	1

由表1－4可知，F与A、B间的关系是：只有当A和B都是1时，F才为1；否则F为0。这一逻辑关系可用逻辑表达式表示为

$$F = A \cdot B$$

式中的“·”表示“与运算”或“逻辑乘”，与普通代数中的乘号一样，它可省略不写，也可省略不读。如果一个电路的输入、输出端能实现与逻辑，则此电路称为“与门”电路，简称“与门”。“与门”的符号也就是与逻辑的符号，如图1－2所示。

由与运算的逻辑表达式或真值表可知，与逻辑的运算规则为

$$0\cdot 0=0,\ 0\cdot 1=0,\ 1\cdot 0=0,\ 1\cdot 1=1$$

根据与门的逻辑功能，还可画出其波形图，如图1－3所示。该图直观地描述了任意时刻输入与输出之间的对应关系及变化的情况。

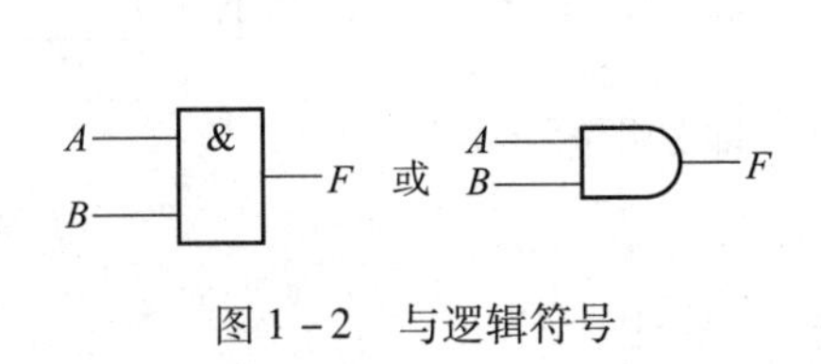

图1－2　与逻辑符号

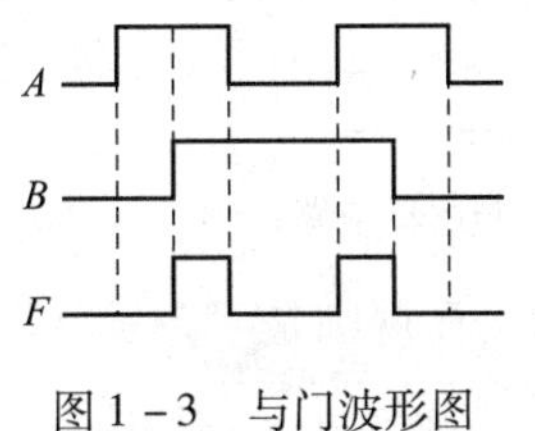

图1－3　与门波形图

2. 或逻辑（或运算、逻辑加）

当决定一件事情的所有条件中只有一条具备，这件事情就能实现，这种因果关系称为或逻辑，也称为或运算或者逻辑加。

图 1－4 所示的开关电路中，两个开关 A、B 中只要有一个闭合，灯 F 就亮；如果想要灯 F 灭，则两个开关 A、B 必须全部断开。所以 F 与 A 和 B 的关系属于或逻辑。或逻辑的函数表达式为

$$F = A + B$$

式中的“+”表示或逻辑的运算符号。把输入、输出端能实现或逻辑的电路称为“或门”。真值表如表 1－5 所示。

或逻辑的逻辑符号如图 1－5 所示。

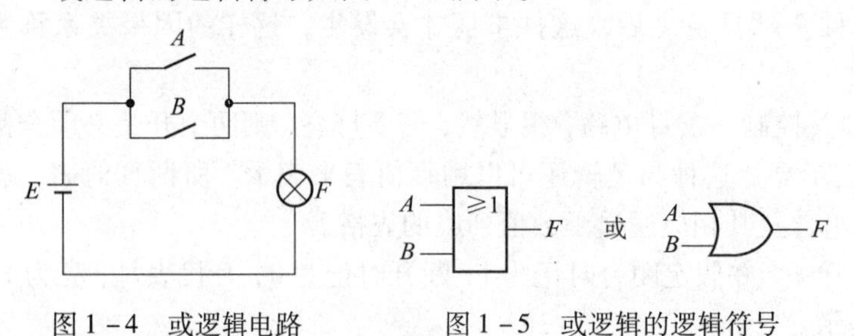

图 1－4　或逻辑电路　　图 1－5　或逻辑的逻辑符号

表 1－5　或运算真值表

A	B	F
0	0	0
0	1	1
1	0	1
1	1	1

由或运算的表达式或真值表可知，或运算的规律是

$$0+0=0,\ 0+1=1,\ 1+0=1,\ 1+1=1$$

3. 非逻辑（非运算、逻辑反）

条件的具备与事情的实现刚好相反，这种因果关系称为非逻辑，也称为非运算或逻辑反。

图 1－6 所示控制灯电路，图中开关与灯的状态是相反的，开关闭合，灯就灭，如果想要灯亮，则开关要断开。非逻辑真值表见表 1－6，由表中可得非逻辑为：输入为 0，输出为 1；输入为 1，输出为 0。非逻辑的函数表达式为

$$F = \overline{A}$$

式中，字母 A 上方的横线表示“非逻辑”，也即取反，读作“非”，即读作“A 非”。非运算也称“反运算”。实现非运算的电路称为“非门”，又叫“反相器”，其逻辑符号如图 1－7所示。其逻辑符号的输出端用一个小圆圈来表示取反。

非运算真值表如表 1－6 所示。

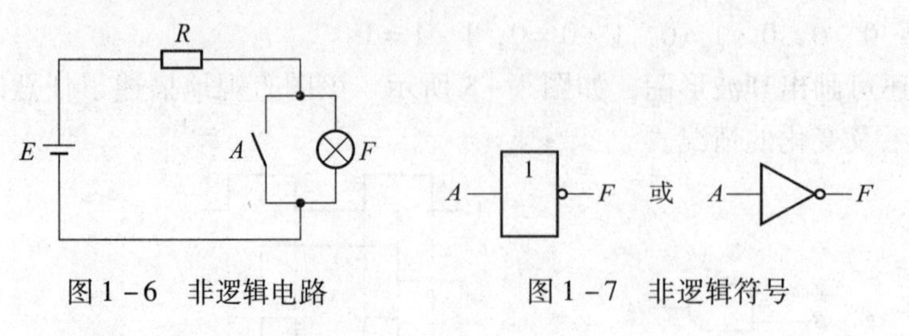

图 1－6　非逻辑电路　　图 1－7　非逻辑符号

表 1－6　非运算真值表

A	Y
0	1
1	0

逻辑非的运算规则是

$$\overline{0}=1,\ \overline{1}=0$$

在数字电路的逻辑符号中，若在输入端加小圆圈，则表示输入低电平信号有效；若在输出端加一个小圆圈，则表示将输出信号取反。

4. 复合逻辑

除了“与”“或”“非”三种基本逻辑运算之外，经常还由这三种运算构成各种不同的复合逻辑，如构成“与非”“或非”“与或非”“异或”“同或”等复合逻辑，与之相应的电路称为“复合门”电路。

1）与非逻辑

将“与”和“非”运算组合在一起可以构成“与非运算”，或称“与非逻辑”。与非运算的真值表如表1－7所示，逻辑函数表达式为

$$F = \overline{A \cdot B \cdot C}$$

表1－7　与非运算真值表

A	B	C	F
0	0	0	1
0	0	1	1
0	1	0	1
0	1	1	1
1	0	0	1
1	0	1	1
1	1	0	1
1	1	1	0

由真值表可看出，与非运算的规律是：“全1出0，有0出1”，即输入变量全为1，输出 F 为0；只要有一个变时为0，F 为1。

把输入、输出能实现与非运算的电路，称为“与非门”电路，如图1－8所示。

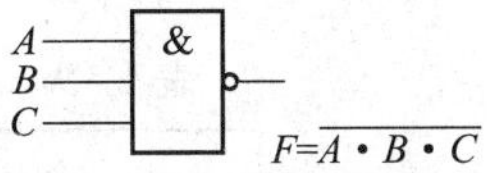

$F=\overline{A \cdot B \cdot C}$

图1－8　与非运算符号

2）或非逻辑

将“或”和“非”运算组合在一起则可以构成“或非运算”，或称“或非逻辑”。逻辑表达式为

$$F = \overline{A + B + C}$$

或非逻辑先进行或运算，然后再取非，或非运算的真值表如表1－8所示。

表1－8　或非运算真值表

A	B	C	F
0	0	0	1
0	0	1	0
0	1	0	0
0	1	1	0
1	0	0	0
1	0	1	0
1	1	0	0
1	1	1	0

由真值表可看出，或非运算的规律是：“全0出1，有1出0”，即输入量全为1，输出F为0；只要有一个输入量为1，则输出F为0。

把输入、输出能实现或非运算的电路称为“或非门”，其逻辑符号如图1-9所示。实际应用的或非门的输入端一般有多个。

3）与或非逻辑

将“与”“或”“非”三种运算组合在一起则可以构成“与或非运算”，或称“与或非逻辑”。逻辑表达式为

$$F = \overline{A \cdot B + C \cdot D}$$

与或非逻辑先进行与运算，再做或运算，最后做非运算，其逻辑符号如图1-10所示。

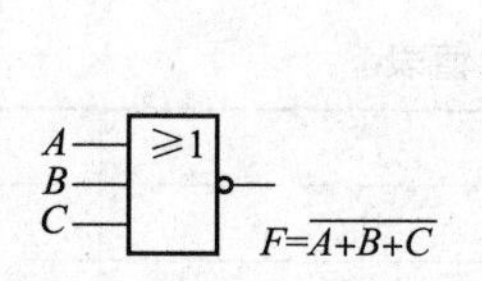

图1-9　或非运算符号

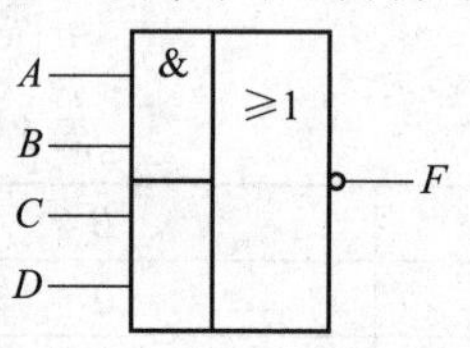

图1-10　与或非运算符号

4）异或逻辑及同或逻辑

“异或运算”也称“异或逻辑”，它是两个变量的逻辑函数。其逻辑关系是：当输入不同时，输出为1；当输入相同时，输出为0。

异或运算的真值表如表1-9所示，函数表达式为

$$F = A\overline{B} + \overline{A}B = A \oplus B$$

式中，运算符号“$\oplus$”表示“异或运算”，读作“异或”。实现异或逻辑的电路称为“异或门”，“异或门”符号与异或逻辑的符号相同，如图1-11所示。

表1-9　“异或”真值表

输入		输出
A	B	F
0	0	0
0	1	1
1	0	1
1	1	0

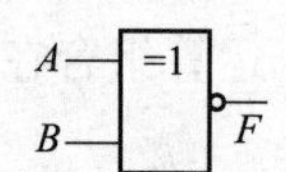

图1-11　异或运算符号

若两个输入变量A、B的取值相同，则输出变量F为1。若A、B取值相异，则F为0，这种逻辑关系称为同或逻辑关系。其逻辑表达式为

$$F = \overline{A}\,\overline{B} + AB = A \odot B$$

式中，符号“$\odot$”表示同或运算，读作“同或”。其真值表如表1-10所示。实现同或运算的电路称为“同或门”。其逻辑符号和同或运算的符号相同，如图1-12所示。

从同或运算真值表可知，异或运算求反称作同或运算，即异或运算与同或运算互为反函数，即

$$A \oplus B = \overline{A \odot B}$$
$$A \odot B = \overline{A \oplus B}$$

表 1－10　同或运算真值表

A	B	F
0	0	1
0	1	0
1	0	0
1	1	1

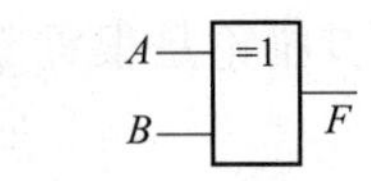

图 1－12　同或运算符号

5）正、负逻辑

在逻辑电路中有两种逻辑体制：用“1”表示高电位、“0”表示低电位的，称为正逻辑体制（简称正逻辑）；用“1”表示低电位、“0”表示高电位的，称为负逻辑体制（简称负逻辑）。

一般情况下，如无特殊说明，一律采用正逻辑。

1.2.2　逻辑代数的基本定律与规则

1. 逻辑代数基本定律

根据逻辑变量和逻辑运算的基本定义，可得出逻辑代数基本定律，如表 1－11 所示。逻辑代数的基本定律是分析、设计逻辑电路，化简逻辑函数的重要工具。这些定律有其独特性，但也有一些与普通代数相似的定律，因此使用时要严格注意。

表 1－11　逻辑代数的基本定律

定律名称	逻辑关系表达式		说明
0－1 律	$A \cdot 1 = A$	$A + 1 = 1$	变量与常量的关系
	$A \cdot 0 = 0$	$A + 0 = A$	
互补律	$A \cdot \overline{A} = 0$	$A + \overline{A} = 1$	
交换律	$A \cdot B = B \cdot A$	$A + B = B + A$	与普通代数相似的定律
结合律	$A(BC) = (AB)C$	$A + (B + C) = (A + B) + C$	
分配律	$A(B + C) = AB + AC$	$A + BC = (A + B)(A + C)$	
重叠律	$A \cdot A = A$	$A + A = A$	逻辑代数中的特殊定律
反演律	$\overline{A + B} = \overline{A} \cdot \overline{B}$	$\overline{A \cdot B} = \overline{A} + \overline{B}$	
还原律	$\overline{\overline{A}} = A$		
吸收律	$(A + B)(A + \overline{B}) = A$	$AB + A\overline{B} = A$	逻辑代数中常用公式
	$A(A + B) = A$	$A + AB = A$	
	$A(\overline{A} + B) = AB$	$A + \overline{A}B = A + B$	
冗余律	$(A + B)(\overline{A} + C)(B + C) = (A + B)(\overline{A} + C)$	$AB + \overline{A}C + BC = AB + \overline{A}C$	
	$(A + B)(\overline{A} + C)(B + C + D) = (A + B)(\overline{A} + C)$	$AB + \overline{A}C + BCD = AB + \overline{A}C$	

表 1－11 中的反演律又称得·摩根定律，并可得出推论，即

$$\overline{A \cdot B \cdot C \cdots} = \overline{A} + \overline{B} + \overline{C}$$

$$\overline{A + B + C + \cdots} = \overline{A} \cdot \overline{B} \cdot \overline{C}$$

得·摩根定律及其推论是很重要的，在逻辑代数中经常用到，所以必须牢牢地掌握该定律。

证明上述各定律可用列真值表的方法，即分别列出等式两边逻辑表达式的真值表，若两个真值表完全一致，则表明两个表达式相等，同样，两个相等的逻辑函数具有相同的真值表。当然上述定律，也可以利用基本关系式进行代数证明。

例 1－10　证明反演律$\overline{A+B}=\overline{A}\cdot\overline{B}$。

证：利用真值表证明，将等式两端列出真值表，如表 1－12 所示，由表可知，在逻辑变量 A、B 所有的可能取值中，$\overline{A+B}$和$\overline{A}\cdot\overline{B}$的函数值均相等，所以等式成立。

表 1－12　$\overline{A+B}$和$\overline{A}\cdot\overline{B}$的真值表

A	B	$\overline{A+B}$	$\overline{A}\cdot\overline{B}$
0	0	1	1
0	1	0	0
1	0	0	0
1	1	0	0

例 1－11　证明 $AB+\overline{A}C+BC=AB+\overline{A}C$

证：左式 $= AB + \overline{A}C + BC(A + \overline{A})$

$= AB + \overline{A}C + ABC + \overline{A}BC$

$= AB(1 + C) + \overline{A}C(1 + B)$

$= AB + \overline{A}C =$ 右式

2. 逻辑代数基本规则

逻辑代数中有三个重要的基本规则，即代入规则、反演规则及对偶规则，这些规则在逻辑代数证明和化简中应用。

1）代入规则

在逻辑函数表达式中，将凡是出现某变量的地方都用同一个逻辑函数代替，则等式仍然成立，这个规则称为代入规则。

例如，已知 $A+AB=A$，将等式中所有出现 A 的地方都代入函数 $C+D$，则等式仍然成立，即 $(C+D)+(C+D)B=(C+D)$。

利用代入规则可扩大公式的应用范围。

例如，对于得·摩根定律$\overline{A\cdot B}=\overline{A}+\overline{B}$，用 CD 代替原来的 B，则有

左式　$=\overline{A\cdot CD}$

右式　$=\overline{A}+\overline{CD}=\overline{A}+\overline{C}+\overline{D}$

即　$\overline{ACD}=\overline{A}+\overline{C}+\overline{D}$

可见，得·摩根定律还可以推广为更多变量的关系式。

2）反演规则

将一个逻辑函数 F 的表达式中的运算符号“·”变“+”，“+”变“·”，“0”变“1”，“1”变“0”，原变量变反变量、反变量变原变量，那么所得到的新函数即为原函数 F 的反函数$\overline{F}$，这个规则就是反演规则。

例如，$F=A\overline{B}+C\overline{D}$，则根据反演规则，$\overline{F}=(\overline{A}+B)(\overline{C}+D)$。当然，如果不利用反演律将 F 等式两边同时求反也可得到$\overline{F}$。

利用反演规则，可较容易地求出一个逻辑函数的反函数，但要注意两点：

（1）变换过程中要保持原式中的运算顺序。

（2）不是单个变量上的“非”号应保持不变。

例如，$F=\overline{A+B}+C\overline{D}$，则根据反演规则，$\overline{F}=\overline{\overline{A}B}(\overline{C}+D)$。

3）对偶规则

将逻辑函数 F 的表达式中所有“·”变成“+”，所有“+”变成“·”；所有“0”变成“1”，所有“1”变成“0”，则得到一个新的逻辑函数 F'，F'称为 F 的对偶式。使用对偶规则时也应注意保持原函数中的运算顺序。例如，$F=A\overline{B}+\overline{A}B$，则 $F'=(A+\overline{B})(\overline{A}+B)$

对偶规则为：若某个逻辑恒等式成立，则它的对偶式也成立。

例如，$A+\overline{A}B=A+B$ 成立，则它的对偶式 $A(\overline{A}+B)=AB$。

1.2.3　逻辑函数的几种表示方法及相互转换

在研究逻辑问题时，根据逻辑函数的特点，主要可以用真值表、逻辑表达式和逻辑图、波形图、卡诺图等几种描述方式来表示逻辑函数。不仅要掌握它们各自的表示方式，还应熟悉它们之间的相互转换。

1. 真值表

真值表是描述逻辑函数各个输入变量取值组合和函数值对应关系的表格。在门电路中，根据变量之间的因果关系，很容易列出表示输入与输出间逻辑关系的真值表。

真值表的列法：每个变量均有0、1两种取值，n 个输入变量可有 2^n 种取值组合，如2个输入变量可有 $M=2^2=4$ 种不同取值组合，3个输入变量可有 $M=2^3=8$ 种不同取值组合，4个输入变量可有16种不同取值组合等。将这 2^n 种不同的取值组合按顺序（一般按二进制递增规律）排列起来，同时在相应位置上填入函数的值，便可得到逻辑函数的真值表。如表1-4所示的是2个输入变量的与逻辑真值表，表1-7所示的是3个输入变量的与非逻辑真值表。真值表最大的特点就是能直观地表示出输出和输入之间的逻辑关系。

2. 逻辑表达式

逻辑函数表达式是将逻辑函数的输入与输出关系写成与、或、非三种运算的组合形式。在各种描述方法中，使用最多的就是逻辑表达式了。例如，$F=A\overline{B}+BC$ 表明输出逻辑变量 F 是输入逻辑变量 A、B、C 的逻辑表达式，它们之间的函数关系由等式右边的逻辑运算式给出。

已知函数的真值表，很容易写出函数的逻辑表达式。

方法是：将那些使函数值为1的各个状态表示成全部输入量（值为1的输入量表示成原变量，值为0的表示成反变量）的与项，然后将这些与项相或，即可得到函数的与或表达式。这样写出来的表达式是后面将要介绍的最小项表达式。

在表1-10中，只要将输出为“1”（$F=1$）对应所有输入变量写成与项式（$\overline{A}\overline{B}$ 和 AB）后相加，即可得到函数的与或表达式：$F=\overline{A}\overline{B}+AB$。

在逻辑表达式的化简和变换过程中，经常需要将逻辑表达式化为“最小项之和”的标准形式。为此，首先需要介绍一下关于最小项的概念。

1）最小项及其性质

在逻辑函数中，设有 n 个逻辑变量，由这 n 个逻辑变量所组成的乘积项（与项）中的每个变量只是以原变量或反变量的形式出现一次，且仅出现一次，那么把这个乘积项称为 n 个变量的一个最小项。

对于三个变量 A、B、C 来讲，由它们组成的八个乘积项 $\overline{A}\,\overline{B}\,\overline{C}$、$\overline{A}\,\overline{B}C$、$\overline{A}B\overline{C}$、$\overline{A}BC$、$A\overline{B}\,\overline{C}$、$A\overline{B}C$、$AB\overline{C}$、$ABC$ 都符合最小项的定义，因此把这八个乘积项称为三个变量 A、B、C 的最小项。除此之外，如 $\overline{A}C$、$\overline{A}(B+C)$、$A\overline{B}BC$ 和 $AB\overline{A}$ 等项就不是最小项。

n 变量的逻辑函数，有 2^n 个最小项。若 $n=2$，$2^n=4$，二变量的逻辑函数就有 4 个最小项，若 $n=4$，$2^4=16$，四变量的逻辑函数就有 16 个最小项……，依此类推。三变量所有最小项的真值表，如表 1－13 所示。

表 1－13　三变量最小项真值表

ABC	$\overline{A}\,\overline{B}\,\overline{C}$	$\overline{A}\,\overline{B}C$	$\overline{A}B\overline{C}$	$\overline{A}BC$	$A\overline{B}\,\overline{C}$	$A\overline{B}C$	$AB\overline{C}$	ABC
000	1	0	0	0	0	0	0	0
001	0	1	0	0	0	0	0	0
010	0	0	1	0	0	0	0	0
011	0	0	0	1	0	0	0	0
100	0	0	0	0	1	0	0	0
101	0	0	0	0	0	1	0	0
110	0	0	0	0	0	0	1	0
111	0	0	0	0	0	0	0	1

由表 1－13 可知，最小项具有下列性质。

（1）任意一个最小项，有且仅有一组变量的取值使它的值等于 1。

（2）任意两个不同最小项的乘积恒为 0。

（3）变量的所有最小项之和恒为 1。

2）最小项编号

n 个变量有 2^n 个最小项。为了叙述和书写方便，通常对最小项进行编号。最小项用 m_i 表示，并按如下方法确定下标 i 的值。把最小项取值为 1 所对应的那一组变量取值的组合当成二进制数，与其相应的十进制数就是 i 的值。例如，三变量 A、B、C 的最小项 $\overline{A}\,\overline{B}C$，使它的值为 1 的变量取值为 001，对应的十进制数为 1，则 $\overline{A}\,\overline{B}C$ 最小项的编号记作 m_1。同理，$AB\overline{C}$ 的编号为 m_6。

3）逻辑函数的标准与或表达式——最小项表达式

任何一个逻辑表达式都可以展开为若干个最小项相加的形式，即“积之和”的形式，这种形式称为逻辑函数的标准式，也称为最小项表达式。

（1）由真值表求得最小项表达式。

其方法是找到使逻辑函数 F 为“1”的变量组合项的最小项，再将这些最小项进行相或即可得到函数的最小项表达式。例如，已知 F 的真值表如表 1－14 所示。由真值表写出最小项表达式的方法是：使函数 $F=1$ 的变量取值组合有 001、010、110 三项，与其对应的最小项是 $\overline{A}\,\overline{B}C$、$\overline{A}B\overline{C}$、$AB\overline{C}$，则逻辑函数 F 的最小项表达式为

$$F(A,B,C) = \overline{A}\,\overline{B}C + \overline{A}B\overline{C} + AB\overline{C}$$
$$= m_1 + m_2 + m_6 = \sum m(1,2,6)$$

（2）由一般逻辑函数式求得最小项表达式。首先利用公式将表达式变换成一般与或式，再采用配项法，将每个乘积项（与项）都变为最小项。

例如，将 $F(A,B,C)=\overline{AB+\overline{A}B+C}+AB$ 转化为最小项表达式：

$$
\begin{aligned}
F(A,B,C) &= \overline{AB}\cdot\overline{\overline{A}B}\cdot\overline{C}+AB \\
&= (\overline{A}+\overline{B})(A+\overline{B})\,\overline{C}+AB \\
&= (\overline{A}B+A\overline{B})\,\overline{C}+AB(\overline{C}+C) \\
&= \overline{A}B\overline{C}+A\overline{B}\,\overline{C}+AB\overline{C}+ABC \\
&= m_2+m_4+m_6+m_7=\sum m(2,4,6,7)
\end{aligned}
$$

表 1－14　真值表

A	B	C	F
0	0	0	0
0	0	1	1
0	1	0	1
0	1	1	0
1	0	0	0
1	0	1	0
1	1	0	1
1	1	1	0

3. 逻辑图

用逻辑图形符号连接起来表示逻辑函数，得到的连接图称为逻辑图。逻辑图是将逻辑关系和电路两者结合的最简明的形式。

由已知函数式画逻辑图时，按左边输入、右边输出、逐级用对应的逻辑门表示函数式中的逻辑运算，直到所有的逻辑运算均用逻辑门表示为止。

例如，对函数式 $F=(A+B)C$，式中有三个变量 A、B、C，作为逻辑电路的输入，A 与 B 先“或”，然后再和 C 相“与”，逻辑电路图如图 1－13 所示。

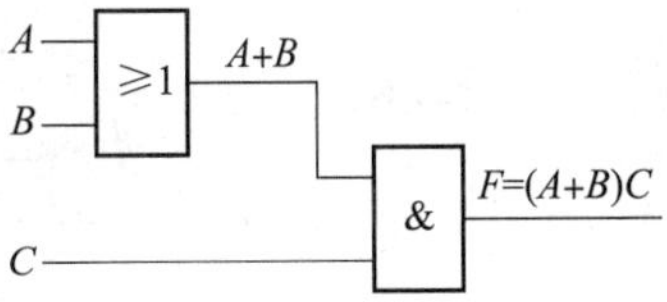

图 1－13　$F=(A+B)C$ 的逻辑电路图

为了使逻辑电路简单、易于实现、可靠性高并降低成本，一般应对已知函数先进行化简，再画出其逻辑电路图。

4. 波形图

将输入变量所有可能的取值组合的高、低电平与对应的输出函数值的高、低电平按时间顺序依次排列起来画成的图形，称为函数的波形图（也称为时基图），图 1－3 所示为与 $F=AB$ 的波形图。波形图能清晰地反映出变量间的时间关系以及函数值随时间变化规律，可以用实验仪器直接显示，便于用实验方法分析实际电路的逻辑功能，但不能直接表示出变量间的逻辑关系。在逻辑分析仪中通常就是以波形的方式给出分析结果的。

5. 卡诺图

任何形式的逻辑表达式都能化成最小项之和的形式。卡诺图的实质不过是将逻辑表达式的最小项之和形式以图形的方式表示出来而已，所以卡诺图又称为最小项方格图。

若以 2^n 个小方块分别代表 n 变量的所有最小项，并将它们排列成矩阵，而且使几何位置相邻的两个最小项在逻辑上也是相邻的，按这样的相邻要求排列起来的方格图称为 n 变量最小项卡诺图。这种表示逻辑函数的方法，特别便于化简逻辑函数。

所谓逻辑相邻，是指两个最小项中除了一个变量取值不同外，其余的都相同（即两个最小项中只有一个变量互为反变量，其余变量均相同），那么这两个最小项具有逻辑上的相邻性。

例如，$m_3=\overline{A}BC$ 和 $m_7=ABC$ 是逻辑相邻。又如，m_3 和 $m_1=\overline{A}\,\overline{B}C$、$m_2=\overline{A}B\overline{C}$ 也是逻辑相邻。如果两个相邻最小项出现在同一个逻辑函数中，可以合并为一项，同时消去互为反变量的那个量。如 $ABC+A\overline{B}C=AC(B+\overline{B})=AC$。

图 1－14 中给出了二到四变量最小项卡诺图的画法。图形两侧标注的 0 和 1 表示使对应小方格内的最小项取值为 1 的变量取值。与这些 0 和 1 组成的二进制数等值的十进制数恰好就是所对应的最小项的编号。为了保证几何位置相邻的两个最小项只有一个变量不同，这些数码的排列不能按自然二进制数顺序，而应对排列顺序进行适当调整。对行或列是两个变量的情况，自变量取值按 00、01、11、10 排列；对行或列是三个变量的情况，自变量取值按 000、001、011、010、110、111、101、100 排列。

由图 1－14（b）、图 1－14（c）中还可以发现，图中任何一行或一列两端的最小项也是相邻的。因此，应将卡诺图看成上下、左右闭合的图形。

当变量数超过四个以后，就无法在二维平面上用几何位置的相邻表示所有逻辑上相邻的情况了。本书对超过四个变量的卡诺图不作要求。

如何用卡诺图来表示逻辑函数？其实很简单，只要将逻辑函数化成最小项之和的形式，然后在最小项的卡诺图上与函数式中包含的最小项所对应方格中填入 1，在其余的方格中填入 0，得到的就是表示该逻辑函数的卡诺图。因此，又可以说任何一个逻辑函数都等于它的卡诺图上填有 1 的位置上那些最小项之和。

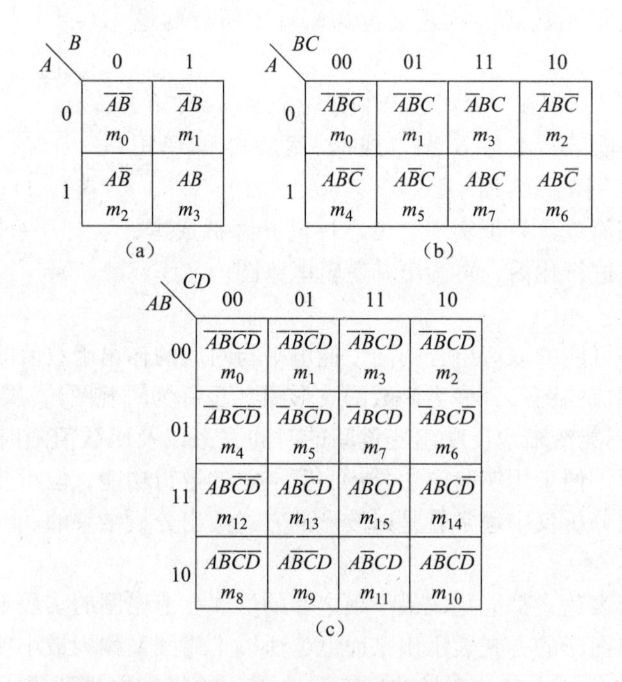

图 1－14　二到四变量最小项的卡诺图

（a）两变量最小项的卡诺图　（b）三变量最小项的卡诺图　（c）四变量最小项的卡诺图

例 1－12　用卡诺图表示逻辑函数 $F=(\bar{A}B+AB)\bar{C}+\bar{B}CD+\bar{B}C\bar{D}+A\bar{B}\bar{C}D$。

解： 首先将上式化成最小项之和的形式，具体如下。

$$\begin{aligned}F&=(\bar{A}B+AB)\bar{C}+\bar{B}CD+\bar{B}C\bar{D}+A\bar{B}\bar{C}D\\&=\bar{A}B\bar{C}+AB\bar{C}+\bar{B}CD+\bar{B}C\bar{D}+A\bar{B}\bar{C}D\\&=\bar{A}B\bar{C}\bar{D}+\bar{A}B\bar{C}D+AB\bar{C}\bar{D}+AB\bar{C}D+\bar{A}\bar{B}CD+A\bar{B}CD+\bar{A}\bar{B}C\bar{D}+A\bar{B}C\bar{D}+A\bar{B}\bar{C}D\\&=m_2+m_3+m_4+m_5+m_9+m_{10}+m_{11}+m_{12}+m_{13}\end{aligned}$$

画出四变量（A，B，C，D）最小项的卡诺图，在 m_2、m_3、m_4、m_5、m_9、m_{10}、m_{11}、m_{12}、m_{13}的方格内填入 1，其余方格内填入 0，就得到了例 1－12 中表达式的卡诺图，如图 1－15 所示。

反过来，如果给出了逻辑函数的卡诺图，则只要将卡诺图中填 1 的方格所对应的那些最小项相加，就可以得到相应的逻辑表达式了。

实际上，在根据一般逻辑表达式画卡诺图时，常常可以从一般与或式直接画卡诺图。其方法是：把每一个乘积项所包含的那些最小项所对应的小方格都填上“1”，其余的填“0”，就可以直接得到函数的卡诺图。

例 1－13　画出 $F(A,B,C) = AB + B\overline{C} + \overline{A}\overline{C}$ 的卡诺图。

解：AB 这个乘积项包含了 $A=1$、$B=1$ 的所有最小项，即 $AB\overline{C}$和 ABC。$B\overline{C}$这个乘积项包含了 $B=1$、$C=0$ 的所有最小项，即 $AB\overline{C}$和$\overline{A}B\overline{C}$。$\overline{A}\overline{C}$ 这个乘积项包含了 $A=0$、$C=0$ 的所有最小项，即 B 和$\overline{B}$。最后画出卡诺图如图 1－16 所示。需要指出的以下几点。

（1）在填写“1”时，有些小方格出现重复，根据 $1+1=1$ 的原则，只保留一个“1”即可。

（2）在卡诺图中，只要填入函数值为“1”的小方格，函数值为“0”的可以不填。

（3）上面画的是函数 F 的卡诺图。若要画$\overline{F}$的卡诺图，则要将 F 中的各个最小项用“0”填写，其余填写“1”。

AB \ CD	00	01	11	10
00			1	1
01	1	1		
11	1	1		
10		1	1	1

图 1－15　例 1－12 卡诺图

A \ BC	00	01	11	10
0	1	0	0	1
1	0	0	1	1

图 1－16　例 1－13 的卡诺图

如果已知逻辑函数的真值表，如何画卡诺图？方法是先画与给定函数变量数相同的卡诺图，然后根据真值表来填写每一个方块的值，也就是在相应的变量取值组合的每一小方格中，函数值为 1 的填上“1”，为 0 的填上“0”，就可以得到函数的卡诺图。

例 1－14　已知逻辑函数 F 的真值表如表 1－15 所示，画出 F 的卡诺图。

解：先画出 A、B、C 三变量的卡诺图，然后按每一小方块所代表的变量取值，将真值表相同变量取值时的对应函数值填入小方块中，即得函数 F 的卡诺图，如图 1－17 所示。

1.2.4　逻辑函数的化简

通常见到的许多逻辑函数式或由真值表写出的逻辑函数式往往比较繁杂，直接由这些函数式去设计电路既复杂又不经济。实际应用中通过化简得到逻辑函数的最简式，然后根据最简式去设计电路，可以达到用最少的电子元器件构建电路，既降低成本又能提高效率和可靠性。

表 1 – 15　真值表

A	B	C	F
0	0	0	0
0	0	1	1
0	1	0	1
0	1	1	1
1	0	0	0
1	0	1	0
1	1	0	0
1	1	1	1

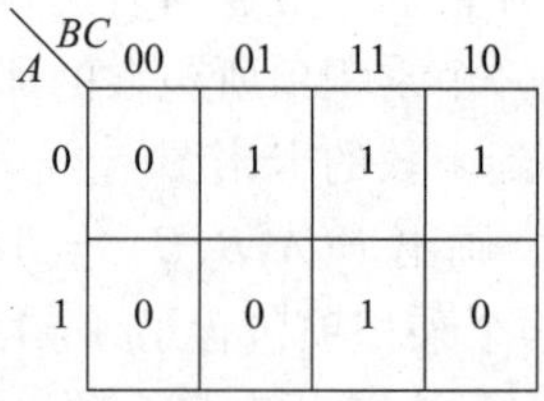

A \ BC	00	01	11	10
0	0	1	1	1
1	0	0	1	0

图 1 – 17　例 1 – 14 的卡诺图

常用的化简方法有公式化简法和卡诺图化简法等几种。与 – 或表达式（也称为“积之和”形式）是逻辑函数的最基本表达形式，对于与或形式的逻辑函数表达式最简化的目标，就是使表达式中所包含的乘积项最少，同时每个乘积项所包含的因子最少。

1. 公式化简法

公式法化简也称代数法化简，就是利用逻辑代数的基本公式和定律来消去式中多余的乘积项和每个乘积项中多余的因子，从而得到逻辑函数的最简形式。

1）并项法

利用公式 $AB + A\bar{B} = A$，将两项合并成一项，消去一个变量。例如：

$$A(BC + \bar{B}\bar{C}) + A(B\bar{C} + \bar{B}C) = A(B\bar{C} + \bar{B}C) + A\overline{(B\bar{C} + \bar{B}C)}$$
$$= A(\overline{B\bar{C} + \bar{B}C} + B\bar{C} + \bar{B}C) = A$$

2）吸收法

利用公式 $A + AB = A$，消去多余的乘积项。例如：

$$A\bar{B} + A\bar{B}CD(E + \bar{F}) = A\bar{B}$$

3）配项法

利用 $A = A(B + \bar{B})$，对不能直接应用公式化简的乘积项配上 $B + \bar{B}$ 进行化简。

例如：

$$\begin{aligned} F &= A\bar{B} + B\bar{C} + \bar{B}C + \bar{A}B \\ &= A\bar{B} + B\bar{C} + (A + \bar{A})\bar{B}C + \bar{A}B(C + \bar{C}) \\ &= A\bar{B} + BC + A\bar{B}C + \bar{A}\bar{B}C + \bar{A}BC + \bar{A}B\bar{C} \\ &= (A\bar{B} + A\bar{B}C) + (B\bar{C} + \bar{A}B\bar{C}) + (\bar{A}\bar{B}C + \bar{A}BC) \\ &= A\bar{B} + B\bar{C} + \bar{A}C \end{aligned}$$

逻辑函数化简的途径并不是唯一的，上述几种方法可以任意选用或综合运用。利用公式法化简逻辑函数没有固定的格式和步骤，要熟练掌握公式及定律并能熟练运用。另外，还需要一定的技巧，化简结果是否最简通常也难以判别。

2. 卡诺图化简法

在卡诺图中几何相邻的最小项在逻辑上也有相邻性，这些相邻最小项有一个变量是互补的，即将它们相加，可以消去互补变量，这就是卡诺图化简的依据。如果有两个相邻最小项合并，则可消去一个互补变量，有四个相邻最小项合并，则可消去两个互补变量，有 2^n 个相邻最小项合并，则可消去 n 个互补变量。

用卡诺图化简逻辑函数式有一定的规则、步骤和方法可循，具体如下。

（1）画出逻辑函数的卡诺图。

（2）将卡诺图中按矩形排列的 2^n 个相邻为 1 的最小项方格圈成一个圈，直到所有填 1 的方格全部圈完为止。画圈的原则如下。

①只有相邻的 1 方格才能圈成一个圈，而且每个圈只能包含 2^n 个方格；就是说只能按 1、2、4、8、16 这样的数目画圈。

②为 1 的方格可以被重复圈在不同的圈中，但每个圈中至少有一个最小项 1 只被圈过一次；否则这个圈就是多余的。

③所画的圈要尽可能少。即在保证填 1 的格一个也不漏圈的前提下，圈的个数越少越好。

④圈填 1 方格的圈应尽可能画大（即圈尽可能多的 1），以减少每一项的因子数。

（3）将每个圈的最小项合并为一最简与项，这些与项相加就是化简的结果。最简与项书写规则是，消去不同的变量，保留相同的变量；最简与项中取值为 1 的变量用原变量表示，取值为 0 的变量用反变量表示。

图 1－18 中给出了画圈的例子，供大家参考。

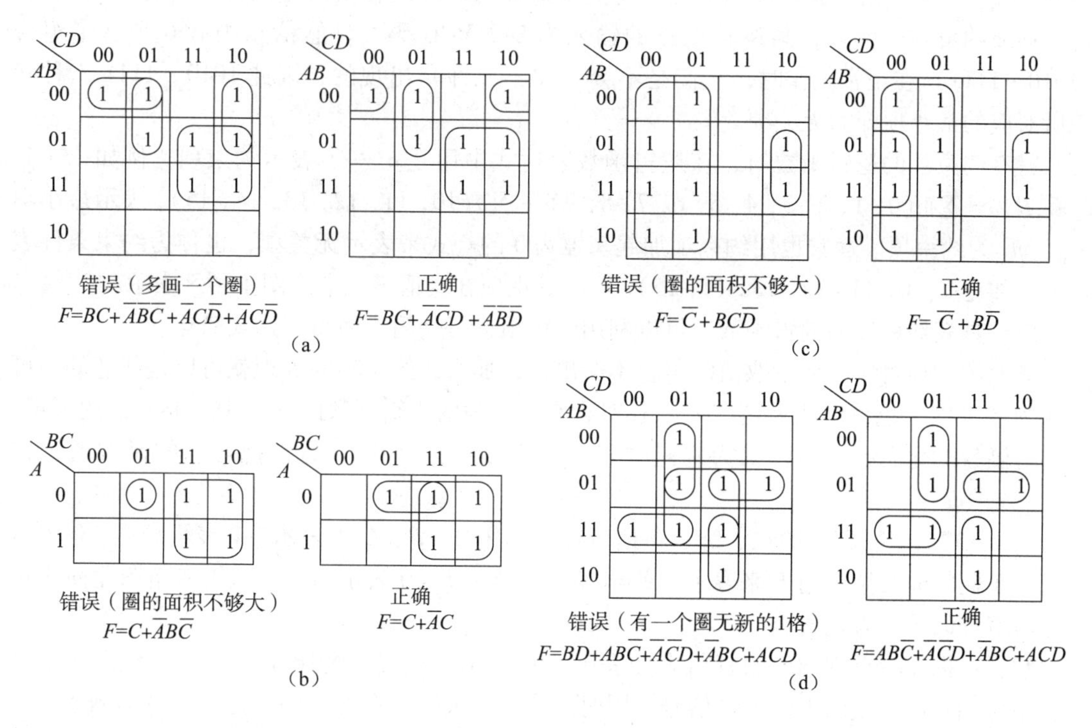

图 1－18　卡诺图中含 1 的圈

例 1－15　用卡诺图化简函数 $F(A,B,C,D)=\overline{A}\overline{B}CD+A\overline{B}\overline{C}D+AB\overline{C}D+A\overline{B}CD$。

解：根据最小项的编号规则，可知

$$F=m_3+m_9+m_{11}+m_{13}$$

依据该式可以画出该函数的卡诺图，如图 1－19 所示。对卡诺图中所画每一个圈进行合并，保留相同的变量，去掉互反的变量。化简后与或表达式为

$$F = A\bar{C}D + \bar{B}CD$$

例 1－16 用卡诺图化简逻辑函数 $F = \bar{A}\bar{B}\bar{C}D + AC\bar{D} + \bar{A}\bar{C}D + BCD + \bar{A}B\bar{C}D + A\bar{B}\bar{C}D$。

解： 画出给定逻辑函数的卡诺图，如图 1－20 所示，最简与或表达式为

$$F = C\bar{D} + BC + \bar{A}BD + \bar{A}\bar{B}\bar{D} + A\bar{B}\bar{C}D$$

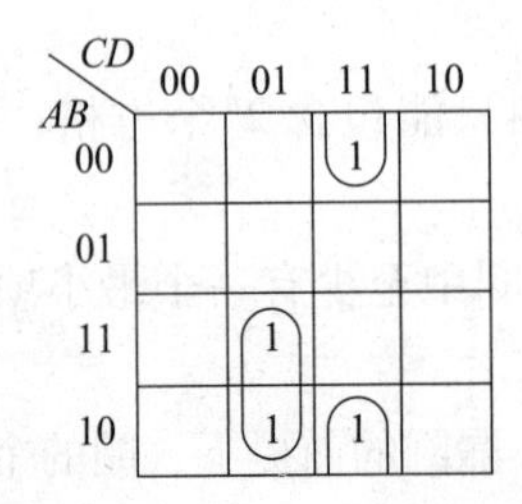

图 1－19　例 1－15 的卡诺图

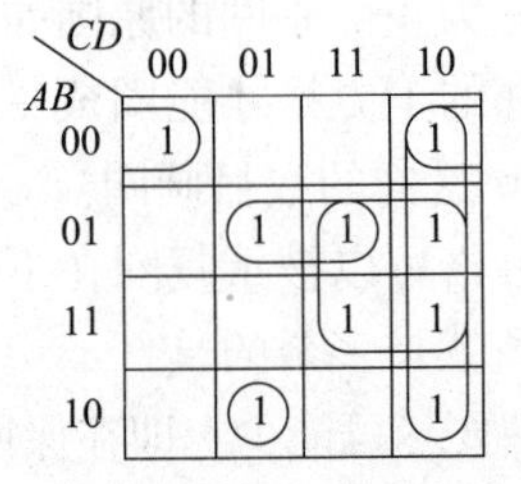

图 1－20　例 1－16 的卡诺图

最后还有一点要说明：用卡诺图化简所得到的最简与或式不是唯一的。

3. 具有约束项的逻辑函数的卡诺图化简

实际应用中经常会遇到这样的问题，在有些逻辑函数中，输入变量的某些取值组合不会出现，或者一旦出现，逻辑值可以是任意的。这样的取值组合所对应的最小项称为无关项、任意项或约束项。例如，某逻辑电路的输入为 8421BCD 码，显然信息中有 6 个变量组合（1010～1111）在正常工作时，它们是不会（也不允许）出现的，因此 1010～1111 六种状态所对应的最小项即为无关项。

具有约束项的逻辑函数时，在逻辑函数表达式中用 $\sum d(\cdots)$ 表示约束项。例如，$F(A,B,C,D) = \sum m(0,1,2,3,4,5,6,7,8,9) + \sum d(10,11,12,13,14,15)$，表示最小项 $m_{10} \sim m_{15}$ 为约束项。通常也用约束项加起来恒为 0 的等式来表示无关项，也称为约束条件表达式，如 $\sum d(10,11,12,13,14,15) = 0$。约束项在真值表或卡诺图中用 × 表示。

对于具有约束项的逻辑函数，可以利用约束项进行化简，使得表达式简化。

既然约束项对应的变量取值的组合不会出现，那么，约束项的处理就可以是任意的，可以认为是“1”，也可以认为是“0”。在对含有无关项的逻辑函数的化简中，要考虑约束项，当它对函数的化简有利时，认为它是“1”；反之认为是“0”。通常把对应的函数值记作“×”或“ϕ”。

例 1－17 十字路口的红、绿、黄信号灯分别用 A、B、C 来表示。1 表示灯亮，0 表示灯灭。车辆的通行情况用 F 来表示。$F=1$ 表示停车，$F=0$ 表示通车。试用卡诺图化简表达该逻辑事件的逻辑表达式。

解： 根据逻辑事件列出的真值表如表 1－16 所示。在实际情况中，一次只允许一个灯亮，不可能有两个或两个以上的信号灯同时亮；灯全灭时，在安全的前提下允许车辆通行。

对照该真值表可以写出逻辑函数的表达式为

$$F = \bar{A}\bar{B}C + A\bar{B}\bar{C}$$

其约束项为 $\bar{A}BC$、$A\bar{B}C$、$AB\bar{C}$、ABC，在真值表中用 × 表示。该逻辑函数的卡诺图如图 1－21所示，在约束项对应的小方格内填 ×。

表1－16　例1－17的真值表

A	B	C	F
0	0	0	0
0	0	1	1
0	1	0	0
0	1	1	×
1	0	0	1
1	0	1	×
1	1	0	×
1	1	1	×

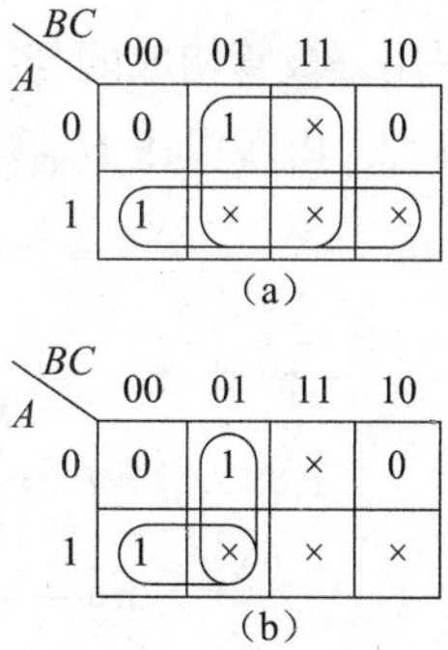

A \ BC	00	01	11	10
0	0	1	×	0
1	1	×	×	×

（a）

A \ BC	00	01	11	10
0	0	1	×	0
1	1	×	×	×

（b）

图1－21　例1－17的卡诺图

第一种方案：将所有的约束项假定为1，可以按照图1－21（a）进行化简，化简结果为$F=A+C$。

第二种方案：将约束项$A\overline{B}C$假定为1，其余假定为0，可以按照图1－21（b）进行化简，化简结果为$F=A\overline{B}+\overline{B}C$。

由以上分析可看出，使约束项取不同的值（0或1），就会得出不同的化简结果。显然第一种方案的化简结果是该逻辑事件的最简逻辑函数表达式。在考虑约束项时，要将哪些约束项当作1，哪些约束项当作0，要以尽量扩大卡诺圈、减少圈的个数、使逻辑函数更简单为原则。

思考题

1. 使用代入规则将得·摩根定律推广到五变量是什么形式？
2. 反演规则和对偶规则有何区别？
3. 逻辑代数与普通代数有何区别？
4. 最小项的概念是什么？n变量的最小项有几个？
5. 由逻辑函数的一般与或表达式如何画其卡诺图？
6. 总结卡诺图化简的步骤及方法。

模块1.3　逻辑门电路

门电路是数字电路中用来实现各种基本逻辑关系的单元电路，常用的门电路有与门、或门、非门、异或门、与非门、或非门、三态门等。其中前三种为基本逻辑门。门电路可由分立元器件组成，目前最广泛使用的是集成门电路，集成门电路主要有双极型的TTL门电路和单极型的CMOS门电路，但集成门电路都是在分立元器件门电路的基础上发展起来的，因此先介绍分立元器件门电路及工作原理，作为学习集成门电路的先导。

1.3.1 分立元器件门电路

1. 二极管与门电路

图1－22是用二极管构成的与门电路。其中A、B代表与门输入，Y代表输出。假定VD_1、VD_2是理想二极管，电源电压U_{CC}为+5 V，输入信号的低电平U_{iL}=0 V，高电平U_{iH}=+3 V。

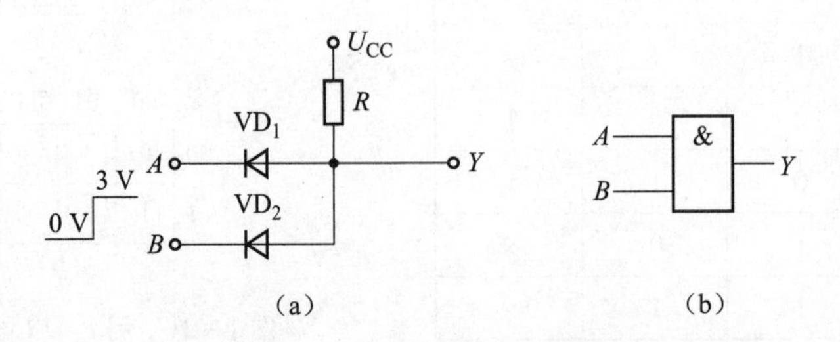

图1－22 二极管与门电路

当输入端A与B同时为高电平"1"（+3 V）时，二极管VD_1、VD_2均导通，输出端Y为高电平"1"（+3 V）；当输入端A、B全为低电平"0"（0 V），二极管VD_1、VD_2的导通使输出端Y为低电平"0"（0 V）。当输入端A、B有一个为低电平0时，设A=0 V，B=3 V，由二极管的导通特性可知，负端电平最低的二极管先导通（VD_1先导通），输出端Y为低电平0 V，二极管VD_2截止，所以$Y=0$。可见，只要输入中的任意一端为低电平时，输出端就一定为低电平；只有当输入端均为高电平时，输出端才为高电平，即输入与输出信号状态满足"与"逻辑关系，其表达式为$Y=AB$。

2. 二极管或门

二极管或门电路如图1－23所示。其中A、B代表或门输入，Y代表输出。

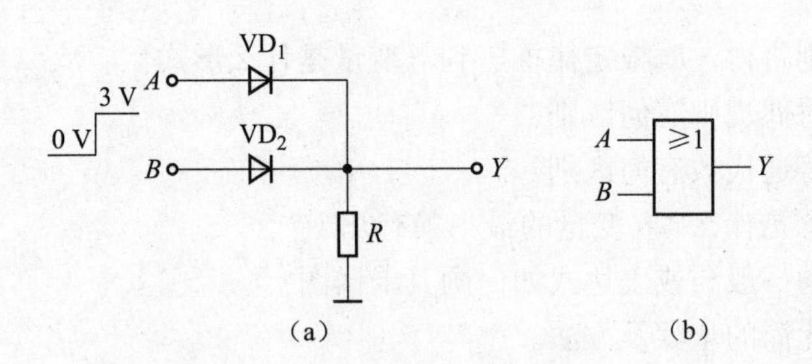

图1－23 二极管或门电路

同样假定VD_1、VD_2是理想二极管，输入信号的低电平U_{iL}=0 V、高电平U_{iH}=+3 V。当输入端A或B中的任何一端为高电平1（+3 V）时，输出端Y一定为高电平（3 V）；当输入端同时为高电平1时，输出端也为高电平；当输入端A和B同时为低电平0（0 V）时，输出端Y一定为低电平0。可见，只要输入端中的任意一端为高电平，输出端就一定为高电平；只有当输入端均为低电平时，输出端才为低电平，即输入与输出信号状态满足"或"逻辑关系，其表达式为$Y=A+B$。

3. 三极管非门电路

非门亦称反相器，图 1－24 所示为晶体管非门电路及逻辑符号。电路中输入变量为 A，输出变量为 Y。

电路实际上是一个反相器，当输入变量 A 为高电平 1（3 V）时，晶体管饱和导通，输出端 Y 输出 0.2～0.3 V 的电压，属于低电平范围；当输入端为低电平 0（0 V）时，晶体管截止，输出端 Y 的电压近似等于电源电压，为高电平 1，即输入与输出信号状态满足“非”逻辑关系，其表达式为 $Y=\overline{A}$。

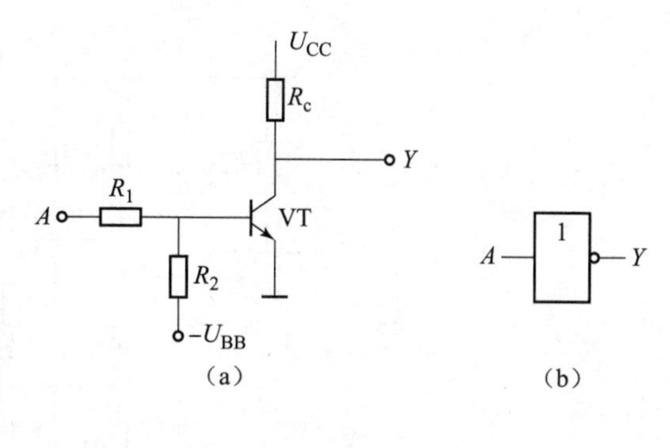

图 1－24　晶体管非门

1.3.2　TTL 集成逻辑门电路

集成逻辑门电路按电路中所含的晶体管类型的不同，可分为双极型集成门电路和单极型集成门电路。TTL 集成逻辑门电路主要由双极型晶体管组成，是晶体管－晶体管逻辑门电路的简称。TTL 集成电路的生产工艺成熟，其产品参数稳定，使用可靠，抗干扰能力强，开关速度快，获得了较广泛的应用。从小规模、中规模到大规模集成电路产品是我国也是国际上生产历史最久、生产数量最大、品种最齐全的一类集成电路。

实际生产的 TTL 门电路种类繁多，按国家标准可分为 54/74 通用系列、54/74H 高速系列、54/74S 肖特基（超高速）系列、54/74LS 低功耗肖特基系列，这四种系列 TTL 门电路的主要差别反映在平均传输延迟时间及平均功耗两个参数上，其他参数和外引线排列基本上彼此相容。CT54 系列产品常用于军品，工作温度为－55℃～＋125℃，工作电压为 5 V（1±10%）；CT74 系列常用于民品，工作温度为 0℃～70℃，工作电压为 5 V（1±5%），它们同一型号的逻辑功能、外引线排列均相同。TTL 器件型号由五部分组成，其符号意义见附录中的附表 1，常用的 TTL 门电路器件见附录中的附表 2。

下面以 TTL 集成与非门为例介绍其内部电路构成和参数，对其内部电路工作原理一般不作深究。

1. 集成 TTL 与非门

1）TTL 与非门的电路结构

TTL 集成与非门的内部电路主要由输入级、中间级和输出级三部分组成，如图 1－25 所示。

输入级：由 1 个多发射极晶体管 VT_1 和电阻 R_1 组成，其作用是对输入变量 A、B、C 实现逻辑与，相当于一个与门。

中间级由 VT_2、R_2 和 R_3 组成。VT_2 的集电极和发射极输出两个相位相反的信号，作为 VT_3 和 VT_5 的驱动信号。

输出级由 VT_3、VT_4、VT_5 和 R_4、R_5 组成，这种电路组成推拉式结构的输出电路，其作用是实现反相，并降低输出电阻，提高负载能力。

输入信号 A、B、C 与输出信号 Y 符合与非逻辑关系，即 $Y=\overline{ABC}$。

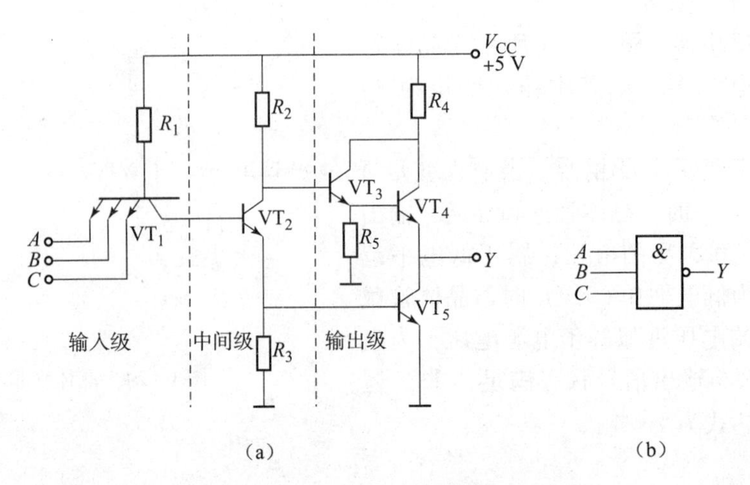

(a) (b)

图 1－25 TTL 集成与非门电路及逻辑符号

图 1－26（a）是 TTL 与非门 74LS00 集成电路示意图，它包括 4 个双输入与非门，这 4 个双输入与非门共用一个电源，其中每一个与非门都可以单独使用。图 1－26（b）是 TTL 与非门 74LS20 集成电路示意图，它包括两个四输入与非门。此类电路多数采用双列直插式封装。在封装表面上都有一个小豁口，用来标识管脚的排列顺序。

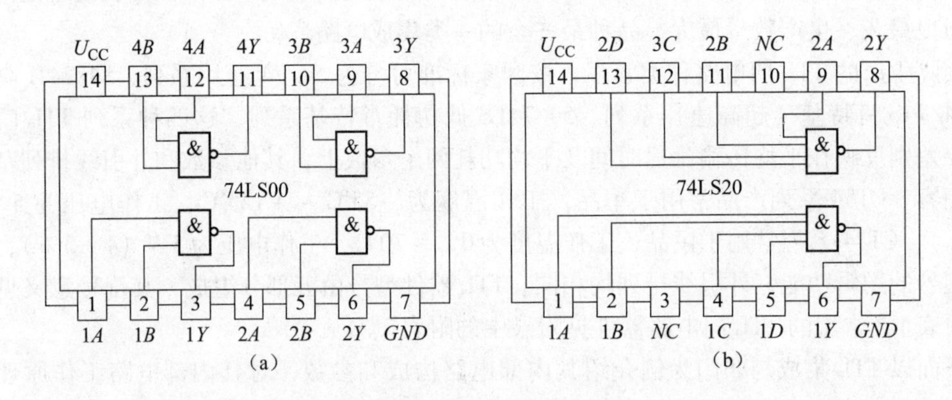

(a) (b)

图 1－26 系列 74LS00 与非门与 74LS20 与非门管脚排列图

(a) 四－二输入与非门 (b) 二－四输入与非门

2）集成与非门的主要参数

TTL 门是数字集成电路的基础，选用 TTL 集成电路，不仅要考虑其逻辑关系要符合要求，还必须考虑其反映电路特性的参数，从而在抗干扰能力、负载能力、工作速度和功耗等几个方面满足设计要求。下面以 TTL 与非门为例介绍一些与 TTL 集成电路电特性有关的重要参数。

(1) 输出高电平 U_{oH} 和输出低电平 U_{oL}。U_{oH} 是指输入端有一个或一个以上为低电平时的输出高电平值；U_{oL} 是指输入端全部接高电平时的输出低电平值。U_{oH} 的典型值为 3.6 V，U_{oL} 的典型值为 0.3 V。但是，实际门电路的 U_{oH} 和 U_{oL} 并不是恒定值，考虑到器件参数的差异及实际使用时的情况，手册中规定高、低电平的额定值为：$U_{oH}=3$ V，$U_{oL}=0.35$ V。有的手册中还对标准高电平（输出高电平的下限值）U_{SH} 及标准低电平（输出低电平的上限值）

U_{SL}规定：$U_{SH} \geq 2.7$ V，$U_{SL} = 0.5$ V。

（2）阈值电压 U_{TH}。U_{TH}也称门槛电压，是输出高、低电平的分界线所对应的输入信号u_i的电压值。它的含义是：当 $u_i < U_{TH}$时，输出为高电平；当 $u_i > U_{TH}$时，输出为低电平。实际上，阈值电压有一定范围，通常取 $U_{TH} = 1.4$ V。

（3）关门电平 U_{off}和开门电平 U_{on}。在保证输出电压为标准高电平 U_{SH}（即额定高电平的90%）的条件下，所允许的最大输入低电平，称为关门电平 U_{off}。典型的数值为 $U_{off} \approx 0.8$ V。

在保证输出电压为标准低电平 U_{SL}（额定低电平）的条件下，所允许的最小输入高电平，称为开门电平 U_{on}。典型的数值 $U_{on} \approx 1.8$ V。

U_{off}和 U_{on}是与非门电路的重要参数，表明正常工作情况下输入信号电平变化的极限值，同时也反映了电路的抗干扰能力。

（4）输入高电平电流 I_{iH}与输入低电平电流 I_{iL}。I_{iH}为与非门输入高电平时流入输入端的电流，也即当前级输出为高电平时，本级作为负载可“拉出”前级门的输出端电流。产品规定当 $U_{iH} = U_{oHmin} = 2.7$ V 时，I_{iHmax}为 20 μA。I_{iL}为与非门输入低电平时流出输入端的电流，也即作为负载的与非门在输入低电平时，可“灌入”前级门的输出端的电流。产品规定当 $U_{iL} = U_{oLmax} = 0.5$ V 时，$I_{iLmax} = 0.4$ mA。

（5）输出高电平电流 I_{oH}与输出低电平电流 I_{oL}。I_{oH}为与非门输出高电平时流出输出端的最大电流。它是被负载“拉出”的最大电流，超过此值会使输出高电平下降。I_{oH}表示电路的拉电流负载能力。产品规定 I_{oHmax}为 0.4 mA。I_{oL}为与非门输出低电平时流入输出端的最大电流。它是被负载“灌入”的电流，超过此值会使输出低电平上升产品规定 I_{oLmax}为 8 mA。I_{oL}表示电路的灌电流负载能力。

（6）噪声容限。低电平噪声容限是保证输出高电平不低于高电平下限值时，在输入低电平基础上所允许叠加的最大正向干扰电压，用 U_{NL}表示。$U_{NL} = U_{off} - U_{iH}$。高电平噪声容限是指保证输出低电平不高于低电平上限值时，在输入高电平基础上所允许叠加的最大负向干扰电压，用 U_{NH}表示。$U_{NH} = U_{iH} - U_{on}$。为了提高器件的抗干扰能力，要求 U_{NL}与 U_{NH}尽可能地接近。

（7）扇出系数 N。N 为与非门可带同类门的个数。

当输出低电平时：$N_L = \dfrac{I_{oLmax}}{I_{iLmax}} = \dfrac{8}{0.4} = 20$

当输出高电平时：$N_H = \dfrac{I_{oHmax}}{I_{iHmax}} = \dfrac{0.4}{0.02} = 20$

（8）平均延迟时间 t_{pd}。输出状态响应输入信号所需的时间。在工作频率较高的数字电路中，信号经过多级门电路传输后造成的时间延迟将影响门电路的逻辑功能。平均延迟时间反映了与非门的开关速度。产品规定 t_{pdmax}为 15 ns。

（9）时钟脉冲f_{max}。是指电路最大的工作频率，超过此频率 IC 将不能正常工作。

TTL 各系列集成门电路主要性能指标如表 1－17 所示。

2. 其他常用 TTL 门电路

1）集电极开路与非门（OC 门）

上面介绍的 TTL 与非门因其输出端推拉式的结构而不能同时将几个与非门输出连接在一起工作；否则将导致逻辑功能混乱并可能烧坏器件。

表 1-17　TTL 各系列集成门电路主要性能指标

参数名称 \ 电路型号	CT74 系列	CT74H 系列	CT74S 系列	CT74LS 系列
电源电压/V	5	5	5	5
$U_{OH(min)}$/V	2.4	2.4	2.5	2.5
$U_{OL(max)}$/V	0.4	0.4	0.5	0.5
逻辑摆幅/V	3.3	3.3	3.4	3.4
每门功耗/mW	10	22	19	2
每门传输延时/ns	10	6	3	9.5
最高工作频率/MHz	35	50	125	45
扇出系数	10	10	10	20
抗干扰能力	一般	一般	好	好

在实际使用中，有时需要将多个与非门的输出端直接并联起来应用，实现多个信号的与逻辑关系，这种靠线的连接形成“与功能”的方式称为“线与”。

为了既满足门电路“并联应用”的要求，又不破坏输出端的逻辑状态和不损坏门电路，人们设计出集电极开路的 TTL 门电路，又称“OC 门”，图 1-27 所示为集电极开路与非门电路结构及逻辑符号。

集电极开路的门电路有许多种，包括集电极开路的与门、非门、与非门、异或非门及其他种类的集成电路。“OC 门”的逻辑表达式、真值表等描述方法和普通门电路的完全一样。它们的主要区别是：“OC 门”的输出管 VT_3 集电极处于开路状态。在具体应用时，需要在它的输出端外接一个电阻 R_L 及外接电源，如图 1-28 所示，其逻辑功能为

$$Y = \overline{AB} \cdot \overline{CD}$$

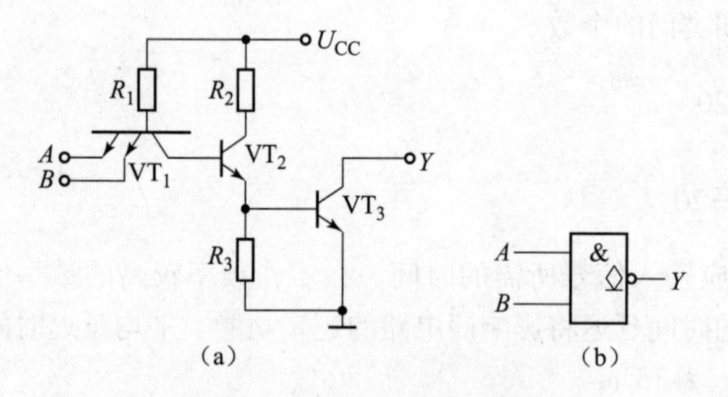

图 1-27　集电极开路与非门
(a) 电路结构　(b) 逻辑符号

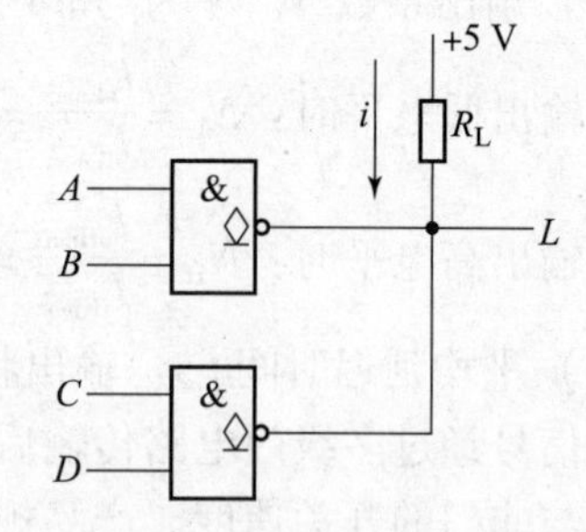

图 1-28　“OC 门”线与接线图

2）三态门

三态门就是输出有三种状态的与非门，简称 TSL 门。它与一般 TTL 与非门的不同点是：除了有逻辑 0 和逻辑 1 两种输出状态外，还有第三种状态——高阻抗状态。当三态门处于高阻状态时，相当于它和系统中其他电路完全断开，即对外电路不起任何作用。在数字电路

中，三态门是一种特别实用的门电路，具有三态门输出结构的门电路、数据选择器、存储器等集成器件在总线系统、外围接口、仪器仪表的控制电路中应用较广。三态与非门的电路及逻辑符号如图1－29所示。

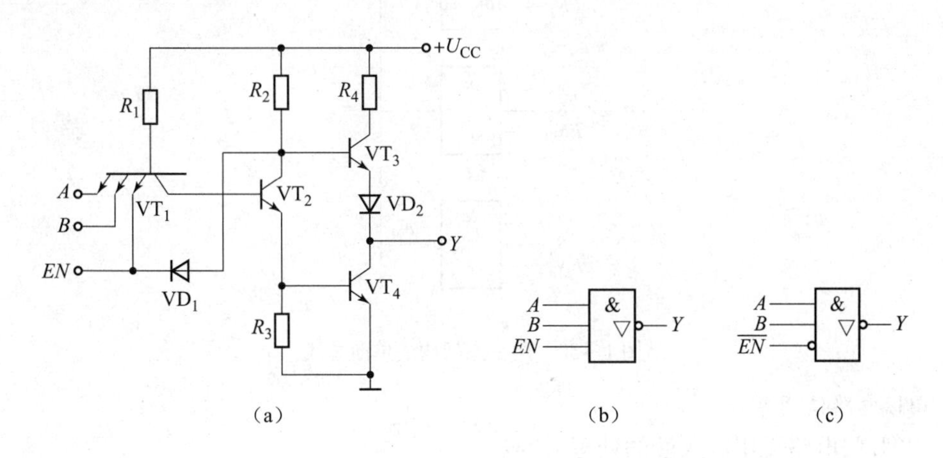

图1－29　三态与非门

（a）电路　（b）逻辑符号

图1－29所示的三态与非门比一般的与非门多了一个控制端 EN（亦称使能端），控制端当 $EN=1$ 时，电路的工作状态与普通与非门相同；当 $EN=0$ 时，输出端呈现高阻态。图1－29（b）所示是一种表示 $EN=1$ 有效的三态门的逻辑符号。还有一种 $\overline{EN}=0$ 有效的三态门，当 $\overline{EN}=0$ 时，三态门执行与非功能，若 $\overline{EN}=1$，三态门呈高阻状态，其逻辑符号如图1－29（c）所示。在图1－29（b）中 EN 端没有小圆圈，表示控制端是高电平有效，在图1－29（c）中，$\overline{EN}$ 端加小圆圈表示控制端为低电平有效。在实际应用三态门时，请注意区分控制端 EN 是低电平有效还是高电平有效。三态门真值表如表1－18所示。

表1－18　三态门真值表

控制	输入变量		输出变量
EN	A	B	Y
(1) 0	0	0	1
(1) 0	0	1	1
(1) 0	1	0	1
(1) 0	1	1	0
(0) 1	×	×	高阻

三态门主要应用在数字系统的总线结构中，图1－30所示为三态门在计算机数据总线中的应用实例，门1、门2、……、门 n 为 $EN=1$ 有效的三态门，只要保证控制信号 EN_1、EN_2、…、EN_n 每一时刻只有一个为高电平1，就可以使任何时刻只有一路信号可以通过总线传送，其他各路信号不可能通过，这样避免了各门之间的相互干扰，从而简化了传输电路。

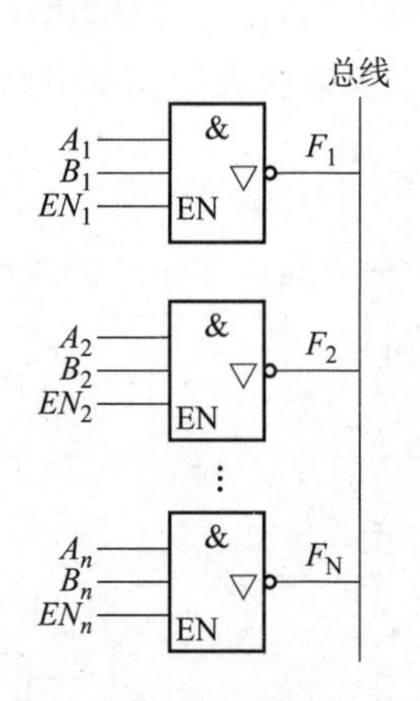

图 1－30　用三态门构成单向总线

3. TTL 电路使用常识

1）TTL 门电路无用输入端的处理

在使用 TTL 集成电路时，有些不用的输入端若用小电阻接地，会使此输入端相当于输入一个低电平；若所接电阻过大时，输入端相当于输入一个高电平；若闲置输入端悬空时，相当于输入高电平状态。因此，在处理 TTL 集成电路闲置输入端时，应确保闲置输入端的电平状态不破坏电路的逻辑关系。

比如，与非门的无用输入端可采用图 1－31 所示三种方式处理。

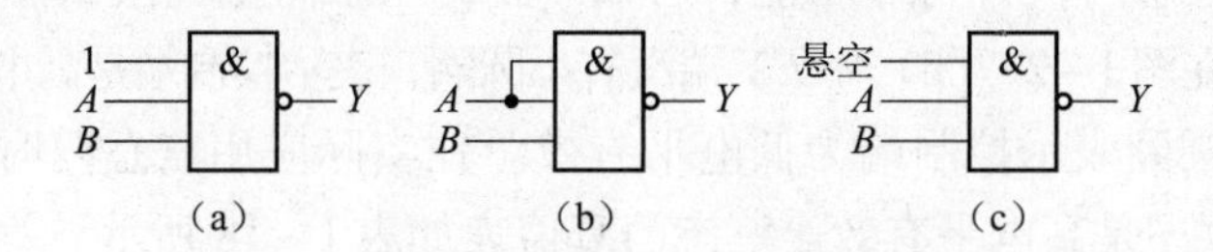

图 1－31　TTL 与非门无用输入端的处理

（a）接 1　（b）并联　（c）悬空

或非门的无用输入端可接 0（地）或与有用端并联，如图 1－32 所示。

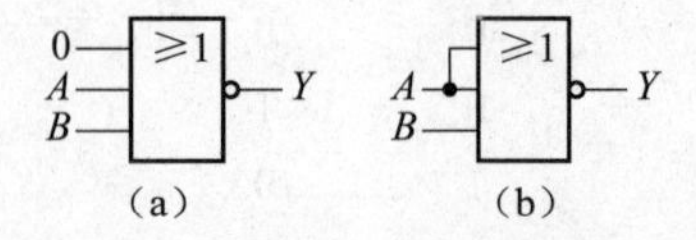

图 1－32　或非门无用输入端的处理

（a）接 0（地）　（b）并联

2）TTL 电路带负载能力

除了前面介绍的用扇出系数来衡量门电路带同类门电路能力外，还应牢记 TTL 电路的带灌电流负载能力远远大于带拉电流负载能力。例如，要用一个门电路去推动发光二极管，如发光二极管工作电流为 10 mA，则正确的使用方法是组成灌电流负载，而不能用拉电流负载。因为 TTL 门输出低电平（灌电流）时，$I_{\mathrm{oL(max)}} = 16$ mA，可使发光二极管发光，而输出高电平

（拉电流）时，$I_{oH(max)}=0.4$ mA 不能使发光二极管导通。从这个例子体会到，当用 TTL 带动非 TTL 负载时，应充分考虑 TTL 电路的带载能力，即善于吸流而不善于放流的特性。

3）电源电压及输出端的连接

TTL 电路正常工作时的电源电压为 5 V，允许波动 ±5%。使用时不能将电源与“地”线颠倒接错；否则会因电流过大而损坏器件。为避免从馈线引入的电源干扰，应在印制电路板的电源输入端并入几十微法的低频去耦电容和 0.01 ~0.1 μF 的高频滤波电容。

除三态门和集电极开路门外，其他 TTL 门电路的输出端不允许直接并联使用；输出端不允许直接与电源或地相连。集电极开路门输出端在并联使用时，在其输出端与电源 U_{CC}之间应外接上拉电阻；三态门输出端在并联使用时，同一时刻只能有一个门工作，而其他门输出处于高阻状态。

1.3.3　常用 CMOS 门电路

CMOS 门电路是由增强型 PMOS 管和增强型 NMOS 管组成的互补对称 MOS 门电路。CMOS 门电路与相同逻辑功能的 TTL 门电路相比，除了结构及电路图不同外，它们的逻辑符号、逻辑表达式完全相同，且真值表（功能表）也完全相同，只是它们的电气参数有所不同，使用方法也有差异而已。

1. CMOS 反相器

图 1－33 是 CMOS 反相器的电路图，其中 VT_N是 N 沟道增强型 MOS 管，VT_P是 P 沟道增强型 MOS 管，两管的参数对称相同，其开启电压 $U_{TN}=|U_{TP}|$，电源电压是 U_{DD}，要求 $U_{DD}>|U_{TP}|+U_{TN}$，VT_N作为驱动管，VT_P作为负载管。

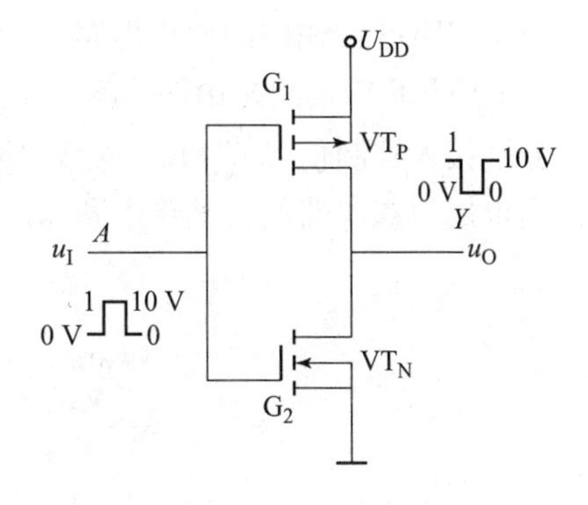

图 1－33　CMOS 反相器

CMOS 电路开启电压的典型数据取如下数值：$U_{TP}=-3$ V，$U_{TN}=+3$ V，电源电压 U_{DD}一般为 +10 V。

图 1－33 所示 CMOS 反相器工作原理如下。

当输入信号 $u_i=U_{iL}=0$ V 时（低电平 0），$u_{GSN}=0<U_{TN}$，VT_N 管截止；$u_{GSP}=0-U_{DD}=-U_{DD}$，$|u_{GSP}|>|U_{TP}|$，VT_P导通。输出电压 $u_o=U_{oH}\approx U_{DD}$。即 $Y=1$，输出高电平。

当输入信号 $u_i=U_{iH}=U_{DD}$时（高电平 1），$u_{GSN}=U_{DD}>U_{TN}$，VT_N管导通；$u_{GSP}=U_{DD}-U_{DD}=0$，$|u_{GSP}|<|U_{TP}|$，VT_P截止。输出电压 $u_o=U_{oL}\approx 0$ V，即 $Y=0$，输出为低电平。

由上述分析可见，CMOS 反相器有倒相功能。反相器在两个不同输入电平下，VT_N、VT_P管中总有一个处于截止状态，因此静态功耗很小，只有在状态转换过程中，两管才有可能同时导通，不过作用的时间很短，平均功耗很小。一般在高频工作时，才考虑其动态功耗的影响。另外，CMOS 反相器开关速度较高。

2. CMOS 与非门和或非门

图 1－34（a）所示电路是一个 CMOS 与非门，图中两个 P 沟道增强型 MOS 管并接，作为负载管组，两个 N 沟道增强型 MOS 管串接，作为工作管组。其中 $Y=\overline{AB}$。

图 1－34（b）所示电路是一个 CMOS 或非门，两个 N 沟道 MOS 管并接，两个 PMOS 管串接，VT_{N1}与 VT_{P1}、VT_{N2}与 VT_{P2}分别为一组互补管。其中 $Y=\overline{A+B}$。

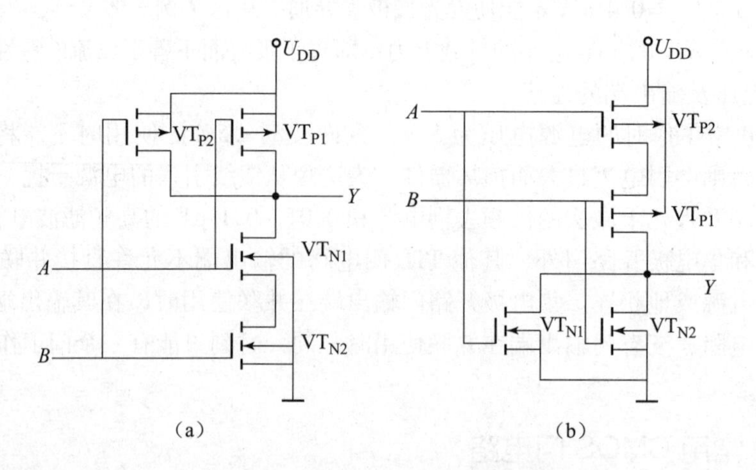

图 1－34　CMOS 与非门和或非电路
（a）CMOS 与非门　（b）CMOS 或非门

3. CMOS 传输门和模拟开关

1）CMOS 传输门

传输门（TG）是一种用来传输信号的可控开关，图 1－35（a）、图 1－35（b）分别给出了 CMOS 传输门的原理电路图和逻辑符号。

CMOS 传输门是由两个参数对称的 NMOS 管和 PMOS 管并联组成的，VT_N和 VT_P的栅极分别接入控制信号 C 和$\overline{C}$。由于 MOS 管的漏极和源极在结构上是对称的，因此 CMOS 传输门也成为双向器件，其输入和输出端可以互换使用。

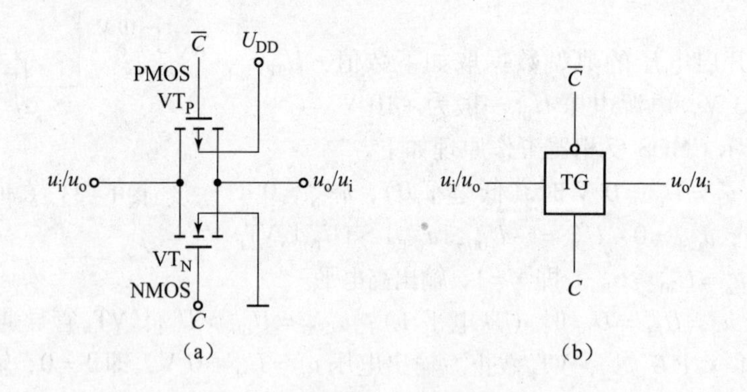

图 1－35　CMOS 传输门
（a）电路图　（b）逻辑符号

因 VT_N和 VT_P参数对称，所以令 $U_T = U_{TN} = |U_{TP}|$，两管栅极上接一对互补控制电压，其低电平为 0 V，高电平为 U_{DD}，输入电压 u_i 的变化范围为 $0 \sim U_{DD}$。

当控制端 C 加低电平，$\overline{C}$加高电平时，VT_N和 VT_P都截止，输入和输出之间呈高阻状态，相当于开关断开，输入信号不能传输到输出端，传输门关闭。

当控制端 C 加高电平，$\overline{C}$加低电平时，若 $0 < u_i <(U_{DD} - U_T)$，VT_N导通（VT_P在 u_i 的低段截止，高段导通），$u_o = u_i$；若 $|U_{TP}| \leqslant u_i \leqslant U_{DD}$时，$VT_P$导通（$VT_N$ 在 u_i 的低段导通，

高段截止），$u_o = u_i$。因此，当输入信号 u_i 在 $0 \sim U_{DD}$之间变化时，VT_N和 VT_P至少有一管导通，输出和输入之间呈现低阻，且该导通电阻近似为一常数，此时相当于开关闭合，传输门开通。

2）CMOS 模拟开关

将 CMOS 传输门和一个反相器结合，则可组成一个模拟开关，如图 1－36 所示。

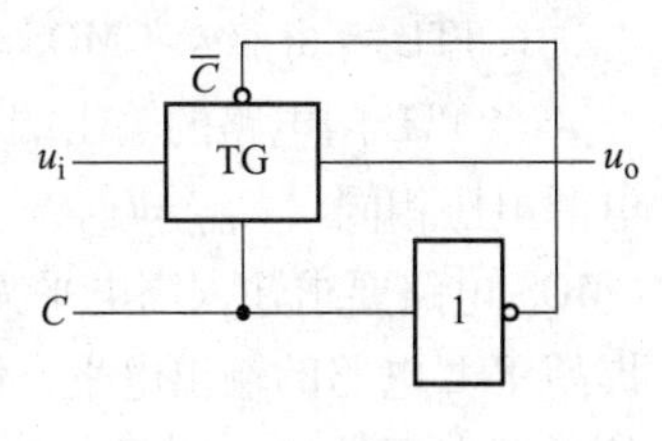

图 1－36 模拟开关

当控制端 $C=1$ 时，TG 导通；当 $C=0$ 时，TG 截止。由于 MOS 管的源极、漏极可以互换，因而模拟开关是一种双向开关，即输入端和输出端可以互换使用。

4. CMOS 集成电路的特点

CMOS 集成电路主要有 CMOS4000 系列和 74HC 高速系列。两者主要在速度和工作频率上存在差别：74HC 高速系列的速度比 CMOS4000 系列高出 5 倍以上。CMOS4000 系列的最高工作频率是 5 MHz，HCMOS 系列的工作频率高达 50 MHz。高速 CMOS 电路主要有 74HC、74HCT、74BCT（BiCMOS）等系列，它们的逻辑功能、外引线排列与同型号的 TTL 电路 74 系列相同。一般来说，高速 CMOS 集成逻辑门可与 74LS00 代换，只是代换时要注意使用 5 V 电源及管脚封装位置。

与 TTL 数字集成电路相比，CMOS 数字集成电路主要有如下特点。

（1）静态功耗极微，功耗达纳瓦数量级。

（2）工作电源电压范围宽。CMOS4000 系列的电源电压为 3～15 V，HCMOS 电路为 2～6 V，这给电路电源电压的选择带来了很大方便。

（3）噪声容限大。CMOS 数字集成电路的噪声容限最大可达电源电压的 45%，最小不低于电源电压的 30%，而且随着电压的提高而增大。因此，它的噪声容限比 TTL 电路大得多。

（4）电源利用率高。CMOS 数字集成电路输出的高电平接近于电源电压 U_{DD}，而输出的低电平又接近 0 V。因此，输出逻辑电平幅度的变化接近电源电压 U_{DD}。电源的电压越高，逻辑摆幅越大。

（5）负载能力强，扇出系数大。CMOS4000 系列输出端可带 50 个以上的同类门电路，对于 HCMOS 电路可带 10 个 LSTTL 负载门，如带同类门电路还可多些。

（6）CMOS 电路缺点。工艺复杂，要求高；工作速度较慢。

5. CMOS 集成电路使用注意事项

（1）在使用和存放时应注意静电屏蔽。焊接时电烙铁应接地良好或在电烙铁断电情况下焊接。

（2）正确供电。芯片的 U_{DD}接电源正极，U_{SS}接电源负极（通常接地），不允许接反，否则将使芯片损坏。在连接电路、拔插电路元器件时必须切断电源，严禁带电操作。

（3）CMOS 电路多余不用的输入端不能悬空，应根据需要接地或接正电源。为了解决由于门电路多余输入端并联后使前级门电路负载增大的影响，根据逻辑关系的要求，可以把多余的输入端直接接地，当作低电平输入或把多余的输入端通过一个电阻接到电源上当作高电平输入。这种接法不仅不会造成对前级门电路的影响，而且还可以抑制来自电源的干扰。

1.3.4 TTL 与 CMOS 接口电路

不同系列集成门电路在同一系统中使用时，由于它们使用的电源电压、输入/输出电平的高低不同，因此需加电平转换电路。

1. TTL 输出驱动 CMOS 输入

当 TTL 门电路的输出端与 4000 系列和 HC 系列 CMOS 门电路的输入端接口时，若它们的电源电压相同（$U_{DD}=U_{CC}=+5$ V），则可直接连接。但由于 TTL 电路输出高电平为 3.4 V，而 CMOS 电路要求输入高电平为 3.5 V，因此可在 TTL 电路的输出端与电源之间接一个电阻 R_L 以提高 TTL 电路的输出电平，使 TTL 门电路的 $U_{OH}\approx 5$ V，如图 1－37（a）所示。如果 CMOS 的电源电压较高，则 TTL 电路需采用 OC 门，在其输出端接上拉电阻，如图 1－37（b）所示，上拉电阻的大小将影响其工作速度。则采用另一种方法用专用的 CMOS 接口电路（如 CC4502、CC40109 等），如图 1－37（c）所示。

当 TTL 电路驱动 74HCT 系列和 74ACT 系列的 CMOS 门电路时，因两类电路性能兼容，故可以直接相连，不需要外加元件和器件。

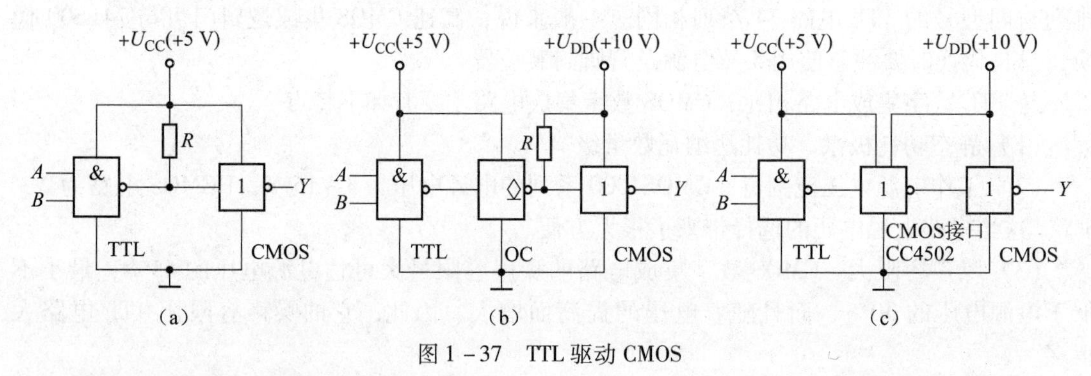

图 1－37　TTL 驱动 CMOS

（a）TTL 驱动 CMOS 采用电阻　（b）TTL 驱动 CMOS 采用 OC 门　（c）TTL 驱动 CMOS 采用专用门电路

2. CMOS 电路驱动 TTL 电路

当 CMOS 门电路的输出端与 TTL 门电路的输入端接口时，若它们的电源电压相同，可以直接连接。但 CMOS 电路的驱动电流较小，而 TTL 电路的输入短路电流较大。当 CMOS 电路输出低电平时，不能承受这样大的灌电流，因此可采用电平转换器作为缓冲驱动，如图 1－38（a）、图 1－38（b）所示。其中 CC4049 为反相驱动，CC4050 为同相驱动。另外，也可采用漏极开路的 CMOS 驱动器，如图 1－38（c）所示。40107 电路可驱动 10 个 TTL 电路负载。还可以将同一芯片上的 CMOS 门电路并联使用，以提高负载能力。

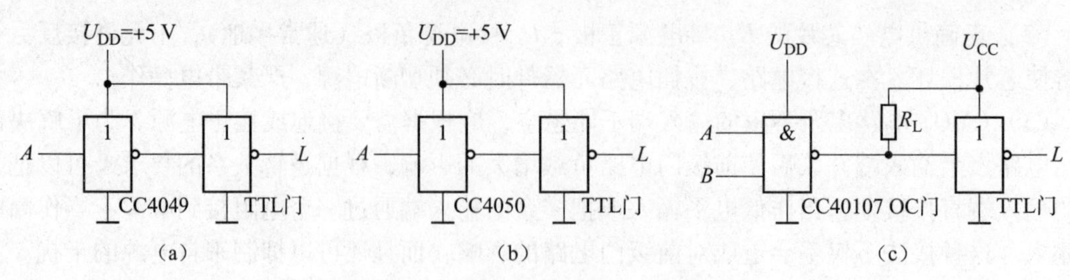

图 1－38　CMOS 门驱动 TTL 门连接电路

3. 门电路驱动分立元器件电路

各种门电路驱动 NPN 晶体管的电路及驱动 LED 发光二极管的电路如图 1－39 所示。

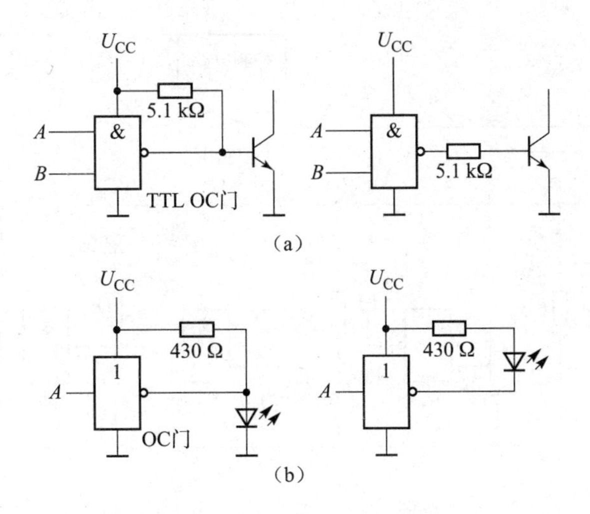

图 1－39　驱动分立元件电路

（a）驱动 NPN 晶体管　（b）驱动 LED 发光二极管

思考题

1. 如何判断一个 74LS00 门电路的好坏？
2. 什么叫线与？哪种门电路可以线与？为什么？
3. 简述 OC 门和三态门各有何特点及各自的应用。
4. TTL 门电路与 CMOS 门电路在使用过程中对多余输入端如何处理？
5. TTL 门电路能和 CMOS 门电路直接混用吗？

模块 1.4　项目的实施

1. 电子液位控制器电路的设计

电子液位控制器电路原理如图 1－40 所示。电路由 4 个与非门，指示灯 VD_1、VD_2、VD_3，报警电铃 HA（由继电器控制），控制电路的直流电源开关 S（使用电路时开关为闭合）构成。其工作原理如下所述。

液箱无液（或液位很低时），箱内检测点 1、2、3 均与 0 点断开，R_{11}、R_{21}、R_{31} 的阻值很小，与非门 G_1、G_2、G_3 输入端 A_1、A_2、A_3 均为低电平，3 个门输出均为高电平。此时，三段液位指示灯不亮。

当液箱注液达到 1 点时，0 点和 1 点接通，因此门 G_1 输入全为高电平，其输出为低电平 0，VD_1 导通，发光二极管点亮，指示液位达到第一段高度；同理，当液位继续上升，将依次接通 2 点和 3 点，VD_2、VD_3 依次点亮，VD_2、VD_3 分别指示液位已达到第二段和第三段。

当 VD_3 点亮时，与非门 G_3 输出低电平 0，与非门 G_4 输出变为高电平，使驱动管 VT 饱和导通。这时由继电器 K 带动 HA 发声，发出报警信号，同时 K 动作亦可控制泵电动机电路，使泵电动机停转，关闭注液水泵。

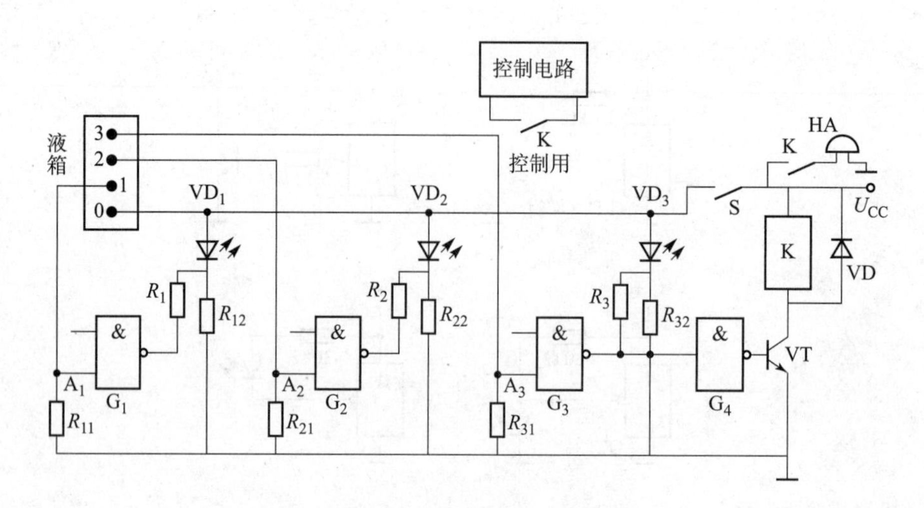

图 1-40　电子液位控制器原理示意图

2. 电路制作

按原理图准备元器件制作电路，本电路需要四个与非门，可以用一块 74LS00 集成电路来实现，指示灯 VD_1、VD_2、VD_3 用三个发光二极管。74LS00 的 U_{CC}、GND 必须接到 5 V 和接地处。R_{11}、R_{21}、R_{31}的阻值取 33 Ω，R_{12}、R_{22}、R_{32}的阻值取 10 kΩ，R_1、R_2、R_3的阻值取 510 Ω。本电路板制作简单，可在万能板上直接按照原理图进行焊接。

3. 电路调试

按注液高度从低到高观察指示灯的亮灭，当液位低于 0 处时，三个指示灯应不亮。当液位到达 1 处时，VD_1 亮，VD_2、VD_3 应不亮。当液位到达 2 处时，VD_1、VD_2 应亮，VD_3 不亮。当液位到达 3 处时，三个灯应全亮，同时电铃响。如现象不符，则分别测试四个与非门的输入/输出端电平是否满足逻辑关系，并由此检查电路的连接及芯片的好坏。

项目小结

日常生活中人们使用十进制，而在数字系统中多使用二进制。本项目介绍了二进制、八进制、十进制、十六进制及其相互转换。BCD 码是数字系统中最常用的代码，常用的 BCD 码有 8421 码、5421 码、2421 码、余 3 码。

基本的逻辑关系有与、或、非三种，与其对应的逻辑运算是逻辑乘、逻辑加和逻辑非。任何复杂的逻辑关系都由基本的逻辑关系组合而成。应熟记逻辑代数中的基本公式与基本规则，它是分析和设计逻辑电路的工具。

描述逻辑关系的函数称为逻辑函数。逻辑函数中的变量和函数值都只能取 0 或 1 两个值。逻辑函数可用真值表、逻辑函数公式、逻辑图和卡诺图表示，它们之间可以随意互换。

逻辑函数的化简法有卡诺图法及公式法两种。由于公式化简法无固定的规律可循，因此必须在实际练习中逐渐掌握应用各种公式进行化简的方法及技巧。

卡诺图化简法有固定的规律和步骤，且直观、简单。只要按已给步骤进行，即可在实践中较快寻找到化简的规律。

本项目还介绍了目前广泛使用的 TTL 和 CMOS 两类逻辑门电路，重点应把握它们的输出与输入间的逻辑关系和外部特性。在实际使用中，应注意逻辑门电路闲置输入端的处理，还应注意 TTL 电路和 CMOS 门电路间的接口问题。

习题一

一、填空题

（1）三种基本逻辑门电路是________、________和________。

（2）三态门的输出端有________、________和________三种状态。

（3）逻辑函数的化简方法有________和________两种方法。

（4）CMOS 门电路比 TTL 门电路的集成程度________、带负载能力________、功耗________。

（5）四变量逻辑函数最多有________项最小项。

（6）BCD 码是用________位二进制数码来表示________位十进制数。

（7）十进制数 16 表示为二进制数是________，表示成 8421BCD 码是________，两者结果________的原因是前者是________，后者是________。

（8）已知逻辑函数 $Y=\overline{\overline{AB}\cdot\overline{CD}}$，不变换逻辑表达式，用________个________门可以实现其逻辑功能。

（9）存在约束项的逻辑函数中，可以把约束项视作________，也可以把约束项视作________，这样做________影响逻辑函数值。

（10）二极管门电路如题图 1－1 所示，若二极管 VD_1、VD_2 的导通压降为 0.7 V，则如果 A 接 5 V，B 接 0.3 V，输出 $F=$________V；如果 A、B 都接 5 V，F 为________V；如果 A 接 5 V，B 悬空，用万用表测 B 端电压是________V；如果 A 接 0.3 V，B 悬空，用万用表测 B 端电压是________V。

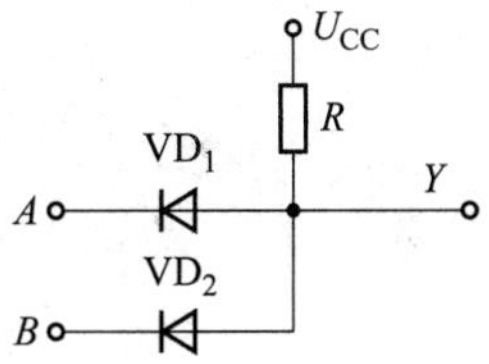

题图 1－1

二、选择题

（1）和逻辑式 $A+A\overline{BC}$ 相等的是（　　）。

A. ABC　　B. $1+BC$　　C. A　　D. $A+\overline{BC}$

（2）两输入与非门，使输出 $L=0$ 的输入变量取值组合是（　　）。

A. 00　　B. 01　　C. 10　　D. 11

（3）若一个逻辑函数由三个变量组成，则最小项个数为（　　）。

A. 16　　B. 8　　C. 4　　D. 3

（4）二输入端的或非门，其输入端为 A、B，输出端为 Y，则其表达式 $Y=$（　　）。

A. AB　　B. $\overline{AB}$　　C. $\overline{A+B}$　　D. $A+B$

（5）两输入或门输入端之一作为控制端，接低电平，另一输入端作为数字信号输入端。则输出与另一输入是（　　）。

A. 相同　　B. 相反　　C. 高电平　　D. 低电平

（6）要使或门输出恒为 1，可将或门的一个输入端始终接（　　）。

A. 0　　B. 1　　C. 输入端并联　　D. 0 或 1 都可以

（7）要使与门输出恒为 0，可将与门的一个输入始终接（　　）。

A. 0　　B. 1　　C. 输入端并联　　D. 0 或 1 都可以

（8）要获得一个与输入反相的矩形波，最方便的方式是应用（　　）。

A. 与门　　B. 或门　　C. 非门　　D. 与非门

（9）逻辑函数式 $Y = ABC + (\overline{A} + \overline{B} + \overline{C})$ 的函数值为（　　）。

A. 0　　B. 1　　C. ABC　　D. $\overline{A} + \overline{B} + \overline{C}$

（10）下列逻辑运算式，等式成立的是（　　）。

A. $A + A = 2A$　　B. $AA = A^2$　　C. $A + A = 1$　　D. $A + 1 = 1$

三、分析计算题

1. 完成下列数制转换。

(1) $(101101)_B = (\qquad)_O = (\qquad)_H$

(2) $(100)_D = (\qquad)_B = (\qquad)_O = (\qquad)_H$

(3) $(7CE3)_H = (\qquad)_B = (\qquad)_O$

(4) $(436)_O = (\qquad)_B = (\qquad)_H$

(5) $(859)_D = (\qquad)_{BCD}$

(6) $(1010101100010)_{BCD} = (\qquad)_D$

2. 已知输入信号 A、B、C 的波形如图题 1－2（b）所示，试对应画出图题 1－2（a）所示各个逻辑门电路的输出波形。

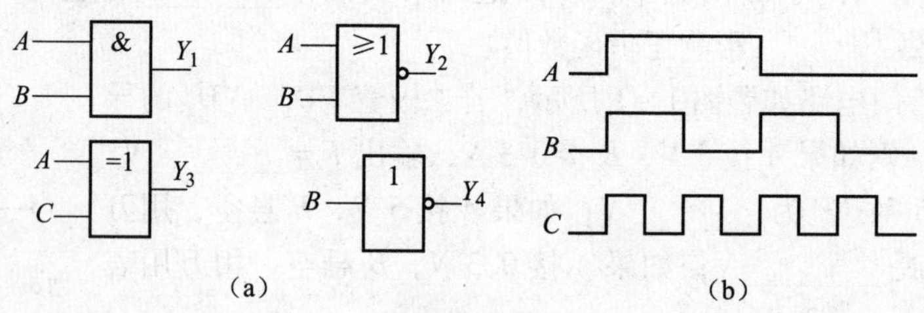

图题 1－2

3. 列出下列函数的真值表

（1）$F = AB + \overline{B}C$

（2）$F = \overline{A}BC + A\overline{C} + BD$

（3）$F = A + B + C$

4. 用与非门实现下列逻辑关系并画出逻辑图

（1）$F = A + B + C$

(2) $F = AB + (A + B)C$

（3）$F = AB + AC + ABC$

5. 将下列逻辑表达式化为最小项之和的形式

（1）$Y = A\overline{B} + A\overline{C} + B$

(2) $Y = \overline{(A + B)(\overline{B} + \overline{C})}$

(3) $Y = A\overline{B}D + \overline{A}CD + BCD$

6. 用公式化简法将下列逻辑表达式化简为最简与或形式

(1) $Y=A\overline{B}+B+\overline{A+\overline{C}}$

(2) $Y=\overline{A}\,\overline{B}\,\overline{C}+AD+(B+C)D$

(3) $Y=A\overline{B}+B\overline{C}+\overline{B}C+\overline{A}B$

(4) $F=A\overline{B}+BD+\overline{A}D$

7. 用卡诺图化简下列函数并写出最简与或表达式

(1) $Y=AD+BC\overline{D}+(\overline{A}+\overline{B})C$

(2) $Y(A,B,C,D)=\sum m(3,4,5,7,9,13,14,15)$

(3) $Y(A,B,C,D)=\sum m(1,3,5,7,9)+\sum d(10,11,12,13,14,15)$

(4) $F=ABD+\overline{A}\,\overline{C}\,\overline{D}+\overline{A}B+\overline{A}CD+A\overline{B}\,\overline{D}$

8. 能力训练题

(1) 已知门电路输入 A、B 与输出 F 之间的逻辑关系如表题 1-1 所示。

①写出逻辑表达式。

②已知 A、B 的波形如图题 1-3 所示，画出输出 F 的波形。

表题 1-1

A	B	F
0	0	1
0	1	1
1	0	1
1	1	0

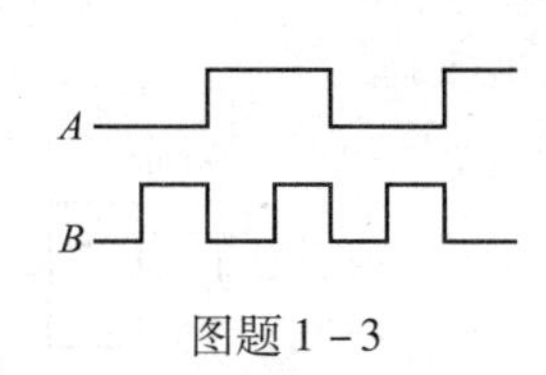

图题 1-3

(2) 某逻辑电路有 3 个输入 A、B、C，当输入相同时，输出为 1；否则输出为 0。列出此逻辑事件的真值表，写出逻辑表达式，并进行化简。

(3) 如表题 1-2 所示是 8421BCD 码表，其中 1010～1111 六个状态不可能出现，为无关项。要求当十进制数为奇数时，输出 $F=1$。求 F 的最简与或式。

表题 1-2

十进制数	输入变量	输出变量
	A B C D	F
0	0 0 0 0	0
1	0 0 0 1	1
2	0 0 1 0	0
3	0 0 1 1	1
4	0 1 0 0	0
5	0 1 0 1	1
6	0 1 1 0	0
7	0 1 1 1	1
8	1 0 0 0	0
9	1 0 0 1	1

续表

十进制数	输入变量	输出变量
	A　B　C　D	F
不会出现	1　0　1　0	×
	1　0　1　1	×
	1　1　0　0	×
	1　1　0　1	×
	1　1　1　0	×
	1　1　1　1	×

（4）设有甲、乙、丙三人进行表决，若有两人以上（包括两人）同意，则通过表决，用A、B、C代表甲、乙、丙，用L表示表决结果。试写出真值表和逻辑表达式，并画出逻辑图。

（5）自制逻辑笔（逻辑探针），逻辑笔是测试数字电路状态的工具，使用十分方便。图题1－4是其原理图，用1块74LS00芯片和2个电阻按照图示连接，稍加调试即可制成，请自制并说明测试原理。

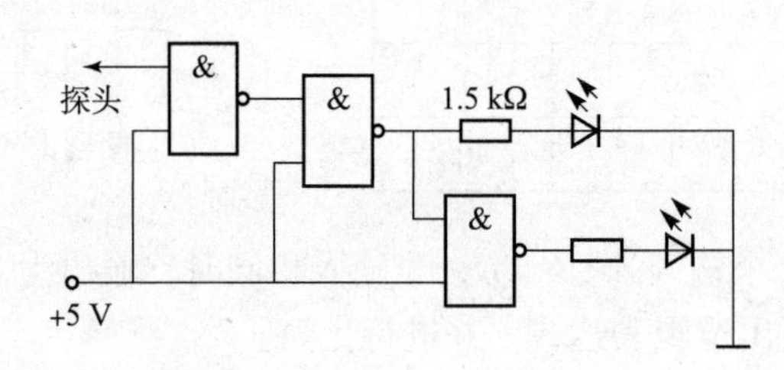

图题1－4

电视台、学校、工厂等单位通常举办各种智力比赛，抢答器是必要设备。抢答器是一名公正的裁判员，它的任务是从若干名参赛者中确定出最先的抢答者，并显示出来。常见的各种智力抢答器，它们外形各有不同，但功能都差不多，其内部组成电路的基本单元功能都一样，由基本门电路、编码器、译码器、显示器等部分构成。本项目通过四路抢答器的设计制作达到如下目标。

知识目标

（1）掌握组合逻辑电路的分析方法，熟悉组合逻辑电路的设计步骤。

（2）掌握常用的组合逻辑（部件）电路组成结构。

（3）掌握常用的组合逻辑集成电路的功能和应用方法。

（4）掌握编码器、译码器的基本概念、逻辑功能分析方法。

（5）了解数据选择器、数据分配器的基本原理和应用。

（6）掌握组合逻辑电路的读图方法。

技能目标

（1）能读懂组合逻辑电路。

（2）能根据逻辑电路图组装满足特定要求的组合电路（如表决器、抢答器等）。

（3）能根据设计要求选择合适的集成电路。

（4）会分析编码器、译码器电路。

（5）会使用半导体七段显示数码管。

项目任务

四位选手进行抢答比赛，用基本门电路及集成逻辑器件构成四人抢答器。选手编号分别为1、2、3、4号，用S_1、S_2、S_3、S_4四个按钮作为其抢答按钮，S_0按钮为总清零按钮。当四人中任何一个人先将其按钮按下时，数码管显示其选手号表示此人抢答成功；而紧随其后的其他选手再按其对应按钮时均无效，数码管不显示其号码并保持第一个按钮按下时的选手号不变。主持人按下清零按钮S_0，则数码管显示0，松开后允许抢答。

模块 2.1　组合逻辑电路的分析与设计

数字电路根据逻辑功能的不同特点，可以分成两大类：一类叫组合逻辑电路（简称组合电路）；另一类叫做时序逻辑电路（简称时序电路）。

在逻辑电路中，任意时刻的输出状态只取决于该时刻的输入状态，而与输入信号作用之前电路的状态无关，这种电路称为组合逻辑电路。组合逻辑电路中不存在任何存储单元，只有从输入到输出的通路，没有从输出反馈到输入的回路，是由各类最基本的逻辑门电路组合而成。组合逻辑电路可以有多个输入端和多个输出（也可是单一输出）端，图2－1所示为组合逻辑电路的框图。

图2－1　组合逻辑电路的框图

组合电路逻辑功能表示方法通常有逻辑函数表达式、真值表（或功能表）、逻辑图、卡诺图、波形图等5种。在小规模集成电路中，用逻辑函数表达式的居多；在中规模集成电路中，通常用真值表或功能表。

2.1.1　组合逻辑电路的分析

组合逻辑电路的分析，就是根据给定的逻辑电路图，确定其逻辑功能的步骤，即求出描述该电路的逻辑功能的函数表达式或者真值表的过程。对于比较简单的组合逻辑电路，分析的一般步骤如下。

（1）根据给定电路图，写出逻辑函数表达式。

（2）化简逻辑函数表达式，求出函数的最简与或表达式。

（3）列真值表。

（4）分析真值表，描述电路逻辑功能。

对于较复杂的电路，则要搭接实验电路，测试输出与输入变量之间的逻辑关系，列成表格（功能表），方可分析出其逻辑功能。

例2－1　分析图2－2所示电路的逻辑功能。

解　（1）写出该电路输出函数的逻辑表达式。

$Y = \overline{\overline{A}C \cdot B\overline{C} \cdot A\overline{B}} = \overline{A}C + B\overline{C} + A\overline{B}$

（2）列出函数的真值表，如表2－2所示。所谓真值表，是在表的左半部分列出函数中所有自变量的各种组合，右半部分列出对应于每一种自变量组合的输出函数的状态。

（3）可见该电路是判断三个变量是否一致的电路，如图 2－2 所示。

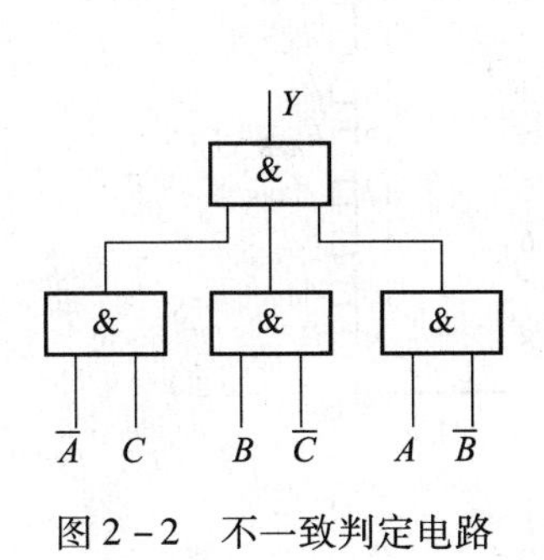

图 2－2　不一致判定电路

表 2－1　真值表

A	B	C	Y
0	0	0	0
0	0	1	1
0	1	0	1
0	1	1	1
1	0	0	1
1	0	1	1
1	1	0	1
1	1	1	1

例 2－2　分析图 2－3 所示电路的逻辑功能。

解：（1）写逻辑表达式并化简。此电路有 3 个输出端，要分别写出逻辑表达式：

$$Y_1 = \overline{A}B$$

$$Y_3 = A\overline{B}$$

$$Y_2 = \overline{Y_1 + Y_3} = \overline{\overline{A}B + A\overline{B}} = AB + \overline{A}\overline{B}$$

（2）列真值表。真值表如表 2－2 所示。

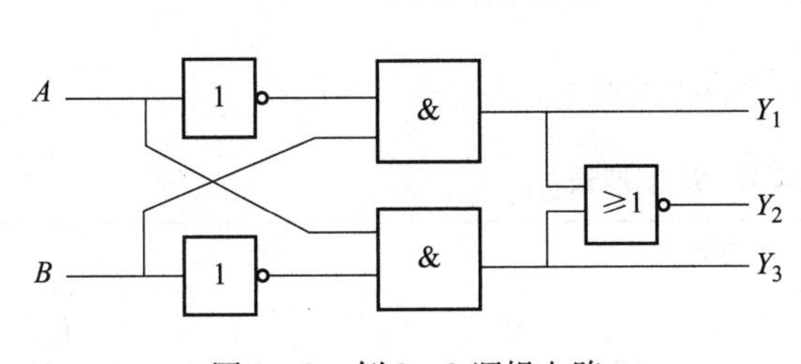

图 2－3　例 2－2 逻辑电路

表 2－2　例 2－2 的真值表

A	B	Y_1	Y_2	Y_3
0	0	0	1	0
0	1	1	0	0
1	0	0	0	1
1	1	0	1	0

（3）分析功能。此电路是一位数值比较器，功能如下。

$Y_1 = 1$：$A < B$

$Y_2 = 1$：$A = B$

$Y_3 = 1$：$A > B$

所谓数值比较器就是对两个二进制数 A 和 B 进行比较，以判断其大小的逻辑电路，比较的结果有以下 3 种情况：$A > B$、$A < B$、$A = B$。例 2－2 是 1 位数值比较器。多位数进行比较时，需要从高位到低位逐位进行比较，只有在高位相等时，才能进行低位比较。常用的集成器件 74LS85 是一种 4 位数值比较器，其功能如表 2－3 所示，图 2－4 是逻辑符号和外引线排列图。

由集成器件 74LS85 构成的 8 位数字比较器如图 2－5 所示。

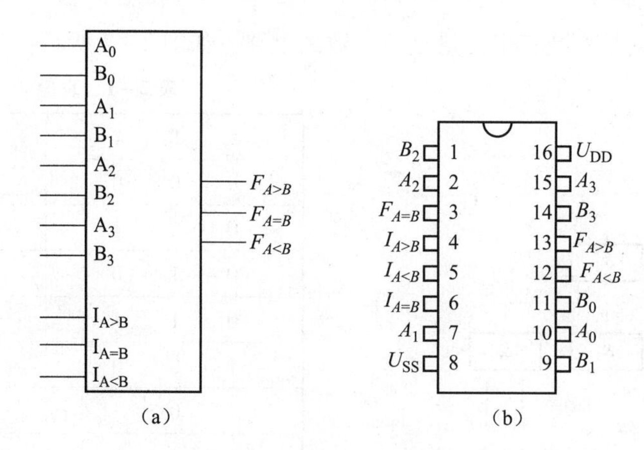

图 2－4　4 位数值比较器 74LS85

（a）逻辑符号　（b）外引线排列

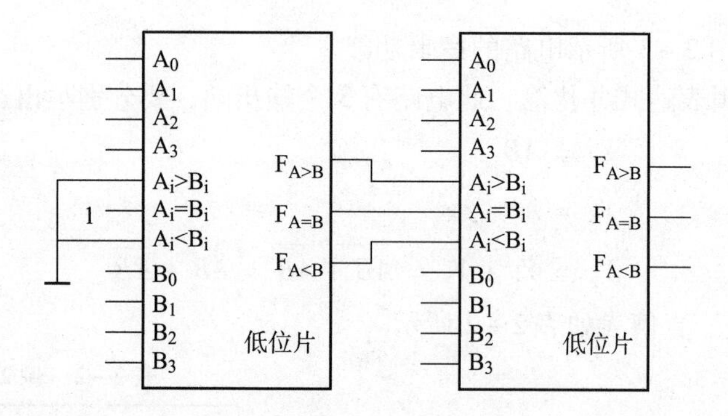

图 2－5　74LS85 组成的八位二进制数比较器

表 2－3　74LS85 功能表

输入				级联输入			输出		
A_3　B_3	A_2　B_2	A_1　B_1	A_0　B_0	$A>B$	$A<B$	$A=B$	$F_{A>B}$	$F_{A<B}$	$F_{A=B}$
$A_3>B_3$	×	×	×	×	×	×	1	0	0
$A_3<B_3$	×	×	×	×	×	×	0	1	0
$A_3=B_3$	$A_2>B_2$	×	×	×	×	×	1	0	0
$A_3=B_3$	$A_2<B_2$	×	×	×	×	×	0	1	0
$A_3=B_3$	$A_2=B_2$	$A_1>B_1$	×	×	×	×	1	0	0
$A_3=B_3$	$A_2=B_2$	$A_1<B_1$	×	×	×	×	0	1	0
$A_3=B_3$	$A_2=B_2$	$A_1=B_1$	$A_0>B_0$	×	×	×	1	0	0
$A_3=B_3$	$A_2=B_2$	$A_1=B_1$	$A_0<B_0$	×	×	×	0	1	0
$A_3=B_3$	$A_2=B_2$	$A_1=B_1$	$A_0=B_0$	1	0	0	1	0	0
$A_3=B_3$	$A_2=B_2$	$A_1=B_1$	$A_0=B_0$	0	1	0	0	1	0
$A_3=B_3$	$A_2=B_2$	$A_1=B_1$	$A_0=B_0$	0	0	1	0	0	1

2.1.2　组合逻辑电路的设计

组合逻辑电路在实际应用中，常遇到这样一类问题：根据给出的逻辑要求，优化设计出实用的逻辑电路，然后根据设计结果，选择适当的集成电路芯片及元器件，经过组装调试，做出符合要求的应用电路。

现在很多常用的组合逻辑电路已被做成标准集成电路，现成产品在市场上都可以买到。一般组合逻辑电路的设计，现在主要是根据逻辑要求合理选用合乎功能要求的集成电路芯片，并正确地连接它们。尽可能选用通用性好的芯片，以减少连接线、减小组装工作质量、增加工作可靠性。

组合逻辑电路的设计过程与组合逻辑电路的分析过程刚好相反。在设计过程中要用到前面介绍的公式化简法和卡诺图化简法来化简或转换逻辑函数，使电路简单，所用器件最少，而且连线以最少为目标。设计组合逻辑电路的一般步骤大致如下。

（1）分析设计要求，确定逻辑变量，在进行组合电路设计之前，要仔细分析设计要求，确定哪些是输入量、哪些是输出逻辑变量，并对其状态分别用“0”和“1”加以赋值。

（2）列真值表。将输入变量的所有取值组合和与之相对应的输出函数值列表，即得真值表。注意，不会出现或不允许出现的输入变量取值组合可以不列出。如果列出，可在相应的输出函数处记上“×”号，化简时可作约束项处理。

（3）化简。用卡诺图法或公式法进行化简，以得到最简逻辑函数表达式。

（4）画逻辑图，根据化简后的逻辑函数表达式，画出符合要求的逻辑图。

（5）选择适当的元器件，按设计好的组合逻辑电路图搭接线路。

例2－3　交叉路口的交通管制灯有三个，分红、黄、绿三色。正常工作时，应该只有一盏灯亮，其他情况均属电路故障。试设计故障报警电路。

解：设定灯亮用1表示，灯灭用0表示；报警状态用1表示，正常工作用0表示。红、黄、绿三灯分别用R、Y、G表示，电路输出用Z表示。列出真值表如表2－4所示。

表2－4　真值表

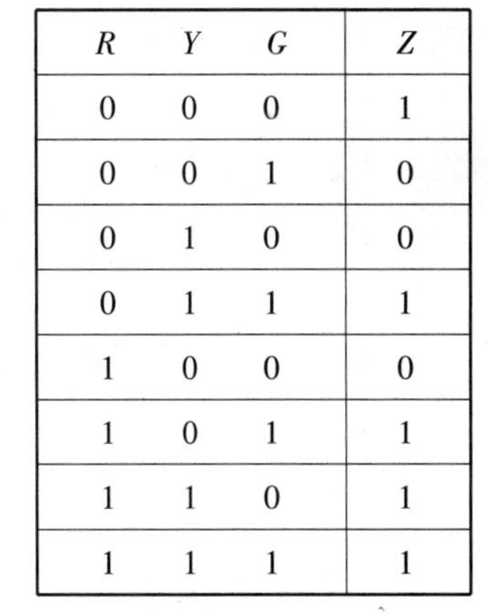

R	Y	G	Z
0	0	0	1
0	0	1	0
0	1	0	0
0	1	1	1
1	0	0	0
1	0	1	1
1	1	0	1
1	1	1	1

作出卡诺图（图2－6），可得到电路的逻辑表达式为

$$Z = \overline{R}\,\overline{Y}\,\overline{G} + RY + YG + RG$$

若限定电路用与非门作成，则逻辑函数式可改写成

$$Z = \overline{\overline{\overline{R}\,\overline{Y}\,\overline{G}} \cdot \overline{RY} \cdot \overline{YG} \cdot \overline{RG}}$$

据此表达式作出的电路如图2－7所示。

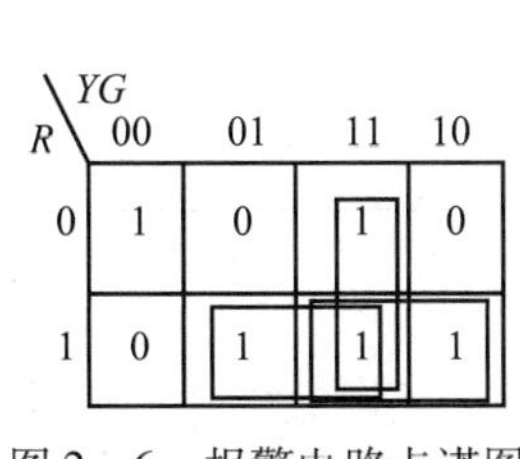

图2－6　报警电路卡诺图

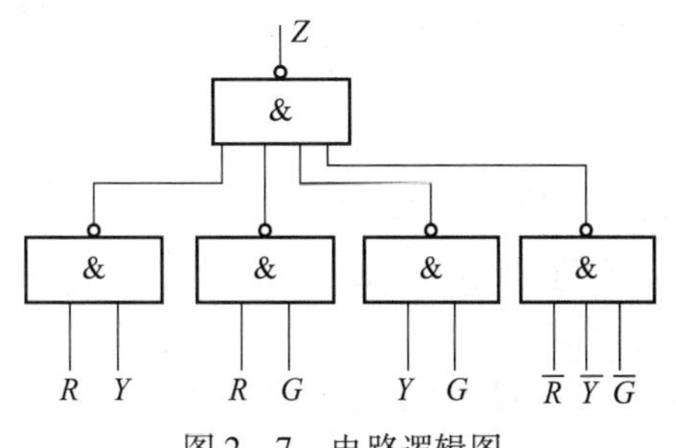

图2－7　电路逻辑图

在实际设计逻辑电路时，有时并不是表达式最简单就能满足设计要求，还应考虑所使用集成器件的种类，将表达式转换为能用所要求的集成器件实现的形式，并尽量使所用集成器件最少，就是要设计合乎要求的电路。

在例2-3中，根据图2-7所示逻辑电路图，可以选择74LS20二-四输入与非门来完成。

例2-4 设计一个二进制加法电路，要求有两个加数输入端，一个求和输出端，一个进位输出端。

解：(1) 分析设计要求，确定逻辑变量。

这是一个可完成一位二进制加法运算的电路，设两个加数分别为 A 和 B，输出和为 S，进位输出为 C。

(2) 列真值表。根据一位二进制加法运算规则及所确定的逻辑变量，可列出真值表如表2-5所示。

(3) 写逻辑表达式。

$$S = A\overline{B} + \overline{A}B = A \oplus B$$

$$C = A \cdot B$$

(4) 画逻辑电路图。根据上两式画出逻辑电路图如图2-8 (a) 所示。此加法器可完成一位二进制加法运算，但没考虑低位进位，故也称为半加器。图2-8 (b) 所示是其逻辑符号。

表2-5 例2-4的真值表

A	B	S	C
0	0	0	0
0	1	1	0
1	0	1	0
1	1	0	1

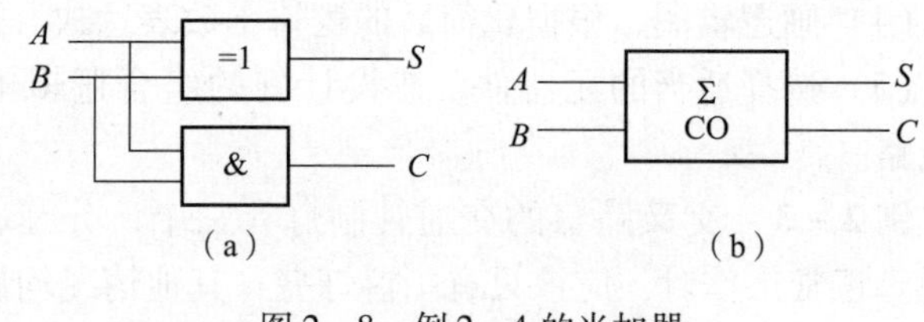

图2-8 例2-4的半加器

(a) 逻辑图 (b) 逻辑符号

在数字系统中，任何复杂的二进制运算都是通过加法运算来变换完成的，加法器是实现加法运算的核心电路。在例2-4中，是在不考虑低位进位情况下完成一位二进制加法运算的半加器。而在进行多位二进制加法运算时，必须考虑低位的进位。

将两个1位二进制数及低位进位数相加的电路称为全加器。如设两个多位二进制数相加，第 i 位上的两个加数分别为 A_i、B_i，来自低位的进位为 C_{i-1}，本位和数为 S_i，向高位的进位数为 C_i，则全加器的运算规律真值表如表2-6所示。

表2-6 全加器真值表

A_i	B_i	C_{i-1}	S_i	C_i
0	0	0	0	0
0	0	1	1	0
0	1	0	1	0
0	1	1	0	1
1	0	0	1	0
1	0	1	0	1
1	1	0	0	1
1	1	1	1	1

利用异或门组成的全加器如图2-9所示。

以上的全加器只能实现一位二进制数的加法，要实现多位二进制数的加法，可用多个一位全加器级联实现，将低位片的进位输出信号接到高位片的进位输入端。图2－10所示是一个4位二进制数的加法电路。这种电路仅在低位片完成加法运算，确定了进位信号之后，高位片才能进行加运算，因此速度较慢。实际应用中，通常选用4位超前进位加法器组件，其运算速度很快。

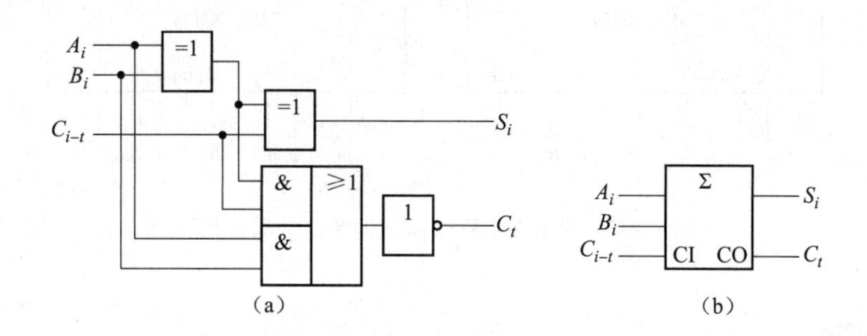

图2－9　全加器

（a）逻辑图　（b）逻辑符号

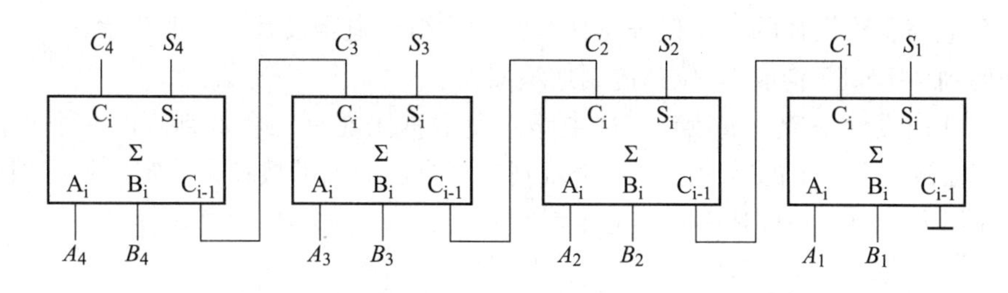

图2－10　4位二进制加法器

常用的超前进位加法器芯片有74LS283，它是4位二进制加法器。其逻辑符号及外引线排列如图2－11所示。一片74LS283只能完成两个4位二进制数的加法运算，但把若干片级联起来，可以构成更多位数的加法器电路。由两片74LS283级联构成的8位加法器电路如图2－12所示，其中片（1）为低位片，片（2）为高位片。同理，可以把4片74LS283级联起来，构成16位加法器电路。

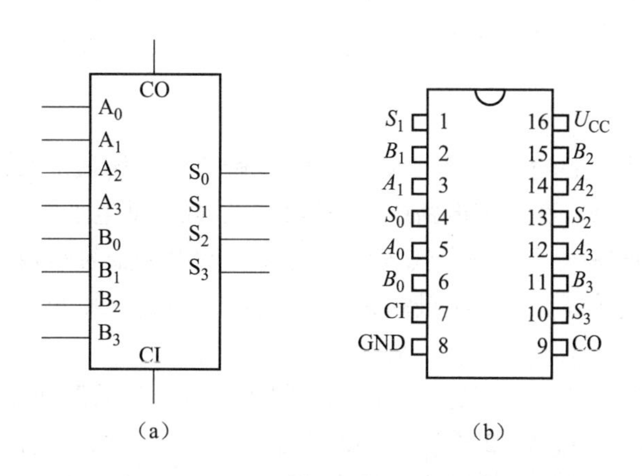

图2－11　超前进位加法器74LS283

（a）逻辑符号　（b）外引线排列

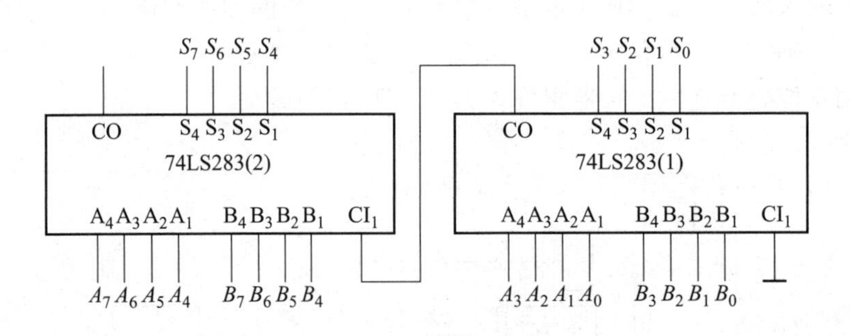

图 2－12　两片 74LS283 构成的 8 位加法计数器

思考题

1. 组合逻辑电路的特点是什么？

2. 组合电路分析的基本任务是什么？简述组合电路的分析方法。

3. 组合电路逻辑设计的基本任务是什么？简述组合电路设计的一般步骤。

4. 如何由 74LS283 构成 16 位二进制加法器？

5. 用与非门设计一个举重裁判表决电路。设举重比赛有三个裁判，即一个主裁判和两个副裁判。杠铃完全举上的裁决由每一个裁判按下自己面前的按钮来确定。只有当两个或两个以上裁判判为成功，并且其中一个为主裁判时，表明成功的灯才亮。

模块 2.2　常用组合逻辑部件

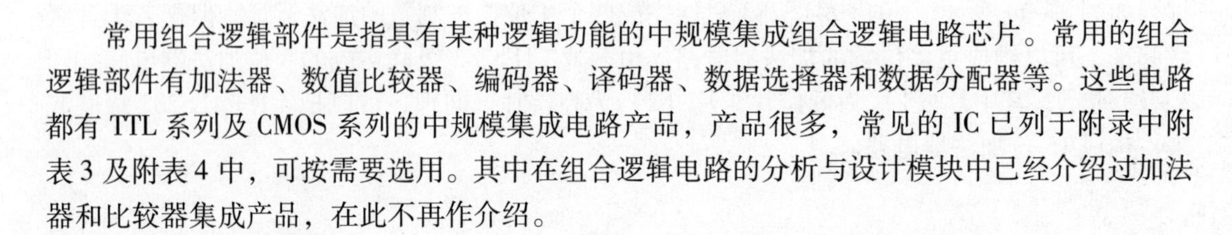

常用组合逻辑部件是指具有某种逻辑功能的中规模集成组合逻辑电路芯片。常用的组合逻辑部件有加法器、数值比较器、编码器、译码器、数据选择器和数据分配器等。这些电路都有 TTL 系列及 CMOS 系列的中规模集成电路产品，产品很多，常见的 IC 已列于附录中附表 3 及附表 4 中，可按需要选用。其中在组合逻辑电路的分析与设计模块中已经介绍过加法器和比较器集成产品，在此不再作介绍。

2.2.1　编码器

编码就是将特定含义的输入信号（文字、数字和符号）转换成二进制代码的过程。实现编码的电路称为编码器。在数字电路中，信号都是以高、低电平的形式给出的，因此，编码器的逻辑功能就是把输入的每一个代表信号的高、低电平信号编成一个对应的二进制代码。编码器有二进制编码器、二－十进制编码器和优先编码器等。

1. 二进制编码器

1 位二进制代码有 0、1 两种状态，n 位二进制代码可以表示 2^n 种不同的状态，用 n 位二进制代码（有 n 个输出）对 $N=2^n$ 个信息（2^n 个输入）进行编码的电路称为二进制编码器。

由于编码器是一种多输入、多输出的组合逻辑电路，一般在任意时刻编码器只能有一个输入端有效（存在有效输入信号）。例如，当确定输入高电平有效时，则应当只有一个输入信号为高电平，其余输入信号均为低电平（无效信号），编码器则对为高电平的输入信号进行编码。这样的编码器为普通编码器。

例 2-5 设计一个八-三线编码器。

解：该电路是对 8 个输入信号进行编码，输出 3 位二进制代码，应有八个输入端，三个输出端，所以称为八-三线编码器。

用 $X_0 \sim X_7$ 表示八路输入，$Y_0 \sim Y_2$ 表示三路输出。原则上编码方式是随意的，比较常见的编码方式是按二进制数的顺序编码。设输入信号为高电平有效，列出八-三线编码器的真值表如表 2-7 所示。

表 2-7 八-三线编码器真值表

输入								输出		
X_7	X_6	X_5	X_4	X_3	X_2	X_1	X_0	Y_2	Y_1	Y_0
0	0	0	0	0	0	0	1	0	0	0
0	0	0	0	0	0	1	0	0	0	1
0	0	0	0	0	1	0	0	0	1	0
0	0	0	0	1	0	0	0	0	1	1
0	0	0	1	0	0	0	0	1	0	0
0	0	1	0	0	0	0	0	1	0	1
0	1	0	0	0	0	0	0	1	1	0
1	0	0	0	0	0	0	0	1	1	1

由真值表可以发现，八个输入变量之间是互相排斥的关系（即一组变量中只有一个取 1），所以可以求出：

$$Y_2 = X_4 + X_5 + X_6 + X_7$$
$$Y_1 = X_2 + X_3 + X_6 + X_7$$
$$Y_0 = X_1 + X_3 + X_5 + X_7$$

用与非门实现的电路如图 2-13 所示。

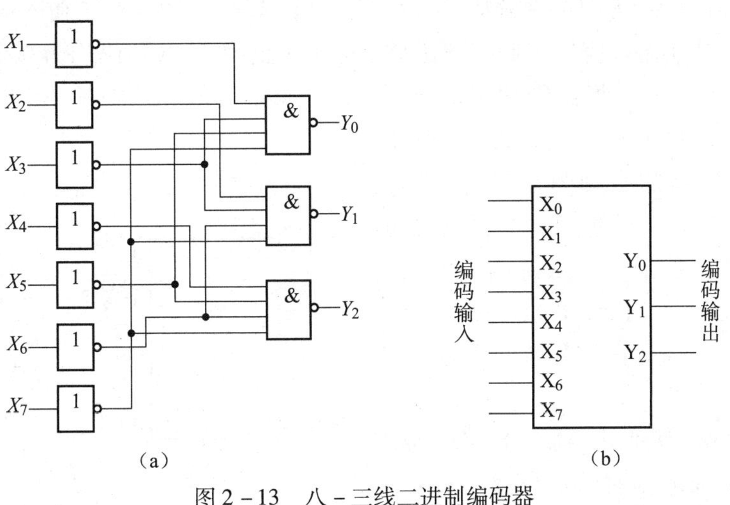

图 2-13 八-三线二进制编码器

(a) 逻辑图 (b) 逻辑符号

2. 优先编码器

一般编码器在工作时仅允许一个输入端输入有效信号，否则编码电路将不能正常工作，使输出发生错误。而优先编码器则不同，它允许几个信号同时加至编码器的输入端，但是由于各个输入端的优先级别不同，编码器只对级别最高的一个输入信号进行编码，而对其他级别低的输入信号不予考虑。优先级别的高低由设计者根据输入信号的轻重缓急情况而定。如根据病情而设定优先权。常用的优先编码器有十－四线和八－三线两种。

常用的优先编码器集成器件 74LS148 是八－三线优先编码器，经常用于优先中断系统和键盘编码。它有 8 位输入信号，3 位输出信号。其功能表如表 2－8 所示。

$I_7 \sim I_0$为低电平有效的状态信号输入端，其中 I_7 状态信号的优先级别最高，I_0 状态信号的优先级别最低。C、B、A 为编码输出端，以反码输出，C 为最高位，A 为最低位。

表 2－8　74LS148 编码器功能表

输入									输出				
$\overline{EI}$	I_7	I_6	I_5	I_4	I_3	I_2	I_1	I_0	C	B	A	$\overline{GS}$	$\overline{EO}$
1	×	×	×	×	×	×	×	×	1	1	1	1	1
0	1	1	1	1	1	1	1	1	1	1	1	1	0
0	0	×	×	×	×	×	×	×	0	0	0	0	1
0	1	0	×	×	×	×	×	×	0	0	1	0	1
0	1	1	0	×	×	×	×	×	0	1	0	0	1
0	1	1	1	0	×	×	×	×	0	1	1	0	1
0	1	1	1	1	0	×	×	×	1	0	0	0	1
0	1	1	1	1	1	0	×	×	1	0	1	0	1
0	1	1	1	1	1	1	0	×	1	1	0	0	1
0	1	1	1	1	1	1	1	0	1	1	1	0	1

$\overline{EI}$为使能输入端。当$\overline{EI}=1$ 时，无论输入信号 $I_7 \sim I_0$是什么，输出都是 1；$\overline{EI}=0$ 时，C、B、A 根据输入信号 $I_7 \sim I_0$的优先级别编码。例如，表 2－8 中第 3 行，输入信号 I_7 为有效的低电平，则无论其他输入信号为低电平还是高电平，输出的 BCD 码均为 000。$\overline{EO}$为使能输出端，主要用于级联和扩展。$\overline{GS}$用于标记输入信号是否有效。只要有一个输入信号为有效的低电平，$\overline{GS}$变成低电平，它也用于编码器的级联。

74LS148 编码器的引脚图及逻辑符号如图 2－14 所示。74LS148 的应用非常灵活，可以用两片 74LS148 扩展为十六－四线优先编码器，还可以用一片 74LS148 实现十－四线优先编码器等。这部分内容作为思考题请读者自行解决。

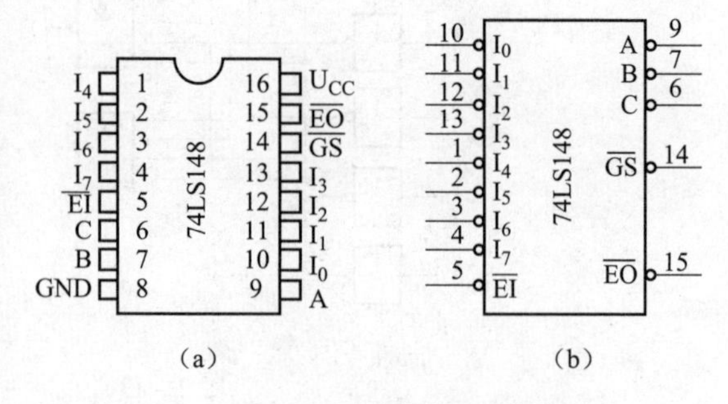

图 2－14　74LS148 引脚图和逻辑符号
（a）引脚图　（b）逻辑符号

图 2－15 所示为利用 74LS148 编码器监视 8 个化学罐液面的报警编码电路。若 8 个化学罐中任何一个的液面超过预定高度时，其液面检测传感器便输出一个 0 电平到编码

器的输入端。编码器输出3位二进制代码到微控制器。此时，微控制器仅需要3根输入线就可以监视8个独立的被测点。

这里用的是Intel 8051微控制器，它有4个输入/输出接口。使用其中的一个口输入被编码的报警代码，并且利用中断输入$\overline{\mathrm{INT}}_0$接收报警信号$\overline{GS}$（$\overline{GS}$是编码器输入信号有效的标志输出，只要有一个输入信号为有效的低电平，$\overline{GS}$就变成低电平）。当Intel 8051的$\overline{INT}_0$端接收到一个0时，就运行报警处理程序并做出相应的反应，完成报警。

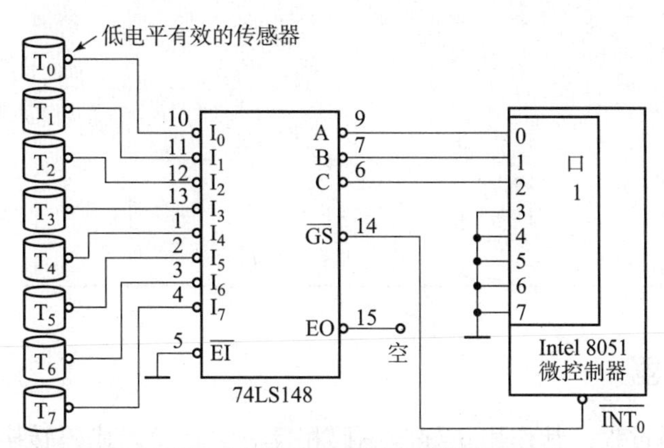

图2－15　74LS148微控制器报警编码电路

3. 二－十进制编码器

将十进制数0～9编成二进制代码（BCD）的电路就是二－十进制编码器，亦称十－四线编码器。其工作原理与二进制编码器并无本质区别。

BCD码的编码方案很多，如8421码、5421码、2421码等，常用的是8421BCD码，其典型芯片是74LS147，这是一个二－十进制优先编码器，其逻辑符号及外引线排列如图2－16所示。

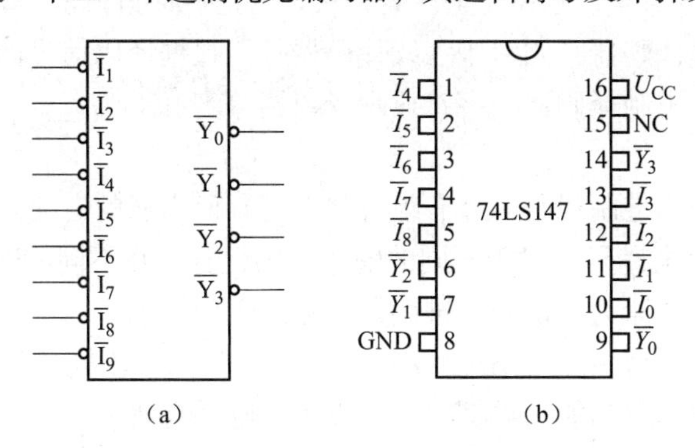

图2－16　二－十进制优先编码器74LS147

（a）逻辑符号图　（b）外引线排列

74LS147编码器的功能表如表2－9所示。由该表可见，编码器有9个输入端（I_1～I_9）和4个输出端（A、B、C、D）。其中I_9状态信号级别最高，I_1状态信号的级别最低。$DCBA$为编码输出端，以反码输出，D为最高位，A为最低位。一组4位二进制代码表示一位十进制数。有效输入信号为低电平。若无有效信号输入，即9个输入信号全为“1”，代表输入的十进制数是0，则输出$DCBA=1111$（0的反码）。若I_1～I_9为有效信号输入，则根据输入信号的优先级别输出级别最高信号的编码。

表 2-9 74LS147 优先编码其功能表

输入									输出			
I_9	I_8	I_7	I_6	I_5	I_4	I_3	I_2	I_1	B	C	D	A
1	1	1	1	1	1	1	1	1	1	1	1	1
0	×	×	×	×	×	×	×	×	0	1	1	0
1	0	×	×	×	×	×	×	×	0	1	1	1
1	1	0	×	×	×	×	×	×	1	0	0	0
1	1	1	0	×	×	×	×	×	1	0	0	1
1	1	1	1	0	×	×	×	×	1	0	1	0
1	1	1	1	1	0	×	×	×	1	0	1	1
1	1	1	1	1	1	0	×	×	1	1	0	0
1	1	1	1	1	1	1	0	×	1	1	0	1
1	1	1	1	1	1	1	1	0	1	1	1	0

2.2.2 译码器

译码是编码的逆过程，其作用正好与编码相反。它将输入代码转换成特定的输出信号（特定电平信号），从多个输出通道中选一路输出，即将每个代码的信息“翻译”出来。在数字电路中，能够实现译码功能的逻辑部件称为译码器。译码器在数字系统中有广泛的用途，比如在计算机中普遍使用的地址译码器、指令译码器，在数字通信设备中广泛使用的多路分配器、规则码发生器等也都是由译码器构成的。不同的功能可选用不同种类的译码器。

译码器也是一种多输入、多输出的组合逻辑电路。若译码器输入的是 n 位二进制代码，则其输出端子数 $N \leqslant 2^n$。$N=2^n$ 称为完全译码，$N<2^n$ 称为部分译码。常见的全译码器有二－四线译码器、三－八线译码器、四－十六线译码器等。根据译码信号的特点可把译码器分为二进制译码器、二－十进制译码器、字符显示译码器等。

1. 二进制译码器

二进制译码器是把二进制代码的所有组合状态都翻译出来的电路。它有 n 个输入端，则有 2^n 个输出端，属于完全译码。对于不同的输入代码组合，在不同的输出端呈现有效电平。

下面以二－四线译码器为例说明二进制译码器的工作原理。二－四线译码器功能表如表 2-10 所示。输入端为 A_0 和 A_1，输出端为 $Y_0 \sim Y_3$。当 A_1A_0 取不同的值时，$Y_0 \sim Y_3$ 分别处于有效的状态，电路实现译码功能。本例中，输出为高电平有效。

表 2-10 二－四线译码器功能表

输入		输出			
A_1	A_0	Y_3	Y_2	Y_1	Y_0
0	0	0	0	0	1
0	1	0	0	1	0
1	0	0	1	0	0
1	1	1	0	0	0

根据功能表，可以求出输出 $Y_0 \sim Y_3$ 的表达式为

$$Y_0 = \overline{A}_1\,\overline{A}_0$$
$$Y_1 = \overline{A}_1 A_0$$
$$Y_2 = A_1\,\overline{A}_0$$
$$Y_3 = A_1 A_0$$

根据表达式，画出实现电路如图 2－17 所示。

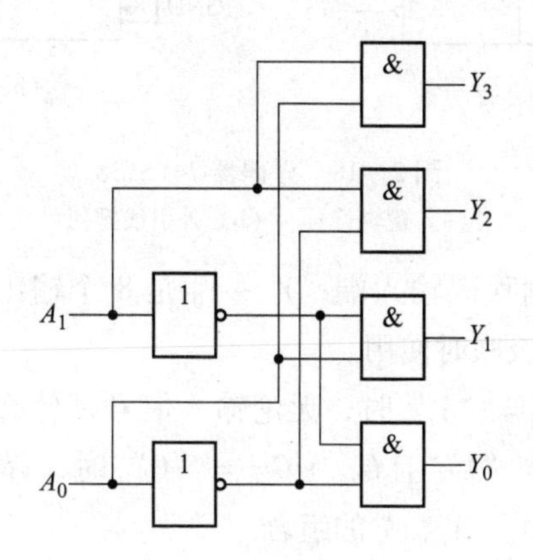

图 2－17　二－四线译码器逻辑图

常用的二进制集成译码器 74LS138，其逻辑符号及外引线排列如图 2－18 所示。它有 3 个输入端和 8 个输出端，因此称为三－八线译码器，其逻辑功能如表 2－11 所示。

表 2－11　74LS138 译码器功能表

输入						输出							
G_1	$\overline{G_{2A}}$	$\overline{G_{2B}}$	A_2	A_1	A_0	$\overline{Y}_7$	$\overline{Y}_6$	$\overline{Y}_5$	$\overline{Y}_4$	$\overline{Y}_3$	$\overline{Y}_2$	$\overline{Y}_1$	$\overline{Y}_0$
0	×	×	×	×	×	1	1	1	1	1	1	1	1
×	1	×	×	×	×	1	1	1	1	1	1	1	1
×	×	1	×	×	×	1	1	1	1	1	1	1	1
1	0	0	0	0	0	1	1	1	1	1	1	1	0
1	0	0	0	0	1	1	1	1	1	1	1	0	1
1	0	0	0	1	0	1	1	1	1	1	0	1	1
1	0	0	0	1	1	1	1	1	1	0	1	1	1
1	0	0	1	0	0	1	1	1	0	1	1	1	1
1	0	0	1	0	1	1	1	0	1	1	1	1	1
1	0	0	1	1	0	1	0	1	1	1	1	1	1
1	0	0	1	1	1	0	1	1	1	1	1	1	1

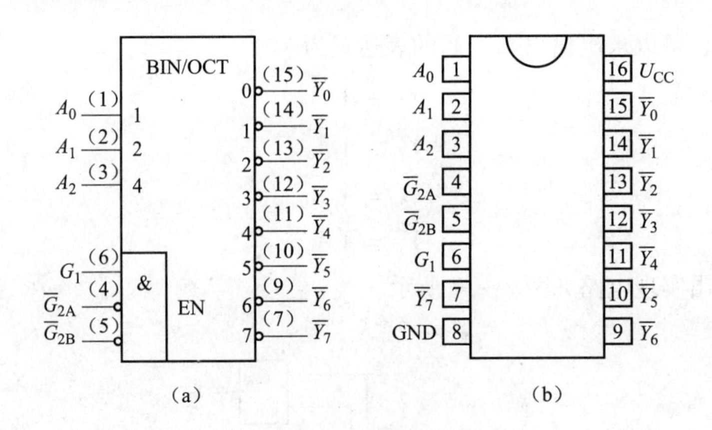

图 2－18　译码器 74LS138

(a) 逻辑符号　(b) 外引线排列

A_2、A_1、A_0是 3 个二进制代码输入端；$\overline{Y}_7 \sim \overline{Y}_0$ 是 8 个输出端，低电平有效；G_1、$\overline{G}_{2A}$、$\overline{G}_{2B}$使能控制端，作为扩展或级联时使用。

当 G_1 = "0" 或$\overline{G}_{2A} + \overline{G}_{2B}$ = "1" 时，无论输入信号是什么，输出都是高电平，即为无效信号，译码器不工作。G_1 = "1" 且$\overline{G}_{2A} + \overline{G}_{2B}$ = "0" 时，译码器才能正常工作，输出信号$\overline{Y}_7 \sim \overline{Y}_0$ 才取决于输入信号 A_2、A_1、A_0的组合。

译码器工作时，由表 2－11 可得出输出函数式为

$$\overline{Y}_0 = \overline{\overline{A}_2\overline{A}_1\overline{A}_0} = \overline{m}_0$$

$$\overline{Y}_1 = \overline{\overline{A}_2\overline{A}_1 A_0} = \overline{m}_1$$

$$\overline{Y}_2 = \overline{\overline{A}_2 A_1\overline{A}_0} = \overline{m}_2$$

$$\overline{Y}_3 = \overline{\overline{A}_2 A_1 A_0} = \overline{m}_3$$

$$\overline{Y}_4 = \overline{A_2\overline{A}_1\overline{A}_0} = \overline{m}_4$$

$$\overline{Y}_5 = \overline{A_2\overline{A}_1 A_0} = \overline{m}_5$$

$$\overline{Y}_6 = \overline{A_2 A_1\overline{A}_0} = \overline{m}_6$$

$$\overline{Y}_7 = \overline{A_2 A_1 A_0} = \overline{m}_7$$

由上式可知，由于全译码器在选通时各输出函数为输入变量相应最小项之非，而任意逻辑函数总能表示成最小项之和的形式。因此，全译码器加一个与非门可实现逻辑函数。

例 2－6　用74LS138 实现逻辑函数 $Y(A、B、C) = m_0 + m_2 + m_5 + m_7$。

解：$Y(A、B、C) = m_0 + m_2 + m_5 + m_7 = \overline{\overline{m}_0\,\overline{m}_2\,\overline{m}_5\,\overline{m}_7}$

将 A、B、C 分别接译码器输入 A_2、A_1、A_0，则从译码器输出$\overline{y}_0$、$\overline{y}_2$、$\overline{y}_5$、$\overline{y}_7$ 端可得到$\overline{m}_0$、$\overline{m}_2$、$\overline{m}_5$、$\overline{m}_7$，再用一与非门连接即可，如图 2－19 所示。

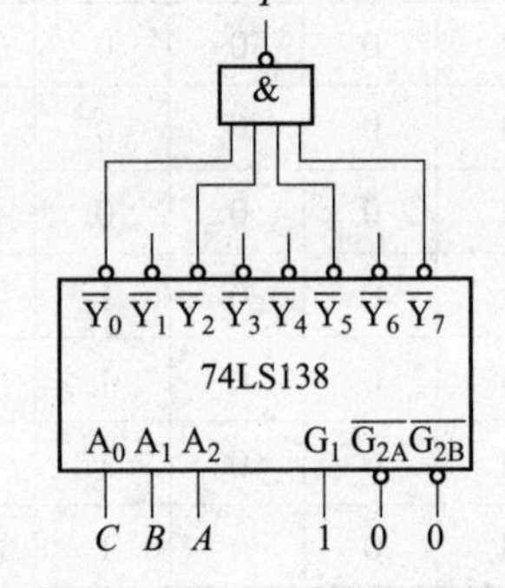

图 2－19　例 2－6 的逻辑图

有效地利用使能端还可以对芯片进行功能扩展，图2－20 所示电路即为用两片 74LS138 组成的四－十六线译码器。工作

原理请读者自行分析。

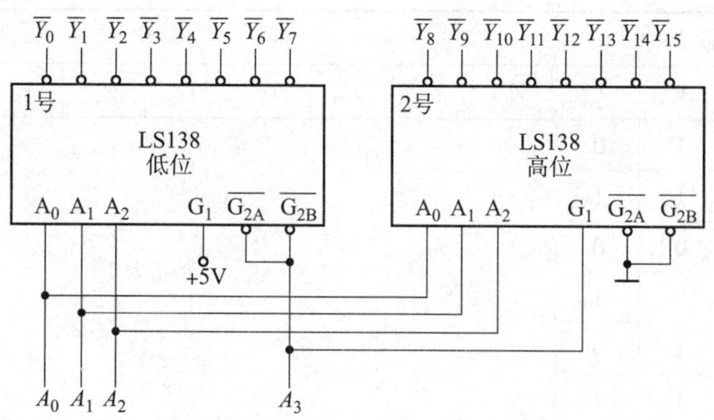

图 2－20　两片 74LS138 组成的四－十六线译码器

2. 二－十进制译码器

将输入的 BCD 码译成 10 个对应输出信号的电路称为二－十进制译码器。因为它有 4 个输入端、10 个输出端，所以又称为四－十线译码器。每当输入一组 8421BCD 码时，输出端的 10 个端子中对应于该二进制数所表示的十进制数的端子就输出高/低电平，而其他端子保持原来的低/高电平。

CT74LS42 是一种典型的二－十进制译码器，其逻辑符号如图 2－21 所示。表 2－12 是其逻辑功能表。

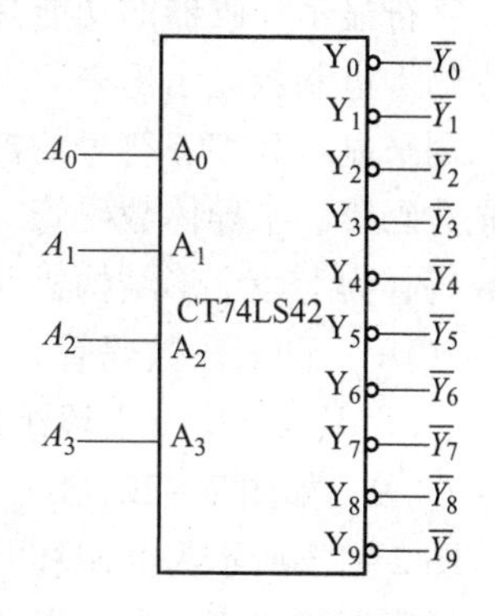

图 2－21　CT74LS42 逻辑符号

由功能表可见，该译码器有 4 个输入端 A_3、A_2、A_1、A_0，并且按 8421BCD 编码输入数据；有 10 个输出端 $\overline{Y_9}$ ~ $\overline{Y_0}$，分别与十进制数 0 ~ 9 相对应，低电平有效。对于某个 8421BCD 码的输入，相应的输出端为低电平，其他输出端为高电平。当输入的二进制数超过 BCD 码时，所有输出端都输出高电平的无效状态。所以该电路具有拒绝无效数码输入的功能。若将最高位输入 A_3 看作使能端，则该电路可当作三－八线译码器使用。

表 2－12　CT74LS42 译码器功能表

数码	BCD 输入				输出									
	A_3	A_2	A_1	A_0	$\overline{Y_9}$	$\overline{Y_8}$	$\overline{Y_7}$	$\overline{Y_6}$	$\overline{Y_5}$	$\overline{Y_4}$	$\overline{Y_3}$	$\overline{Y_2}$	$\overline{Y_1}$	$\overline{Y_0}$
0	0	0	0	0	1	1	1	1	1	1	1	1	1	0
1	0	0	0	1	1	1	1	1	1	1	1	1	0	1
2	0	0	1	0	1	1	1	1	1	1	1	0	1	1
3	0	0	1	1	1	1	1	1	1	1	0	1	1	1
4	0	1	0	0	1	1	1	1	1	0	1	1	1	1
5	0	1	0	1	1	1	1	1	0	1	1	1	1	1
6	0	1	1	0	1	1	1	0	1	1	1	1	1	1
7	0	1	1	1	1	1	0	1	1	1	1	1	1	1
8	1	0	0	0	1	0	1	1	1	1	1	1	1	1
9	1	0	0	1	0	1	1	1	1	1	1	1	1	1

续表

数码	BCD 输入				输出									
	A_3	A_2	A_1	A_0	$\overline{Y_9}$	$\overline{Y_8}$	$\overline{Y_7}$	$\overline{Y_6}$	$\overline{Y_5}$	$\overline{Y_4}$	$\overline{Y_3}$	$\overline{Y_2}$	$\overline{Y_1}$	$\overline{Y_0}$
无效数码	1	0	1	0	全部为 1									
	1	0	1	1										
	1	1	0	0										
	1	1	0	1										
	1	1	1	0										
	1	1	1	1										

3. 字符显示译码器

字符显示译码器的功能是将输入的 BCD 码经过译码后，能驱动显示器件发光，将译码器中的十进制数显示出来。

用来显示数字、符号的器件称为数码显示器，简称数码管。数码管种类有辉光数码管、荧光数码管、半导体数码管（LED 管）和液晶显示器（LCD 显示器）等几种。常见的半导体数码管为七段字形结构，并分为共阴型和共阳型。图 2－22（a）所示为显示数字和带小数点（DP）的七段数码管，LED 七段数码管是由七个发光二极管按一定的顺序排列而成。a、b、c、d、e、f、g 七段组成一个“日”字，根据需要，让其中的某些段发光，即可显示数字 0～9，如图 2－22（b）所示。

图 2－23 所示为共阴和共阳两种接法原理图。采用共阴极方式时，如图 2－22（a）所示，译码器输出高电平可以驱动相应二极管发光显示；采用共阳极方式时，如图 2－22（b）所示，译码器输出低电平可以驱动相应二极管发光显示。为了防止电路中电流过大而烧坏二极管，电路中需串联限流电阻。例如，当采用共阴极方式时，若要显示数字“5”，则 a、c、d、f、g 段加高电平发光，其余各段加低电平熄灭。

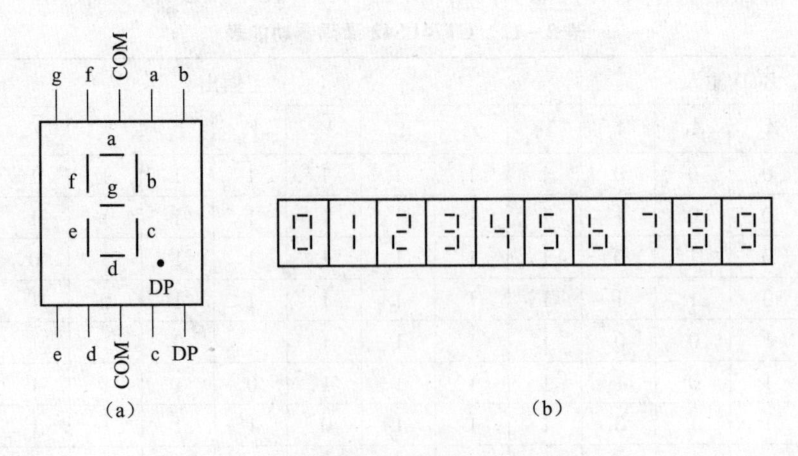

图 2－22　半导体数码管

（a）外形结构　（b）数码字形

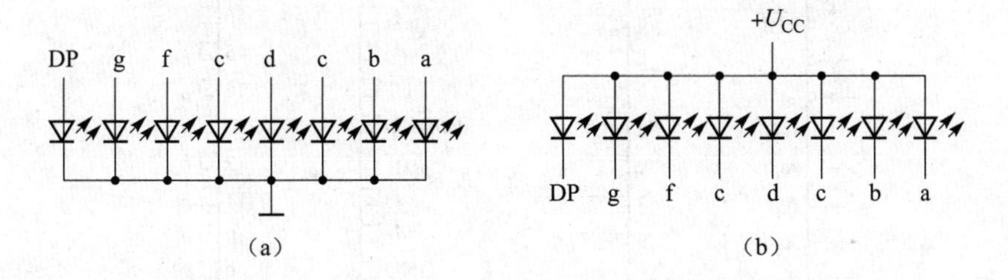

图 2－23　七段显示器两种接法原理图
(a) 共阴型　(b) 共阳型

配合各种七段显示器有许多专用的七段译码器，如常用的有 74LS48、74LS47。74LS47 与 74LS48 的主要区别是输出有效电平不同，74LS47 是输出低电平有效，可驱动共阳极 LED 数码管；74LS48 是输出高电平有效，可驱动共阴极 LED 数码管。74LS48 功能表如表 2－13 所示，其逻辑符号及外引线排列如图 2－24 所示。

表 2－13　74LS48 功能表

功能或十进制数	输入		输出	
	$\overline{LT}$　$\overline{RBI}$	A_3 A_2 A_1 A_0	$\overline{BI}/\overline{RBO}$	$a\ b\ c\ d\ e\ f\ g$
$\overline{BI}/\overline{RBO}$（灭灯）	×　×	× × × ×	0（输入）	0 0 0 0 0 0 0
$\overline{LT}$（试灯）	0　×	× × × ×	1	1 1 1 1 1 1 1
$\overline{RBI}$（动态灭零）	1　0	0 0 0 0	0	0 0 0 0 0 0 0
0	1　1	0 0 0 0	1	1 1 1 1 1 1 0
1	1　×	0 0 0 1	1	0 1 1 0 0 0 0
2	1　×	0 0 1 0	1	1 1 0 1 1 0 1
3	1　×	0 0 1 1	1	1 1 1 1 0 0 1
4	1　×	0 1 0 0	1	0 1 1 0 0 1 1
5	1　×	0 1 0 1	1	1 0 1 1 0 1 1
6	1　×	0 1 1 0	1	0 0 1 1 1 1 1
7	1　×	0 1 1 1	1	1 1 1 0 0 0 0
8	1　×	1 0 0 0	1	1 1 1 1 1 1 1
9	1　×	1 0 0 1	1	1 1 1 0 0 1 1
10	1　×	1 0 1 0	1	0 0 0 1 1 0 1
11	1　×	1 0 1 1	1	0 0 1 1 0 0 1
12	1　×	1 1 0 0	1	0 1 0 0 0 1 1
13	1　×	1 1 0 1	1	1 0 0 1 0 1 1
14	1　×	1 1 1 0	1	0 0 0 1 1 1 1
15	1　×	1 1 1 1	1	0 0 0 0 0 0 0

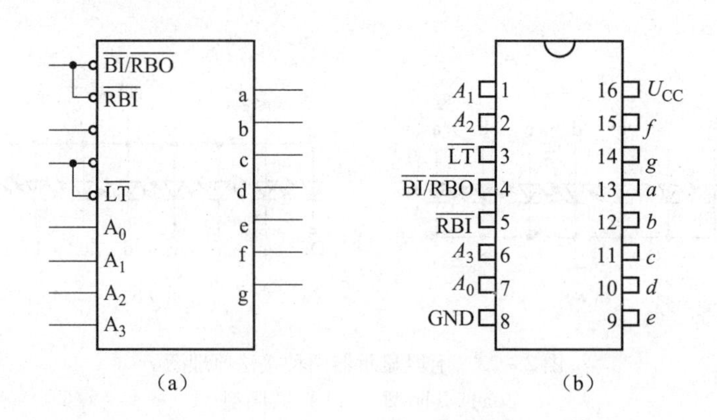

图 2-24　74LS48 译码/驱动器

（a）逻辑符号　（b）外引线排列

A_3、A_2、A_1、A_0为 BCD 码输入端，A_3为最高位，$a \sim g$ 为输出端，分别驱动七段显示器的 $a \sim g$ 输入端，其他端为使能端。分析功能表 2-13 与七段显示器的关系可知，只有输入的二进制码是 8421BCD 码时，才能显示 0~9 的十进制数字。当输入的四位码不在 8421BCD 码内，显示的字形就不是十进制数。

74LS48 使能端的功能如下。

（1）消隐输入$\overline{BI}/\overline{RBO}$：当$\overline{BI}=0$ 时，不论其他各使能端和输入端处于何种状态，$a \sim g$ 均输出低电平，显示器的七个字段全熄灭。

这个端子是个双功能端子，既可作输入端子，也可作为输出端子。作为输入端子用时，它是消隐输入$\overline{BI}$；作为输出端子用时，它是灭零输出$\overline{RBO}$。

（2）灭零输出$\overline{BI}/\overline{RBO}$：$\overline{RBO}$为灭零输出。当$\overline{RBI}=0$，输入 $A_3A_2A_1A_0=0000$ 时，$\overline{RBO}=0$，利用该灭零输出信号可将多位显示中的无用零熄灭。

（3）试灯 LT：当 LT=0，$\overline{BI}/\overline{RBO}=1$ 时，$a \sim g$ 输出全高，七段显示器全亮，用来测试各发光段能否正常显示。

（4）灭零输入$\overline{RBI}$：$\overline{RBI}$为低电平有效，作用是将能显示的 0 熄灭。例如，显示多位数字时，数字最前边的 0 和小数部分最后边的 0 不用显示，就把这些 0 熄灭。译码电路中，整数部分最高位和小数部分最低位数字的译码芯片的$\overline{RBI}$固定接 0，而小数点前后两位的$\overline{RBI}$固定接 1。

2.2.3　数据选择器与分配器

根据地址码从多路数据中选择一路输出的器件，叫数据选择器。利用数据选择器，可将并行输入的数据转换成串行数据输出，是一种多输入、单输出的组合逻辑电路，又称为多路选择器、多路开关或多路调制器。可以用一个单刀多掷开关来形象描述。

数据分配器又称多路分配器，其逻辑功能是将一路输入数据分配到指定的数据输出上。数据分配器有一个输入端，多个输出端。由地址码对输出端进行选通，将一路输入数据分配到多路接收设备中的某一路。

对于数据选择器和数据分配器，如果有 2^n路输入/输出数据，则需要 n 个地址输入端。

1. 数据选择器

常见的数据选择器有二选一、四选一、八选一和十六选一等。下面以常用的四选一数据选择器 74LS153 为例，介绍数据选择器的原理及使用。

74LS153 是双四选一数据选择器，即一个芯片中包含两个四选一电路。其逻辑符号及外引线排列如图 2－25 所示，其功能表见表 2－14 所示。

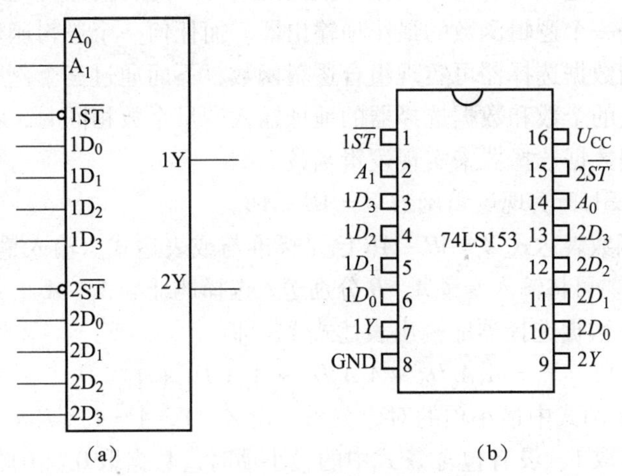

图 2－25 四选一数据选择器 74LS153

（a）逻辑符号 （b）外引线排列

表 2－14 74LS153 功能表

输入							输出
$\overline{ST}$	A_1	A_0	D_3	D_2	D_1	D_0	Y
1	×	×	×	×	×	×	0
0	0	0	×	×	×	0	0
0	0	0	×	×	×	1	1
0	0	1	×	×	0	×	0
0	0	1	×	×	1	×	1
0	1	0	×	0	×	×	0
0	1	0	×	1	×	×	1
0	1	1	0	×	×	×	0
0	1	1	1	×	×	×	1

74LS153 中的两个四选一数据选择器共用一个地址输入端（A_1、A_0）、电源和地，其他均各自独立。$\overline{ST}$为使能端，低电平有效。

由表 2－14 可看出，它能将一组输入数据按要求将其中一个数据送至输出端。比如，当$\overline{ST}=0$ 时，若 $A_1A_0=00$，则输出 $Y=D_0$。写出四选一数据选择器的输出逻辑表达式 Y 为：

（1）当$\overline{ST}=1$ 时，$Y=0$，数据选择器不工作。

（2）当$\overline{ST}=0$时，数据选择器工作，有

$$Y = \overline{A}_1\overline{A}_0D_0 + \overline{A}_1A_0D_1 + A_1\overline{A}_0D_2 + A_1A_0D_3$$

除以上介绍的双四选一数据选择器 74LS153 外，常用的数据选择器还有八选一数据选择器 74LS151、十六选一数据选择器 74LS150 及二选一数据选择器 74LS157 等。

由数据选择器的表达式可看出，当输入数据全部为 1 时，输出为地址输入变量全体最小项的和，因此，它是一个逻辑函数的最小项输出器。而任何一个逻辑函数都可写成最小项之和的形式，所以利用数据选择器可实现组合逻辑函数，下面通过三个例题进行讨论。

当逻辑函数变量的个数和数据选择器的地址输入变量个数相同时，将变量和地址码对应相连，这时可直接用数据选择器来实现逻辑函数。

例 2－7　用 74LS153 实现逻辑函数 $Z=\overline{A}B+AB$。

解：（1）逻辑函数表达式 $Z=\overline{A}B+AB$ 已是标准与或表达式。输入量 A、B 与 74LS153 地址输入变量个数相同。可将输入变量 A、B 分别送入选择地址端 A_1、A_0。并令$\overline{ST}=0$。

（2）写出四选一数据选择器的输出表达式 Y，即

$$Y = \overline{A}_1\overline{A}_0D_0 + \overline{A}_1A_0D_1 + A_1\overline{A}_0D_2 + A_1A_0D_3$$

（3）比较 Z 的 Y 两式中最小项的对应关系。设 $Z=Y$，$A=A_1$，$B=A_0$，Y 式中包含 Z 式中的最小项时，数据取 1，没有包含 Z 式中的最小项时，数据取 0。由此可知

$$D_0 = D_2 = 0,\ D_1 = D_3 = 1$$

（4）画连线图。由上分析可得出电路连线图，如图 2－26 所示。

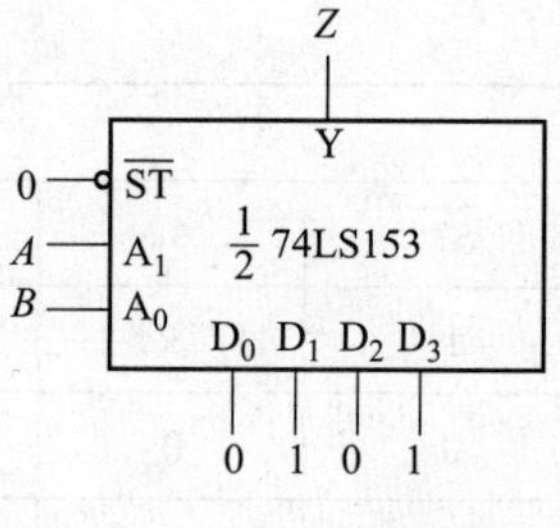

当逻辑函数的变量个数多于数据选择器的地址输入变量个数时，应分离出多余的变量用数据 D_i 代替，将余下的变量分别有序地加到数据选择器的地址输入端上。

图 2－26　例 2－7 的逻辑图

例 2－8　试用一片双四选一数据选择器 74LS153 和非门构成一位全加器。

解：（1）分析设计要求，全加器输入变量为被加数 A_i、加数 B_i，考虑低位的进位（C_{i-1}），输出函数为本位和为 S_i，向相邻高位的进位 C_i，有三个输入量、两个输出量。其逻辑函数的标准与或表达式为

$$S_i = \overline{A}_i\overline{B}_iC_{i-1} + \overline{A}_iB_i\overline{C}_{i-1} + A_i\overline{B}_i\overline{C}_{i-1} + A_iB_iC_{i-1}$$

$$C_i = \overline{A}_iB_iC_{i-1} + A_i\overline{B}_iC_{i-1} + A_iB_i\overline{C}_{i-1} + A_iB_iC_{i-1}$$

（2）写出数据选择器的输出逻辑函数，并与全加器输出逻辑函数相比较。双四选一数据选择器的输出逻辑函数式为

$$1Y = (\overline{A}_1\overline{A}_0 1D_0 + \overline{A}_1A_0 1D_1 + A_1\overline{A}_0 1D_2 + A_1A_0 1D_3)$$

$$2Y = (\overline{A}_1\overline{A}_0 2D_0 + \overline{A}_1A_0 2D_1 + A_1\overline{A}_0 2D_2 + A_1A_0 2D_3)$$

设 $A_i=A_1$、$B_i=A_0$，比较 S_i 与 $1Y$，C_i 与 $2Y$ 中各项的对应关系。

当 $S_i=1Y$ 时，$C_{i-1}=1D_0=1D_3$　$\overline{C_{i-1}}=1D_1=1D_2$

当 $C_i=2Y$ 时，$C_{i-1}=2D_1=2D_2$　$2D_0=0$　$2D_3=1$

（3）画逻辑图。根据上两式可画图 2－27 所示的用双四选一数据选择器构成的全加器。

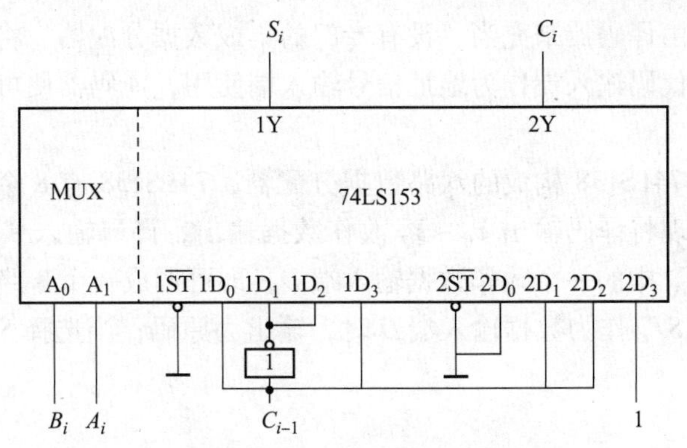

图2－27　用双四选一数据选择器构成的全加器

当逻辑函数中的变量数比数据选择器的地址输入变量数少时，可将多余地址输入端接地或接1。

例2－9　试用八选一数据选择器实现逻辑函数 $Y=A+B$。

解：（1）写出逻辑函数的最小项表达式为

$$Y = A + B = \overline{A}B + A\overline{B} + AB$$

（2）将八选一数据选择器的输出函数式 Y' 写成与 Y 表达式对应的形式。八选一数据选择器选用CT74LS151。设 $A_2=0$ 时，则有

$$Y' = \overline{A}_1\overline{A}_0D_0 + \overline{A}_1A_0D_1 + A_1\overline{A}_0D_2 + A_1A_0D_3$$

（3）比较 Y' 和 Y 两式中各最小项的对应关系。设 $Y=Y'$、$A_1=A$、$A_0=B$，则有

$$D_0 = 0$$

$$D_1 = D_2 = D_3 = 1$$

（4）画逻辑图。根据上式可画出用CT74LS151实现 $Y=A+B$ 的逻辑图，如图2－28所示。

2. 数据分配器

从逻辑功能看，数据分配器与数据选择器相反，它只有一个数据输入端，在 n 个地址端控制下，可将其送到 2^n 个输出端的一端上。

四路数据分配器如图2－29所示，其中 D 为一路数据输入，$Y_3 \sim Y_0$ 为四路数据输出，A_1、A_0 为地址选择码输入。

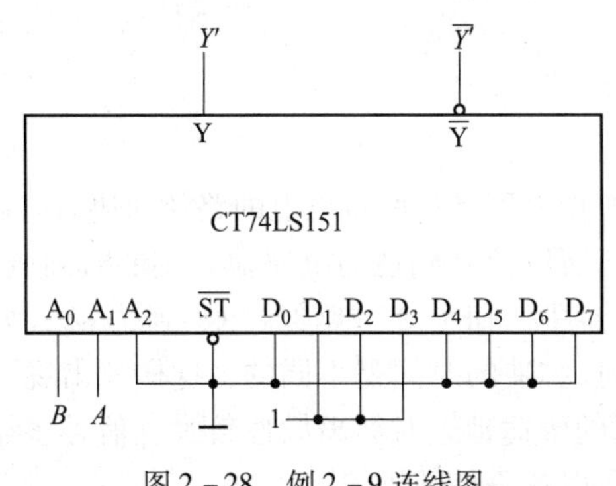

图2－28　例2－9连线图

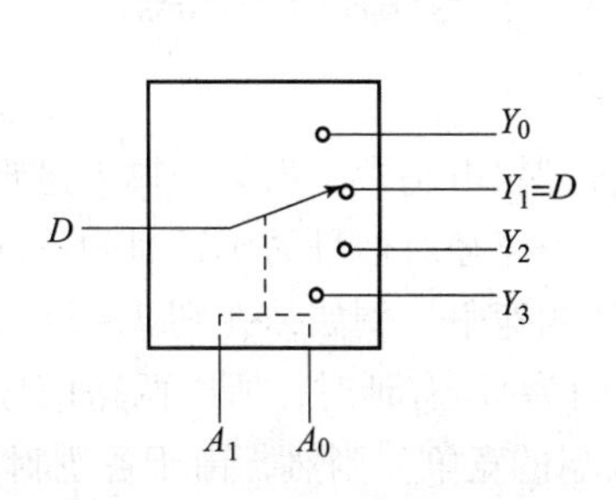

图2－29　四路数据分配器示意图

数据分配器一般由译码器来充当，没有专门的集成数据分配器。将译码器的使能端作为数据输入端，二进制代码输入端作为地址信号输入端使用，译码器便可作为一个数据分配器使用。

图 2－30 所示为 74LS138 构成的八路数据分配器，74LS138 有 8 个译码输出、3 个译码输入和 3 个使能端，现将译码输出 $Y_0 \sim Y_7$ 改作数据输出，译码输入 $A_2 \sim A_0$ 改作地址控制，使能端 ST_A、ST_B、ST_C 中的一个改作数据输入端 D，即可形成一个 8 路数据分配器，需要注意的是当选择 ST_B 或 ST_C 作为数据输入端 D 时，输出为原码；当选择 ST_A 作为数据输入端 D 时，输出为反码。

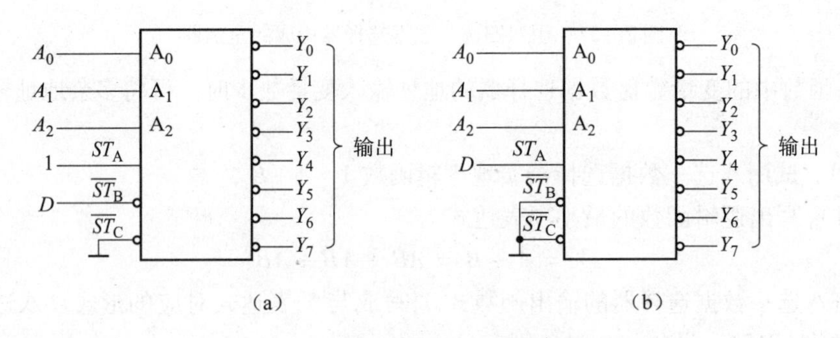

图 2－30　74LS138 构成三－八线数据分配器

（a）ST_B 作为数据输入端　（b）ST_A 作为数据输入端

思考题

1. 什么是编码？什么是二进制编码？
2. 编码器的功能是什么？优先编码器有什么特点？
3. 什么是译码？译码器的功能是什么？
4. 试用两片 74LS148 扩展为十六－四线优先编码器。
5. 试用 74LS148 并辅以适当门电路实现十－四线优先编码器。

模块 2.3　组合逻辑电路中的竞争与冒险

2.3.1　竞争冒险的概念

1. 竞争

在组合逻辑电路中，当某个输入逻辑变量分别经过两条以上的路径到达门电路的输入端时，由于每条路径对信号的延迟时间不同，所以信号到达门电路输入端的时间就有先有后，这种现象就叫竞争。例如，在图 2－31（a）中，信号 A 一路经过 G_1 到达 G_2，另一路直接到达 G_2，因为 G_1 有延时，所以两路信号到达 G_2 的时间是不同的，这样就出现了两路信号在 G_2 输入端的竞争。当然，由于各逻辑门的传输延迟时间离散性较大，信号多经过一级门并不见得比少经过一级门的延迟时间长，所以竞争是随机的。

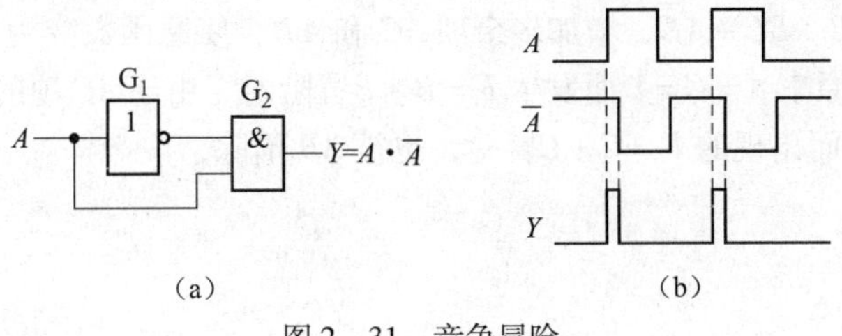

图2－31　竞争冒险

（a）逻辑电路　（b）工作波形

2. 冒险

在上例中，若按理想情况分析，则无论变量 A 为何值，Y 均为 0。但若考虑竞争问题，则可能会出现图 2－31（b）所示现象，即在某一瞬间出现了不应该出现的尖峰脉冲，从而可能引起对电路的干扰，将这种现象称为冒险。

2.3.2　竞争冒险的判断与消除

1. 冒险的判断

依据电路，写出逻辑函数式。先找出具有竞争能力的变量，然后使其他变量取各种可能的组合值，判断是否有 $A+\overline{A}$ 和 $A\overline{A}$ 状态发生而产生冒险现象。

例 2－10　判断逻辑函数 $F=AB+\overline{B}C+A\overline{C}$ 的电路是否会发生冒险现象。

解： 由于 B 和 C 在函数式中以互补状态出现，因此具有竞争能力。

先判断变量 B 是否会产生冒险。令 A、C 两变量取各种可能值的组合，算出对应的 F。容易得到，在 AC 取 00、01 和 11 时，输出 F 的值是定值，$AC=11$ 时，$F=B+\overline{B}$，所以有冒险现象。

用同样的办法可以得到，$AB=10$ 时，$F=C+\overline{C}$，变量 C 也会产生冒险现象。

2. 冒险的消除

1）接滤波电容

因为干扰脉冲一般都较窄，所以在有可能产生干扰脉冲的那些逻辑门的输出端与地之间并接一个几百皮法的滤波电容，就可以把干扰脉冲吸收掉。此法简单可行，但它会使输出波形边沿变坏，在要求输出波形较严格的情况下不宜采用。

2）引入选通脉冲

利用选通脉冲把有冒险脉冲输出的逻辑门封锁，使冒险脉冲不能输出。当冒险脉冲消失后，选通脉冲才将有关的逻辑门打开，允许正常输出。

图 2－32 所示增加选通信号，以防止冒险发生。在输入信号发生变化，电路可能发生冒险时，选通信号 $ST=0$，封锁了最后一级与非门，冒险不能发生。当电路达到稳定状态后，选通信号 $ST=1$，最后一级与非门开放，电路输出稳定的状态。

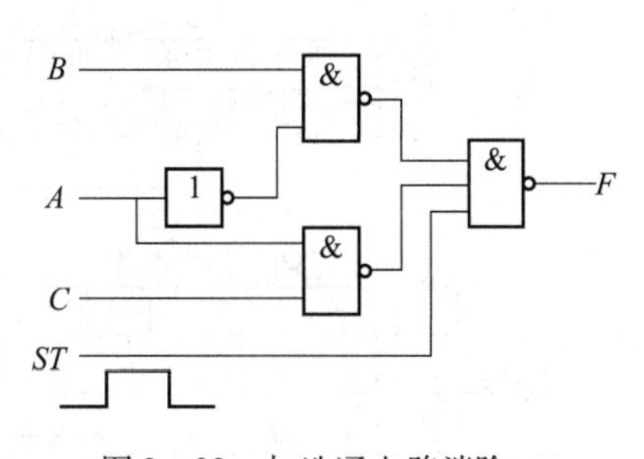

图 2－32　加选通电路消除

3）修改逻辑设计、增加冗余项

修改逻辑设计，有时是消除冒险现象较理想的办法。

例如，对 $F=AB+\overline{B}C+A\overline{C}$，增加多余项 AC 和 $A\overline{B}$，使原函数变为 $F=AB+\overline{B}C+A\overline{C}+AC+A\overline{B}$。这样，当原来 $A=C=1$ 而发生 $F=B+\overline{B}$冒险时，由于 AC 项的存在，消除了冒险。同样，原来 $AB=10$ 而出现的 $F=C+\overline{C}$冒险，也被 AB 消除。

思考题

1. 什么是竞争？什么是冒险？
2. 如何消除冒险？

模块 2.4　项目的实施

1. 四路抢答器电路的设计

四路抢答器电路原理如图 2－33 所示。电路由抢答信号的产生、抢答信号的编码、译码显示等几部分构成。每路抢答信号由按钮产生，经两个相互交叉的与非门和一个四输入与非门后形成，编码及译码部分由集成编码器与译码器来完成，显示部分由数码管完成。

电路的工作过程如下：初始状态主持人按下清零按钮，此时 Q_1、Q_2、Q_3 和 Q_4 清零，经四个与非门 G_1、G_2、G_3、G_4 反相成为四个高电平 1，此时 74LS147 九个输入端全为高电平，输出 $ABCD$ 为 1111，经 74LS04 反相变为 0000，再经 74LS48 译码驱动数码管显示 0，即抢答电路清零。S_0 松开后允许抢答，由 $S_1 \sim S_4$ 实现抢答信号的输入。当某一按钮被按下后（如 S_1 被按下），则 Q_1 变为高电平 1，这样 G_1 与非门的所有输入端均为高电平，根据与非关系，其输出端则为低电平。由于该与非门输出端与其他 3 个与非门（G_2、G_3、G_4）的输入端相连，它输出的低电平维持其他 3 个与非门输出高电平。此时 74LS147 对输入信号 I_1 编码，输出为 1110，经 74LS04 反相后变成 0001，再经 74LS48 译码驱动数码管显示“1”。主持人清零后当选手按下其他按钮时，工作过程类似。

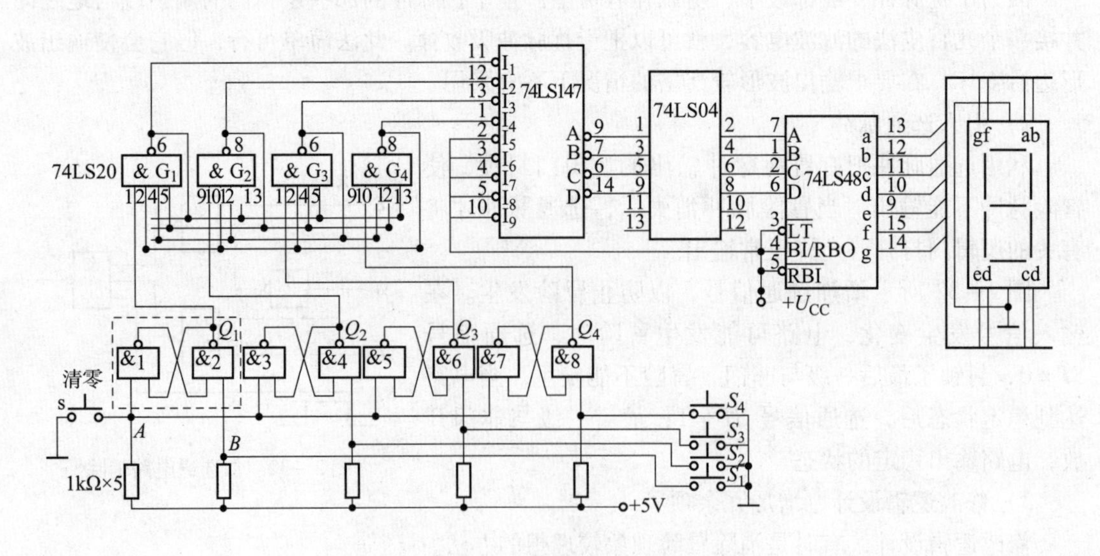

图 2－33　四路抢答器电路

2. 电路制作

按原理图准备元器件制作电路，本电路所需 4 个四输入与非门采用两块集成电路 74LS20，8 个二输入与非门采用两片 74LS00，编码器采用二－十进制优先编码器 74LS147，反相器采用 74LS04（集成了六个反相器），译码器采用字符显示译码器 74LS48，数码管采用共阴数码管，5 个电阻分别取值 1 kΩ。焊接集成块时，先焊集成块插座，待电路其他元器件焊完后再将集成块插入对应插座。

3. 电路调试与检测

接通电源，分别触按 4 个抢答器的抢答键，如果电路工作正常，数码管将分别显示抢答成功者的号码。如没有显示或显示的不是抢答成功者的号码，说明电路有故障，应予以排除。排除故障可按信号流程的正向（由输入到输出）查找，也可按信号流程逆向（由输出到输入）查找。

例如，当有抢答信号输入时，观察数码管是否显示其号码，如不显示，可用万用表（或逻辑笔）分别测量相关与非门输入、输出端电平状态是否正确，如正确则检查 74LS147 是否能正常编码，再检查 74LS04 反相器及 74LS48 能否正常译码，数码管是否损坏，这样一级级由前到后检查线路的连接及芯片的好坏。

若抢答开关按下时数码管显示号码，松开时又为 0，说明电路不能保持，此时应检查和两个相互交叉的与非门间的相互连接是否正确，直至排除全部故障为止。

当数码管显示某一选手的号码时，若再按其他选手按键，正常情况下数码管显示的数码不会变。如变，则电路存在故障，重点检查 4 对相互交叉的二输入与非门的反馈连线。

抢答器电路产生的故障主要有元器件接触不良或损坏、集成芯片连接错误或损坏以及布线错误等。

项目小结

本项目通过对四路抢答器的设计和制作，系统地介绍了组合逻辑电路的特点、分析和设计方法以及常用的几种组合逻辑器件的功能及使用方法。

组合逻辑电路是由逻辑门组成，并且是无记忆的电路，任何时刻输出信号仅仅取决于当时的输入信号的取值组合，而与电路原来所处的状态无关。必须掌握组合逻辑电路的分析方法和设计方法。

组合逻辑电路的分析是根据已知的逻辑图分析其逻辑功能，其步骤是：已知逻辑图→写出逻辑表达式→化简→列真值表→分析逻辑功能。

组合逻辑电路的设计是根据逻辑要求设计出逻辑图，其步骤是：已知逻辑要求→列出真值表→写出表达式→化简、变换→画出逻辑图。

对于本项目中学到的加法器、数据比较器、编码器、译码器、数据选择器和数据分配器等中规模组合逻辑集成电路，必须要熟悉其逻辑功能，学会灵活使用。

采用中规模集成电路设计组合逻辑电路时，除了要熟悉器件的逻辑功能外，还要运用好方法。

组合逻辑电路中的竞争冒险问题在高速工作情况下要特别注意。在调试电路时要注意发现并排除。在后面所讨论的时序逻辑电路中也存在着竞争冒险问题。

常用的编码有二进制编码、二－十进制编码和字符编码，故实现这些编码和译码的电路——编码器和译码器也有相应的二进制编/译码器、二－十进制编/译码器和字符编/译码器。

编/译码器的功能表较为全面地反映了编/译码器的功能。要正确使用编码器和译码器，必须先看懂功能表。因此通过功能表了解编/译码器的功能，是读者必须掌握的内容。编码器和译码器除了输入端和输出端外，还有一些其他的控制端。理解这些控制端的作用，对正确使用编/译码器是十分重要的。利用这些控制端还可以实现编码器和编码器、译码器和译码器之间的级联，使编/译码器的位数得到扩展。

显示器是用来显示图形、文字、符号的器件，本项目主要介绍了常用数码管显示电路。显示器总是和译码器结合起来使用的，因此掌握译码器与显示器的正确连接是很重要的。

组合逻辑电路中的竞争冒险问题在高速工作情况下要特别注意。在调试电路时要注意发现并排除。

习题二

一、填空题

（1）组合逻辑电路的特点是输出状态只与________，与电路的原状态________，其基本单元电路是________。

（2）编码器是________个输入________输出的逻辑电路。如对32个同学的学号编码成二进制代码，则编码器有________个输入端及________个输出端。

（3）所谓编码，就是用________表示给定的数字、字符或信息。一位二进制码有________、________两种状态，n位二进制码有________种不同的组合。

（4）译码器，输入的是________，输出的是________。

（5）三－八线译码器，当输入$ABC=110$时，有信号输出的输出端输出高电平，其余输出端输出均为________电平。若译码器带数码显示器，则此时显示数为________。

（6）有两个输入端的译码器，应有________不同的输出状态。3个输入端的译码器，应有个不同的输出状态。

（7）数据选择器又叫________或________，它的作用相当于________，在地址输入信号的作用下，从多路信号中选择________路信号传至输出。

（8）优先编码器允许几个信号同时输入，但只对________编码。

（9）全译码器若输入信号为n位二进制代码，输出m个信号，两者的关系为________。

（10）四变量输入译码器，其译码输出信号最多应有________个。

二、选择题

（1）下列是8421BCD码的是（　　）。

A. 1010　　B. 0101　　C. 1100　　D. 1101

（2）逻辑函数$F(A,B,C)=AB+BC+A\overline{C}$的最小项标准式为（　　）。

A. $F(A,B,C)=\sum m(0,2,4)$　　B. $F(A,B,C)=\sum m(1,5,6,7)$

C. $F(A,B,C)=\sum m(0,2,3,4)$　　D. $F(A,B,C)=\sum m(3,4,6,7)$

（3）欲对全班43个学生以二进制代码编码表示，最少需要二进制码的位数是（　　）。

A. 5　　　　B. 6　　　　C. 8　　　　D. 43

（4）完成二进制代码转换为十进制数应选择（　　）。

A. 译码器　　　　B. 编码器　　　　C. 一般组合逻辑电路

（5）译码器的输出是（　　）。

A. 表示二进制代码　B. 表示二进制数　　C. 特定含义的逻辑信号

（6）四－十线译码器，若它的输出状态只有输出 $Y_2=0$，其余输出均为1，则它的输入状态为（　　）。

A. 0100　　　　B. 1011　　　　C. 1101　　　　D. 0010

（7）半加器的加数与被加数本位求和的逻辑关系是（　　）。

A. 与非　　　　B. 与　　　　C. 异或

（8）构成一个全加器应由两个半加器和一个（　　）。

A. 与非门　　　　B. 与门　　　　C. 或门　　　　D. 或非门

（9）对于共阳极七段显示数码管，若要显示数字“5”，则七段显示译码器输出 *abcdefg* 应该为（　　）。

A. 0100100　　　　B. 0000101　　　　C. 1011011　　　　D. 1111010

（10）一个十六选一的数据选择器，其地址输入端有（　　）。

A. 2 个　　　　B. 4 个　　　　C. 8 个　　　　D. 16 个

三、分析计算题

1. 分析题图 2－1 所示组合逻辑电路。

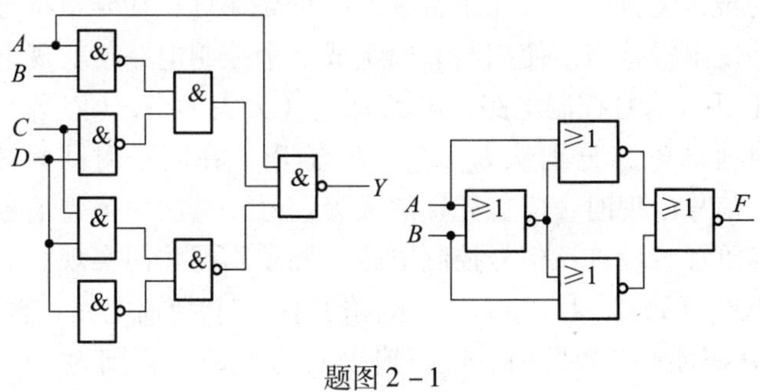

题图 2－1

2. 用三－八线译码器或四－十六线译码器实现下列逻辑函数。

（1）$Z=A\overline{B}C+\overline{A}\,\overline{B}C$

（2）$Z=ABC\overline{D}+\overline{A}B\overline{C}\,\overline{D}$

（3）$F(A、B、C)=\sum m(0,2,3,6,7)$

3. 用 8 选 1 多路选择器实现下列逻辑函数。

（1）$F=\overline{A}\,\overline{B}CD+\overline{A}B\overline{C}\,\overline{D}+\overline{A}B\overline{C}\,\overline{D}+A\overline{B}\,\overline{C}D+A\overline{B}C\overline{D}$

（2）$F=(A,B,C,D)=\sum m(0,1,2,3,8,9,10,11)$

4. 使用数据选择器 74LS151（见题图 2－2）设计一个判别三位二进制数的判别电路。当数为奇数时输出为1；否则输出为零。要求：

（1）列出真值表；

（2）写出逻辑表达式；

（3）完成逻辑图连线。

5. 电路如题图 2－3 所示，写出 F 的最简与或表达式。

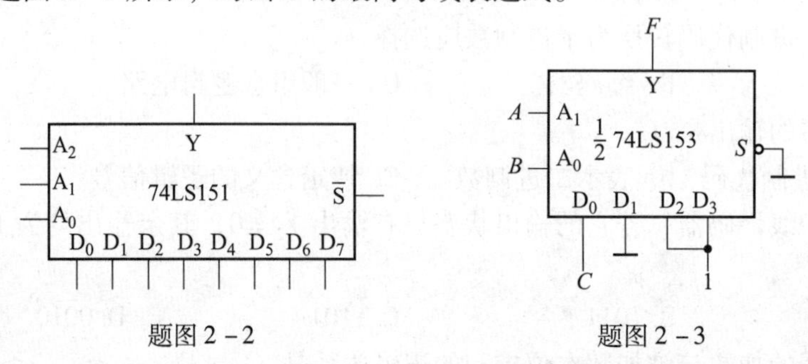

题图 2－2　　题图 2－3

6. 能力训练题：

（1）3 个工厂由甲、乙两个变电站供电。若一个工厂用电，由甲变电站供电；若两个工厂用电，由乙变电站供电；若 3 个工厂同时用电，则由甲、乙两个变电站同时供电。设计一个供电控制电路。

（2）有 A、B、C、D 四台设备，功率均为 10 kW，由两台发电机 X_1 和 X_2 供电。X_1 的功率为 20 kW，X_2 的功率为 10 kW。四台设备不可能同时工作，最多有三台而且必须有一台设备工作。试设计合理的供电控制电路。

（3）设计一个两位乘两位的二进制乘法器。

（4）锅炉在工作时，水位既不能太高又不能太低。如题图 2－4 所示，水面在 A 线以下时为危险状态；在 A、B 之间和在 C 以上时为异常状态；在 B、C 之间为正常状态，为安全生产。现要设计自动报警装置。要求在正常状态时点亮绿灯；在异常状态时点亮黄灯；在危险状态时点亮红灯并发出报警声。使用与非门组成一个控制电路，实现上述要求。

（5）设计一个电话机信号控制电路。电路有 I_0（火警）、I_1（盗警）和 I_2（日常业务）三种输入信号，通过排队电路分别从 L_0、L_1、L_2 输出，在同一时间只能有一个信号通过。如果同时有两个以上信号出现时，应首先接通火警信号，其次为盗警信号，最后是日常业务信号。试按照上述轻重缓急设计该信号控制电路。要求用与非门实现。

（6）试用三－八线译码器 74LS138 和门电路实现一个判别电路，输入为 3 位二进制代码（ABC），当输入代码能被 3 整除时，电路输出 F 为“1”；否则为“0”。要求：

①列出真值表；

②写出 F 的表达式；

③用与非门完成题图 2－5 所示的连接。

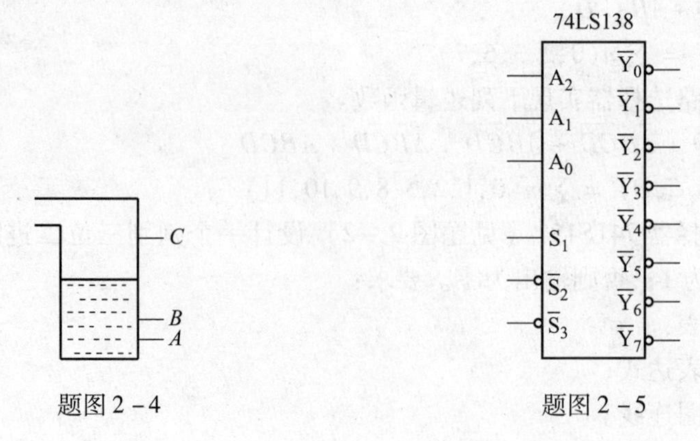

题图 2－4　　题图 2－5

项目3

多路控制开关的设计制作

在生活中常常需要在多个地方对同一个公共照明灯进行亮灭控制，这就要求设计一个多路控制公共照明灯的开关电路。这种开关电路的设计方法很多，但用下面将要介绍的触发器来设计，既简单又经济实惠且稳定可靠。通过本项目的设计制作，达到如下目标。

知识目标

（1）了解触发器的组成结构。

（2）熟悉各种触发器的功能特点及应用。

（3）掌握集成触发器的逻辑功能及使用方法。

（4）熟悉各种功能不同的触发器之间相互转换的方法。

技能目标

（1）能按功能真值表测试各种触发器逻辑功能。

（2）能看懂功能表。

（3）能根据触发器的逻辑符号分析其功能，画其时序图。

（4）能用数字集成触发器组成其他电子器件电路并进行测试。

项目任务

用集成触发器、晶体管和继电器等元器件制作一个多路控制公共照明灯的开关电路，即可以在多个控制点对该照明灯进行开关控制，当按下任何一个按钮开关，会改变灯原来的亮灭状态，也就是灯如果原来是亮着，按下任何一个开关按钮则会熄灭；如灯原来是熄灭的，则按下任何一开关按钮就会点亮。

模块 3.1 触发器

组合逻辑电路和时序逻辑电路是数字电路的两大类。触发器是时序逻辑电路的基本单元，时序逻辑电路逻辑功能的特点是：任一时刻电路的输出状态不仅与该时刻的输入状态有关，而且与电路原来所处的状态有关。

与门电路相比，触发器具有两个稳定的状态，即 0 状态和 1 状态，属于双稳态电路。任何具有两个稳定状态且可以通过适当的信号注入方式使其从一个稳定状态转换到另一个稳定状态的电路都称为触发器。

所有触发器都具有两个稳定状态，但使输出状态从一个稳定状态翻转到另一个稳定状态的方法却有多种，由此构成了具有各种功能的触发器。

按照触发信号的控制类型，触发器可分为两种类型：一类是非时钟控制触发器（基本触发器），它的输入信号可在不受其他时钟控制信号的作用下，按某一逻辑关系改变触发器的输出状态；另一类是时钟控制触发器（钟控触发器），它必须在时钟信号的作用下，才能接收输入信号从而改变触发器的输出状态。时钟控制触发器按时钟类型又分为电平触发和边沿触发两种类型。

根据逻辑功能的不同，可将触发器分为 RS 触发器、D 触发器、JK 触发器、T 和 T′触发器等。

根据电路结构的不同，可将触发器分为基本触发器、同步触发器、主从触发器、边沿触发器等。

从结构上来看，触发器由逻辑门加反馈电路组成，有一个或几个输入端，两个互补输出端，通常标记为 Q 和 $\overline{Q}$。以 Q 这个输出端的状态作为触发器的状态，如将触发器输出 $Q=0$（$\overline{Q}=1$）的状态称为触发器的“0”态，将触发器输出 $Q=1$（$\overline{Q}=0$）的状态称为触发器的“1”态。

触发器在不同的输入（触发信号）情况下，它可以被置成 0 状态和 1 状态；当输入信号消失后，被置成的状态能够保持不变，所以，触发器是一种记忆功能的器件，一个触发器可以记忆 1 位二值信号。

在项目 2 的图 2-33 中，四对二输入与非门相互交叉构成的就是四个触发器，能接收选手的输入触发信号，并在选手输入信号消失后触发器的输出状态 Q 保持不变。

触发器的逻辑功能可用功能表（特性表）、特性方程、状态图（状态转换图）和时序图（时序波形图）来描述。

3.1.1 RS 触发器

1. 基本 RS 触发器

1）电路组成

图 3-1 所示为由与非门组成的基本 RS 触发器的逻辑图和逻辑符号。由图可知，基本 RS 触发器由两个与非门交叉耦合而成，Q 和 $\overline{Q}$ 为两个互补输出端，$\overline{R}$ 和 $\overline{S}$ 为触发器的两个信号输入端。其中 $\overline{R}$ 称为置 0 端（复位端），$\overline{S}$ 称为置 1 端（置位端）。在逻辑符号中用小圆圈

表示输入信号为低电平有效。

2）逻辑功能

当输入端$\overline{S}=0$，$\overline{R}=1$时，与非门G_1的输出端Q将由低电平转变为高电平，由于Q端被接到与非门G_2的输入端，与非门G_2的两个输入端均处于高电平状态，使输出端$\overline{Q}$由高电平转变为低电平状态。因$\overline{Q}$被接到与非门G_1的输入端，使与非门G_1的输出状态仍为高电平，即触发器被“置位”（或置1），$Q=1$，$\overline{Q}=0$。

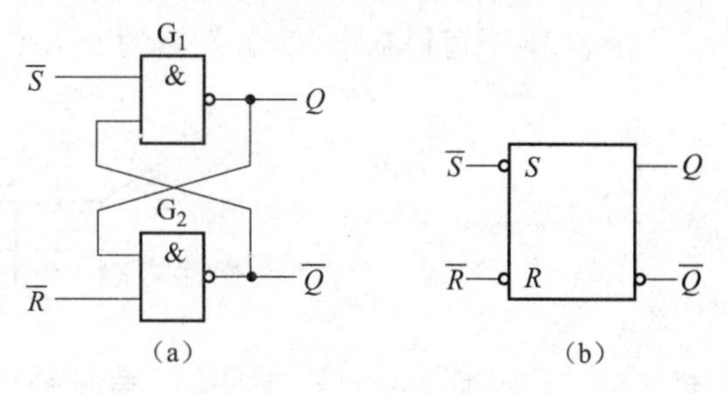

图3－1　基本RS触发器

（a）逻辑图　（b）逻辑符号

触发器被置位后，若输入端$\overline{S}=1$，$\overline{R}=0$，与非门G_2的输出端$\overline{Q}$将由低电平转变为高电平，由于$\overline{Q}$端被接到与非门G_1的输入端，与非门G_1的两个输入端均处于高电平状态，使输出端Q由高电平转变为低电平状态。因Q被接到与非门G_2的输入端，使与非门G_2的输出状态仍为高电平，即触发器被“复位”（或置0），$Q=0$，$\overline{Q}=1$。

触发器被复位后，若输入端$\overline{S}=1$，$\overline{R}=1$，与非门G_1的两个输入端均处于高电平状态，输出端Q仍保持为低电平状态不变，由于Q端被接到与非门G_2的输入端，使$\overline{Q}$端仍保持为高电平状态不变，即触发器处于“保持”状态。

将触发器输出端状态由1变为0或由0变为1称为“翻转”。

当$\overline{S}=1$，$\overline{R}=1$时，触发器输出端状态不变，该状态将一直保持到有新的置位或复位信号到来为止。

不论触发器处于何种状态，若$\overline{S}=0$，$\overline{R}=0$，与非门G_1、G_2的输出状态均变为高电平，即$Q=1$，$\overline{Q}=1$。此状态破坏了Q与$\overline{Q}$间的逻辑关系，并且由于与非门延迟时间不可能完全相同，在两输入端的0同时被撤除后，将不能确定触发器是处于1状态还是0状态，所以，触发器不允许出现这种情况，这就是基本RS触发器的约束条件。

将上述逻辑关系列成真值表，就是基本RS触发器的功能表（也称特性表）如表3－1所示。表中Q^n表示接收信号之前触发器的状态，称为“现态”；Q^{n+1}表示接收信号之后的状态，称为次态。

表3－1　基本RS触发器功能表

$\overline{R}$　$\overline{S}$　Q^n	Q^{n+1}	功能
0　0　0 0　0　1	× ×	不允许
0　1　0 0　1　1	0 0	$Q^{n+1}=0$ 置0
1　0　0 1　0　1	1 1	$Q^{n+1}=1$ 置1
1　1　0 1　1　1	0 1	$Q^{n+1}=Q^n$ 保持

由表 3－1 可得基本 RS 触发器的卡诺图如图 3－2 所示。

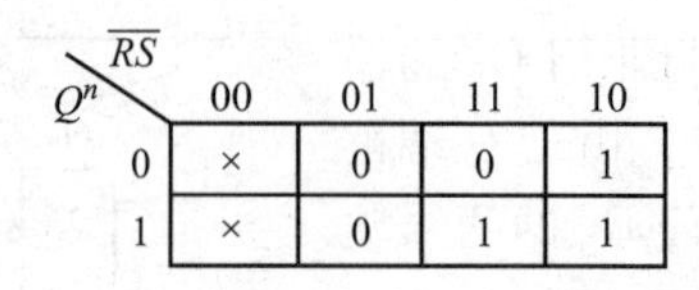

Q^n \ $\overline{RS}$	00	01	11	10
0	×	0	0	1
1	×	0	1	1

图 3－2　基本 RS 触发器次态 Q^{n+1} 的卡诺图

描述触发器逻辑功能的函数表达式（即次态与现态和触发信号之间的逻辑表达式）称为触发器的特征方程或次态方程。由卡诺图可得 RS 触发器特征方程为

$$Q^{n+1} = S + \overline{R}Q^n$$

$$RS = 0(约束条件)$$

由特征方程可以看出，基本 RS 触发器当前的输出状态 Q^{n+1} 不仅与当前的输入状态有关，而且还与其原来的输出状态 Q^n 有关。这是触发器的一个重要特点。

如果已知 $\overline{S}$ 和 $\overline{R}$ 的波形和触发器的起始状态，则由与非门组成的基本 RS 触发器波形如图 3－3 所示。

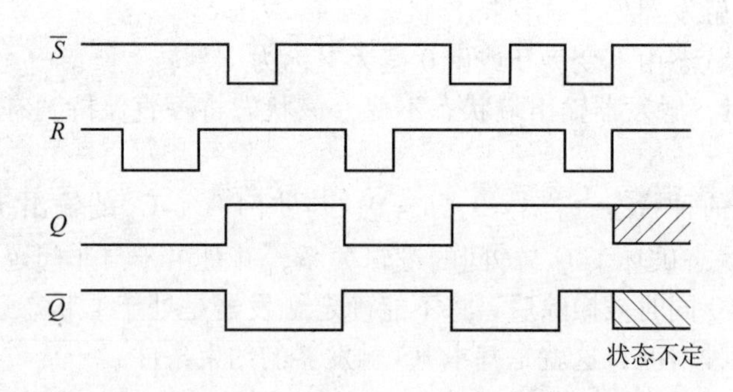

图 3－3　基本 RS 触发器波形图

基本 RS 触发器是构成各种不同功能集成触发器的基本单元。触发器的“置 0”“置 1”就是通过基本 RS 触发器来实现的。

2. 同步 RS 触发器

基本 RS 触发器的输入端一直影响触发器输出端的状态。按控制类型属于非时钟控制触发器。当输入信号出现扰动时输出状态将发生变化；不能实现时序控制，即不能在要求的时间或时刻由输入信号控制输出信号；与输入端连接的数据线不能再用来传送其他信号，否则在传送其他信号时将改变存储器的输出数据。

为了克服非时钟触发器的上述不足，给触发器增加了时钟控制端 CP。CP 为控制时序电路工作节奏的固定频率的脉冲信号，一般是矩形波，称为时钟信号。具有时钟脉冲 CP 控制的触发器称为同步触发器（时钟触发器或钟控触发器），该触发器状态的改变与时钟脉冲同步。

同步 RS 触发器是在基本 RS 触发器的基础上增加了两个由时钟脉冲 CP 控制的门电路 G_3、G_4 后组成的，如图 3－4（a）所示，图 3－4（b）是其逻辑符号。图中 CP 为时钟脉冲输入端，简称钟控端 CP，R 和 S 为信号输入端。

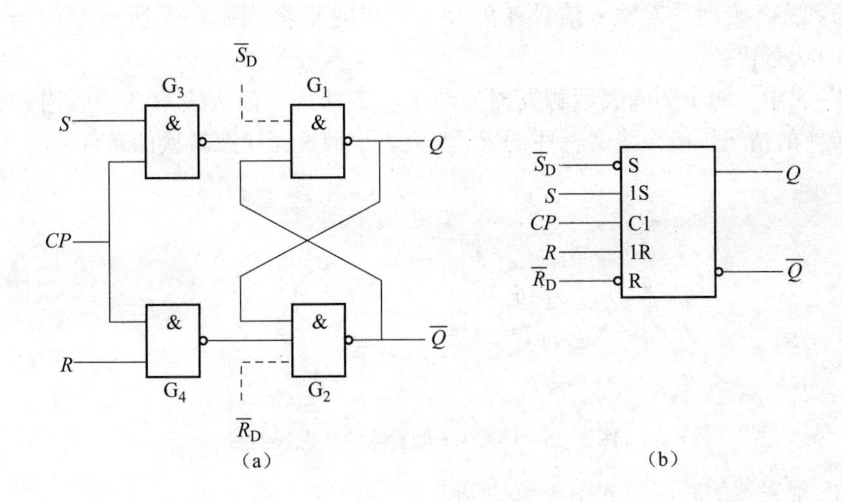

图3-4　同步RS触发器

(a) 电路结构　(b) 逻辑符号

当 $CP=0$（低电平）时，G_3、G_4 闭锁，R、S 不起作用，触发器状态不变，处于保持状态。

当 $CP=1$（高电平）时，G_3、G_4 开门，触发信号 R、S 被反相加入，此时，只要将触发信号 R、S 取反，即可根据基本 RS 触发器的功能得出同步 RS 触发器功能，如表 3-2 所示。

表3-2　同步RS触发器的特性表

CP	R	S	Q^n	Q^{n+1}	说明
0	×	×	0	0	触发器保持原来的状态不变
0	×	×	1	1	
1	0	0	0	0	触发器保持原来的状态不变
1	0	0	1	1	
1	0	1	0	1	触发器置1
1	0	1	1	1	
1	1	0	0	0	触发器置0
1	1	0	1	0	
1	1	1	0	×	触发器状态不定
1	1	1	1	×	

由表 3-2 可看出，在 $R=S=1$ 时，触发器的输出状态不定，为避免出现这种情况，应使 $RS=0$。

时钟控制的 RS 触发器在 $CP=1$ 时与基本 RS 触发器具有相同的真值表，所以时钟控制 RS 触发器的特性方程与基本 RS 触发器的特性方程相同。

触发器的逻辑功能还可用状态转换图来描述。它表示触发器从一个状态变化到另一个状态或保持原状态不变时，对输入信号（R、S）提出的要求。图 3－5 所示为 $CP=1$ 时，同步 RS 触发器的状态转换图。

在图 3－5 中，两个圆圈表示触发器的两个稳定状态，箭头表示在输入时钟信号 CP 作用下状态转换的情况，箭头线旁标注的 R、S 值表示触发器状态转换的条件。

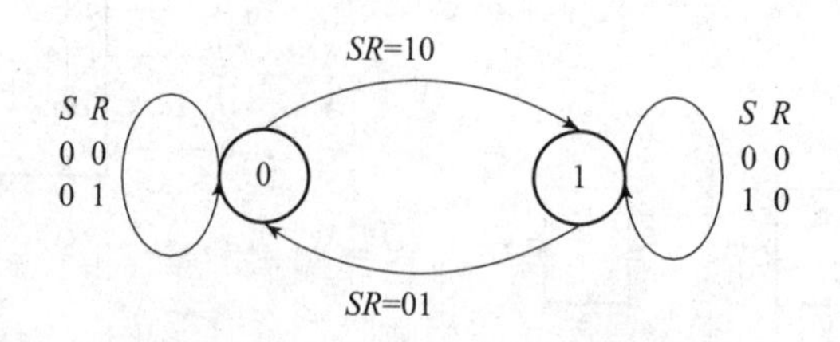

图 3－5　同步 RS 触发器的状态转换图

同步 RS 触发器的时序图如图 3－6 所示。

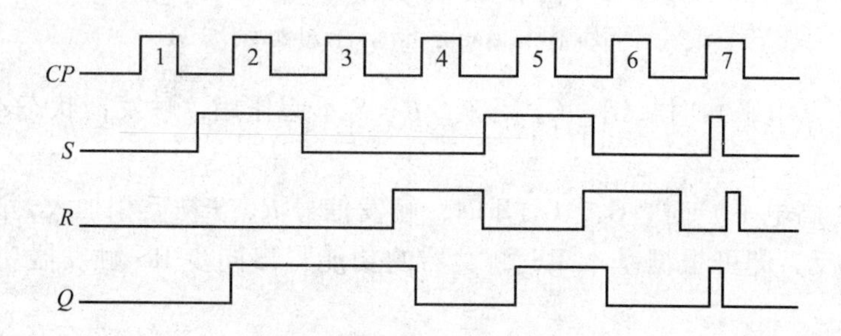

图 3－6　同步 RS 触发器时序波形图

在图 3－4 中，虚线所示$\overline{R}_D$ 和$\overline{S}_D$ 是直接置 0（复位）端和直接置 1（置位）端，也称为异步输入端。如取$\overline{R}_D=1$，$\overline{S}_D=0$ 时，$Q=1$，$\overline{Q}=0$，触发器置 1；如取$\overline{R}_D=0$，$\overline{S}_D=1$ 时，触发器置 0。由于置 0 和置 1 不受 CP 脉冲的控制，因此，$\overline{R}_D$ 和$\overline{S}_D$ 端又称异步置 0 端和异步置 1 端，在$\overline{R}_D=\overline{S}_D=1$ 时，触发器正常工作。这两个异步输入端主要用来预置触发器的初始状态，或者在工作过程中强行置位和复位触发器。

3. 触发器各种触发方式的实现

为了克服非时钟触发器的不足，给触发器增加了时钟控制端 CP。对 CP 的要求决定了触发器的触发方式。

1）电平控制触发

电平控制触发器克服了非时钟控制触发器对输出状态直接控制的缺点，采用选通控制，即只有当时钟控制端 CP 有效时触发器才接收输入数据；否则输入数据将被禁止。比如图 3－4的同步 RS 触发器只有当 $CP=1$ 期间，触发器才接收 R、S 信号。电平控制有高电平触发与低电平触发两种类型。图 3－4 所示的同步 RS 触发器属于高电平触发型。

2）边沿控制触发

电平控制触发器在时钟控制电平有效期间仍存在干扰信息直接影响输出状态的问题。时钟边沿控制触发器是在控制脉冲的上升沿或下降沿到来时触发器才接收输入信号触发，与电平控制触发器相比可增强抗干扰能力，因为仅当输入端的干扰信号恰好在控制脉冲翻转瞬间出现时才可能导致输出信号的偏差，而在该时刻（时钟沿）的前后，干扰信号对输出信号均无影响。边沿触发又可分上升沿触发和下降沿触发。

在触发器逻辑符号中，框内 CP 端直接加“>”者表示边沿触发（上升沿），不加“>”者表示电平触发。如果 CP 端框内不加“>”也不加小圆圈“○”，表示为高电平触发。如果框内“>”左边加小圆圈“○”表示时钟脉冲的下降沿触发，如图 3－7 所示。在集成电路内部，是通过电路的反馈控制实现边沿触发的。具体电路可参阅相关书籍。

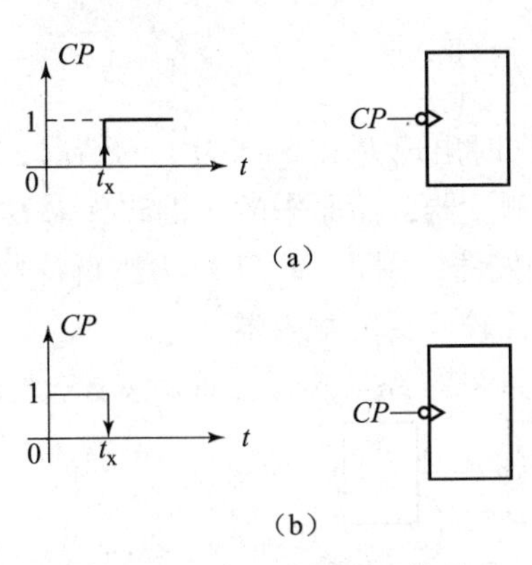

图 3－7　脉冲沿及表示符号

（a）上升沿触发　（b）下降沿触发

4. RS 触发器的实际应用

RS 触发器是构成其他触发器的基本单元。在实际应用中，有许多场合也用到 RS 触发器，比如由 RS 触发器构成单脉冲去抖电路，如图 3－8 所示。

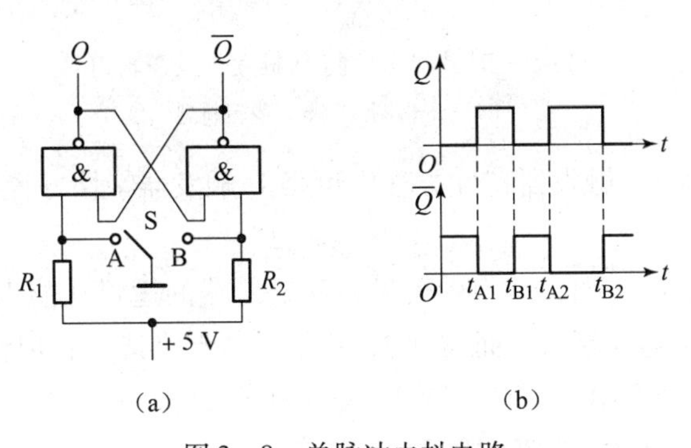

图 3－8　单脉冲去抖电路

（a）电路图　（b）单脉冲波形

实际应用中，有时需要产生一个单脉冲作为开关输入信号，如抢答器中的抢答信号、键盘输入信号、中断请求信号等。若采用机械式的开关电路会产生抖动现象，并由此引起错误信息，因此需要有去抖电路。

在图 3－8 中，设开关 S 的初始位置打在 B 点，此时，触发器被置 0，输出端 $Q=0$，$\overline{Q}=1$；当开关 S 由 B 点打到 A 点后，触发器被置 1，输出端 $Q=1$，$\overline{Q}=0$；当开关 S 由 A 点再打回到 B 点后，触发器的输出又变回原来的状态 $Q=0$，$\overline{Q}=1$。在触发器的 Q 端产生一个正脉冲。虽然在开关 S 由 B 到 A 或由 A 到 B 的运动过程中会出现与 A、B 两点都不接触的中间状态，但此时触发器输入端均为高电平状态，根据基本 RS 触发器的特性可知，触发器的输出状态将继续保持原来状态不变。直到开关S到达A或B点为止。同理，当开关S在A点附近或B点附近发生抖动时，也不会影响触发器的输出状态，即触发器同样会保持原状态不变。

由此可见，该电路能在输入开关的作用下产生一个理想的单脉冲信号，消除了抖动现象。其脉冲波形如图3-8（b）所示。图中，t_{A1}为S第一次打到A的时刻，t_{B1}为S第一次打到B的时刻，t_{A2}为S第二次打到A的时刻，t_{B2}为S第二次打到B的时刻。

3.1.2 D触发器

1. 同步D触发器

为了避免同步RS触发器同时出现R和S都为1的情况，在同步RS触发器前加一个非门，使$S=\overline{R}$便构成了同步D触发器，而原来的S端改称为D端。如图3-9（a）所示，这种单端输入的触发器称为D触发器，图3-9（b）为逻辑符号，D为信号输入端。在各种触发器中，D触发器是一种应用比较广泛的触发器。

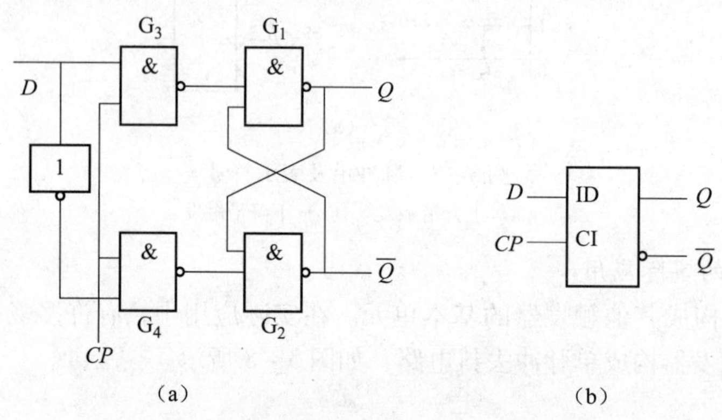

图3-9　时钟状态控制D触发器及逻辑符号

（a）逻辑图　（b）逻辑符号

令$D=S=\overline{R}$，代入RS触发器特性方程中可得D触发器特性方程为

$$Q^{n+1}=D$$

D触发器的功能见表3-3，从表中可见，D触发器的逻辑功能不存在次态不定的问题，而且次态Q^{n+1}仅取决于输入端D，而与现态Q^n无关，要使其具有记忆功能，必须保持D不变。D触发器在脉冲CP作用下，具有置0、置1逻辑功能。

D触发器的状态转换图如图3-10（a）所示。

表3-3　同步D触发器的特性表

CP	D	Q^n	Q^{n+1}
0	×	0	0
0	×	1	1
1	0	0	0
1	0	1	0
1	1	0	1
1	1	1	1

已知 CP、D 的波形，可画出 D 触发器的时序波形如图 3－10（b）所示。

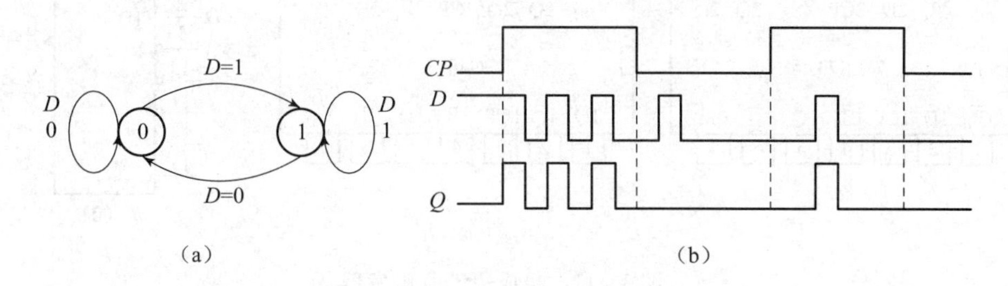

图 3－10　D 触发器状态转换图及时序图

（a）状态转换图　（b）D 触发器波形图

2. 边沿 D 触发器

同步触发器在一个 CP 脉冲作用时，出现两次或两次以上翻转的现象称为空翻。

同步 D 触发器在 $CP=1$ 期间接收输入信号，如输入信号在此期间发生多次变化，其输出状态也会随之发生翻转，即出现了触发器的空翻，如图 3－10（b）所示。

边沿触发器只能在时钟脉冲 CP 上升沿（或下降沿）时刻接收输入信号，因此，电路状态只能在 CP 上升沿（或下降沿）时刻翻转。在 CP 的其他时间内，电路状态不会发生变化，这样就提高了触发器工作的可靠性和抗干扰能力。

边沿 D 触发器也叫维持阻塞 D 触发器，维持阻塞型和边沿型触发器内部结构复杂，因此这里不再详述其内部结构和工作原理，只需掌握其触发特点，会灵活应用即可。它的逻辑符号如图 3－11 所示，D 为信号输入端，CP 为脉冲 CP 触发输入。

图 3－11 所示的 D 触发器是用时钟脉冲 CP 的上升沿触发。它的逻辑功能和前面讨论的同步 D 触发器相同，因此，它们的特性表和特性方程也都相同，但边沿 D 触发器只有在 CP 上升沿到达时才有效。图 3－11（b）为边沿 D 触发器的时序图。

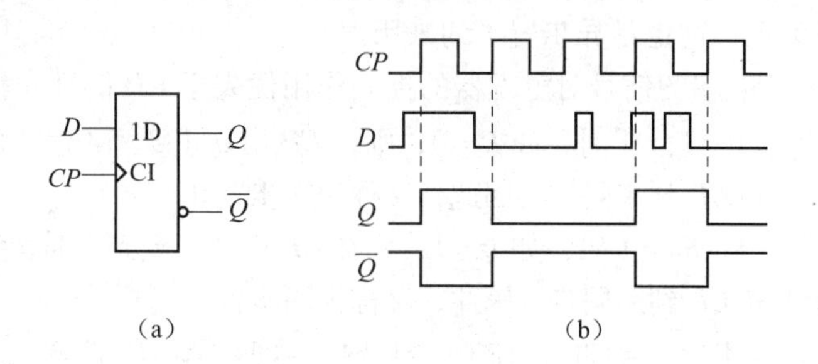

图 3－11　上升沿 D 触发器

（a）上升沿触发的 D 触发器逻辑符号　（b）波形图

3. 集成 D 触发器

常用的 D 触发器有 74LS74、CC4013 等，74LS74 为 TTL 集成边沿 D 触发器，CC4013 为 CMOS 集成边沿 D 触发器，图 3－12 所示为它们引脚排列图和逻辑符号图。

图中的 $\overline{R}_D$ 和 $\overline{S}_D$ 端称为直接复位端（异步置 0 端）和直接置位端（异步置 1 端），低电平有效，可对触发器进行直接复位（置0）和直接置位（置1）操作。TTL 集成边沿 D 触发器 74LS74 内部集成了两个独立的 D 触发器。它的功能如表 3－4 所示。

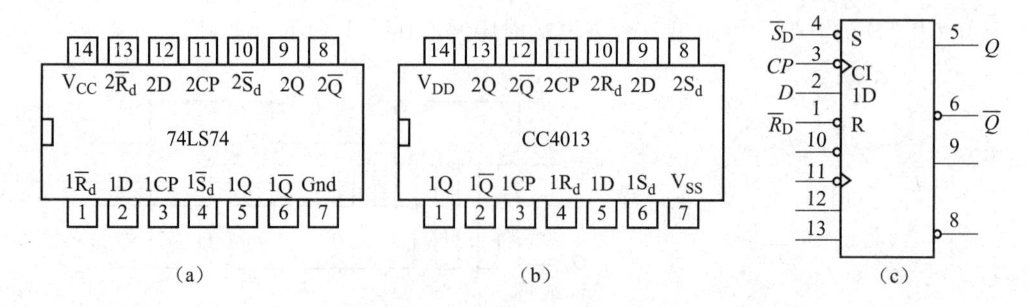

图 3-12　集成边沿 D 触发器

（a）74LS74 管脚图　（b）CC4013 管脚图　（c）74LS74 逻辑符号图

表 3-4　维持阻塞 D 触发器 CT74LS74 功能表

输入				输出	功能说明
CP	$\overline{R}_D$	D	D	Q^{n+1}	
×	0	1	×	0	异步置 0
×	1	0	×	1	异步置 1
↑	1	1	0	0	同步置 0
↑	1	1	1	1	同步置 1
0	1	1	×	Q^n	保持
×	0	0	×	1	不允许

由该表可看出 CT74LS74 有如下主要功能。

（1）异步置 0。当$\overline{R}_D=0$，$\overline{S}_D=1$ 时，触发器置 0，$Q^{n+1}=0$，它与时钟脉冲 CP 及 D 端的输入信号没有关系，这也是异步置 0 的来历。

（2）异步置 1。当$\overline{R}_D=1$，$\overline{S}_D=0$ 时，触发器置 1，$Q^{n+1}=1$。它同样与时钟脉冲 CP 及 D 端的输入信号没有关系，这也是异步置 1 的来历。

由此可见，$\overline{R}_D$ 和$\overline{S}_D$ 端的信号对触发器的控制作用优先于 CP 信号。

（3）置 0。当$\overline{R}_D=1$，$\overline{S}_D=1$ 时，如 $D=0$，则在 CP 由 0 正跃到 1 时，触发器置 0，$Q^{n+1}=0$。由于触发器的置 0 和 CP 到来同步，因此，又称为同步置 0。

（4）置 1。当$\overline{R}_D=1$，$\overline{S}_D=1$ 时，如 $D=1$，则在 CP 由 0 正跃到 1 时，触发器置 1，$Q^{n+1}=1$。由于触发器的置 1 和 CP 到来同步，因此，又称为同步置 1。

（5）保持。当$\overline{R}_D=1$，$\overline{S}_D=1$ 时，在 $CP=0$ 时，这时不论 D 端输入信号为 0 还是为 1，触发器都保持原来的状态不变。

4. D 触发器的应用

D 触发器有保持、置 0、置 1 的逻辑功能，往往用多个 D 触发器构成锁存器、移位寄存器等，由触发器构成的各种寄存器将在后面介绍。另外，用 D 触发器可以组成分频电路，其电路及波形如图 3-13（a）所示。图中 CP 是由信号源或振荡电路发出的脉冲信号，将$\overline{Q}$接到 D 端。设 D 触发器的初始状态为 $Q=0$，$\overline{Q}=1$，即 $D=\overline{Q}=1$。

当时钟 CP 上升沿到来时，D 触发器将发生翻转，使 $Q=1$，$\overline{Q}=0$；当下一个时钟上升沿到来时，D 触发器又发生翻转，即每一个时钟周期，触发器都翻转一次。经过两个时钟周期，输出信号才变化一个周期。所以经过由 D 触发器组成的分频电路后，输出脉冲频率将减至 1/2，称为二分频。若在其输出端再串接一个同样的分频电路就能实现四分频，同理若接 n 分频电路就能构成 $1/2^n$倍的分频器。如果按图 3－13（b）进行接线，可构成倍频电路，其原理读者可自行分析。

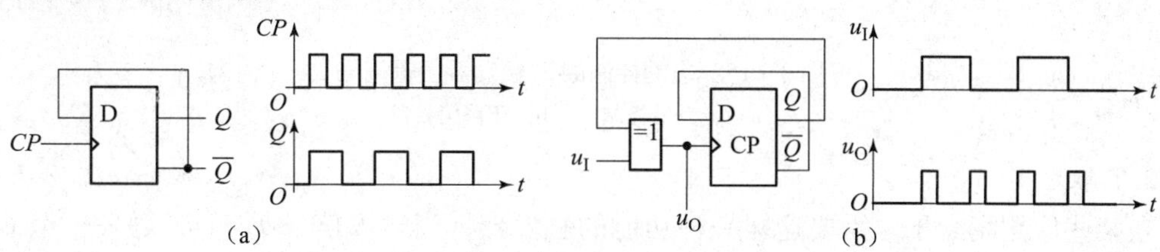

图 3－13　D 触发器组成分频和倍频电路

（a）分频电路及时序；（b）倍频电路及时序

3.1.3　T 触发器和 T′触发器

1. T′触发器

实际应用中有时需要触发器的输出状态在每个时钟控制沿到来时发生翻转。如用时钟上升沿作为控制沿，设触发器输出端现态为 $Q^n=1$，当时钟上升沿到来时，输出端翻转到次态 $Q^{n+1}=0$ 状态；在下一个时钟上升沿到来时又翻转到次态 $Q^{n+1}=1$ 状态。即时钟上升沿每到来一次，触发器的输出状态都翻转一次，这种触发器称为 T′触发器，也称为翻转触发器或"计数型触发器"。T′触发器每来一个 CP 脉冲，触发器状态都将翻转一次，构成计数工作状态。

图 3－14 所示是由边沿控制 RS 触发器通过引入连接线得到的 T′触发器。图中将 S 端与 $\overline{Q}$端相连，R 端与 Q 端相连。从图 3－14（a）中可以看出，T′触发器只有时钟输入端 CP，而没有其他信号输入端。在时钟脉冲的作用下，触发器状态将发生翻转。

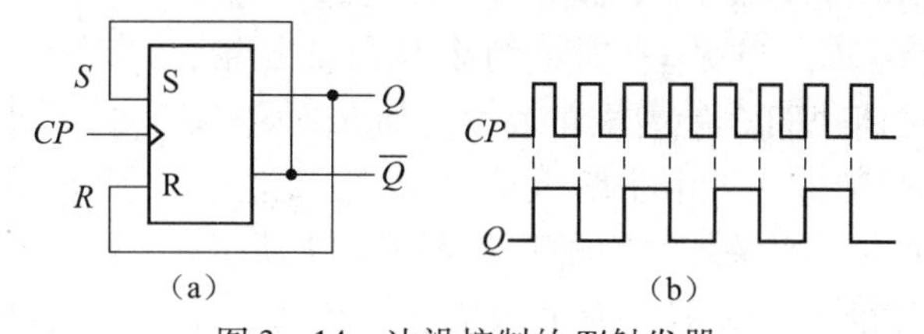

图 3－14　边沿控制的 T′触发器

（a）T′触发器逻辑图　（b）T′触发器时序图

设触发器初态为 $Q=0$，$\overline{Q}=1$，即 $R=0$，$S=1$，根据 RS 触发器的特征，此时处于置 1 工作状态。所以，当时钟上升沿到来时，触发器翻转为 $Q=1$，$\overline{Q}=0$ 状态，即 $R=1$，$S=0$。此时触发器处于复位状态。当下一个时钟上升沿到来时，触发器又翻转为 $Q=0$，$\overline{Q}=1$ 状态。如此重复下去，波形如图 3－14（b）所示。可见，每当时钟 CP 上升沿到来时触发器便发生翻转。

图 3－15 所示为两种时钟边沿控制的 T′触发器的逻辑符号。T′触发器特性方程为

$$Q^{n+1}=\overline{Q^n}$$

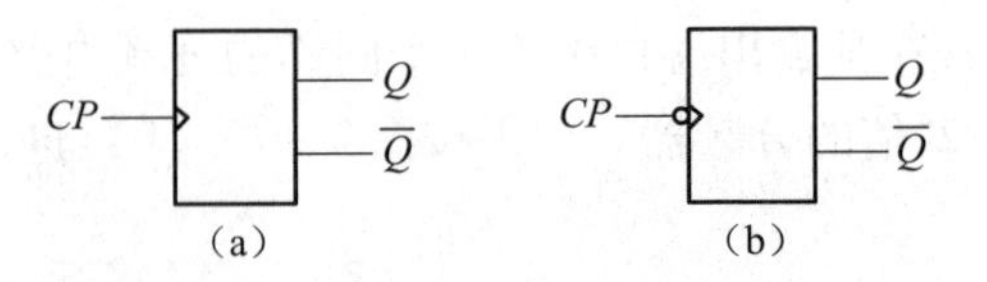

图 3－15　边沿控制的 T′触发器逻辑符号

（a）上升沿控制　（b）下降沿控制

2. T 触发器

在某些应用场合下，需要这样一种功能的触发器，当输入信号 $T=1$ 时每来一个 CP 信号，它的状态就翻转一次；而当 $T=0$ 时，CP 信号到达后它的状态保持不变。具有这种逻辑功能的触发器电路都称为 T 触发器。

根据应用要求需要通过一个附加控制端来控制 T′触发器的工作状态，其电路如图 3－16 所示。就是在 T′触发器的两个输入端分别增加一个与门，以附加控制端 T 同时控制两个与门的输入端。

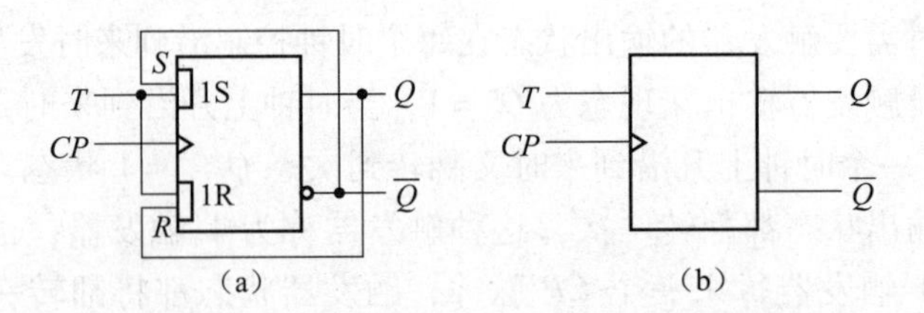

图 3－16　边沿控制 T 触发器及逻辑符号

（a）T 触发器　（b）逻辑符号

$T=1$ 时，两个与门允许输入，R、S 输入信号通过与门输入；此时触发器工作状态与 T′触发器相同，即在每个时钟沿到来时触发器发生翻转；当 $T=0$ 时，两个与门被封锁，其输出端均为高电平，根据 RS 触发器的特征，此时处于保持状态。尽管此时有时钟输入，由于输入信号 R、S 无法通过与门，所以触发器的输出状态不变。波形如图 3－17 所示。

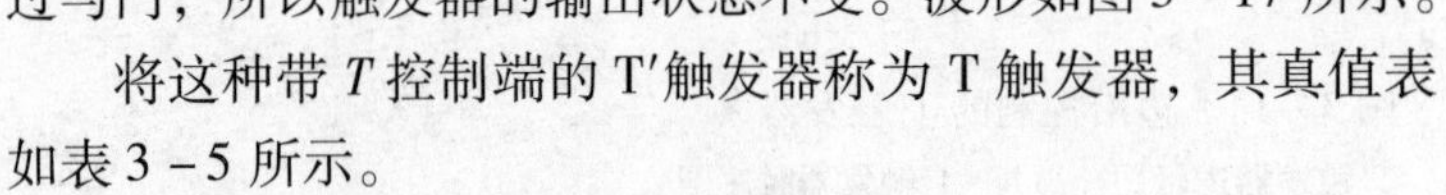

图 3－17　T 触发器时序图

将这种带 T 控制端的 T′触发器称为 T 触发器，其真值表如表 3－5 所示。

由真值表得 T 触发器的特征方程为

$$Q^{n+1}=T\overline{Q}^{n}+\overline{T}Q^{n}$$

表 3－5　*T* 触发器的真值表

T	Q^n	Q^{n+1}	说　明
0	0	0	$Q^{n+1}=Q^n$ 保持原状态不变
0	1	1	
1	0	1	$Q^{n+1}=\overline{Q}^n$ 触发器翻转
1	1	0	

T触发器具有一个信号输入端。受时钟脉冲控制，输出现态 Q^n 与输入信号的状态决定了输出次态 Q^{n+1}。

值得注意的是，在集成触发器产品中不存在T和T′触发器，而是由其他类型的触发器连接成具有翻转功能的触发器，但其逻辑符号可单独存在，以突出其功能特点。

3.1.4　JK触发器

JK触发器具有保持功能、置位功能和复位功能、翻转功能，是功能最全的一种触发器，它克服了RS触发器的禁用状态，是一种使用灵活、功能强、性能好的触发器。

1. 同步JK触发器

JK触发器有两个输入控制端 J 和 K，也可从RS触发器演变而来。将RS触发器输出交叉引回到输入，使 $S=J\cdot\overline{Q^n}$、$R=K\cdot Q^n$ 便可得到同步式JK触发器，如图3-18所示。同样将 $S=J\cdot\overline{Q^n}$、$R=K\cdot Q^n$ 代入RS触发器特性方程中，可得JK触发器特性方程为

$$Q^{n+1}=J\overline{Q^n}+\overline{K}Q^n$$

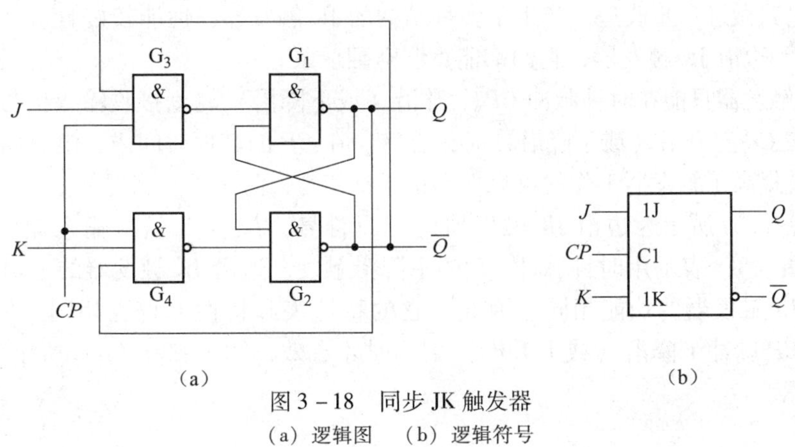

图3-18　同步JK触发器

（a）逻辑图　（b）逻辑符号

JK触发器的状态真值如表3-6所示，从功能表可看出，JK触发器有四个工作状态，第一行 $J=K=0$ 为保持状态，第二行 $J=0$、$K=1$ 为置0态，第三行 $J=1$、$K=0$ 为置1态。第四行 $J=K=1$，$Q^{n+1}=\overline{Q^n}$ 次态为现态的反。

表3-6　JK触发器状态真值表

J　K　Q^n	Q^{n+1}	说明
0　0　0	0	保持
0　0　1	1	（$Q^{n+1}=Q^n$）
0　1　0	0	置0
0　1　1	0	（$Q^{n+1}=0$）
1　0　0	1	置1
1　0　1	1	（$Q^{n+1}=1$）
1　1　0	1	必翻
1　1　1	0	（$Q^{n+1}=\overline{Q^n}$）

由真值表得 JK 触发器的状态转移图，如图 3－19（a）所示，图 3－19（b）所示为 JK 触发器的时序图。

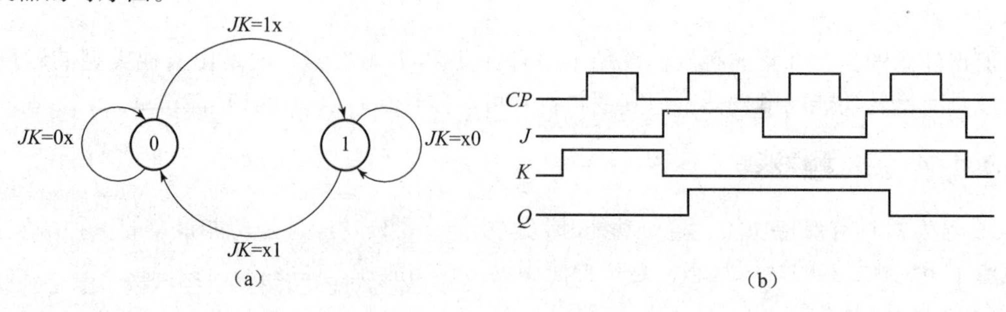

（a）　（b）

图 3－19　同步 JK 触发器状态转换图及时序图

（a）JK 触发器状态转换图　（b）JK 触发器时序图

2. JK 边沿触发器和主从触发器

同步触发器都具有空翻现象，为了克服空翻现象，实现触发器状态的可靠翻转，对 JK 同步触发器电路做进一步改进，产生了多种结构的 JK 触发器，性能较好且应用较多的有主从 JK 触发器和边沿 JK 触发器，它们都能克服空翻现象。

边沿 JK 触发器只能在时钟脉冲 *CP* 上升沿（或下降沿）时刻接收输入信号，因此，电路状态只能在 *CP* 上升沿（或下降沿）时刻翻转。在 *CP* 的其他时间内，电路状态不会发生变化，这样就提高了触发器工作的可靠性和抗干扰能力，防止了空翻现象。

图 3－20（a）所示为边沿 JK 触发器的逻辑符号，*J*、*K* 为信号输入端，框内“>”左边加小圆圈“°”表示用时钟脉冲 *CP* 的下降沿触发。边沿 JK 触发器的逻辑功能和前面讨论的同步 JK 触发器的功能相同，因此，它的特性表和特性方程也相同。但边沿 JK 触发器只有在 *CP* 脉冲下降沿（或上升沿）到达时才有效，图 3－20（b）所示为上升沿 JK 触发器时序图。

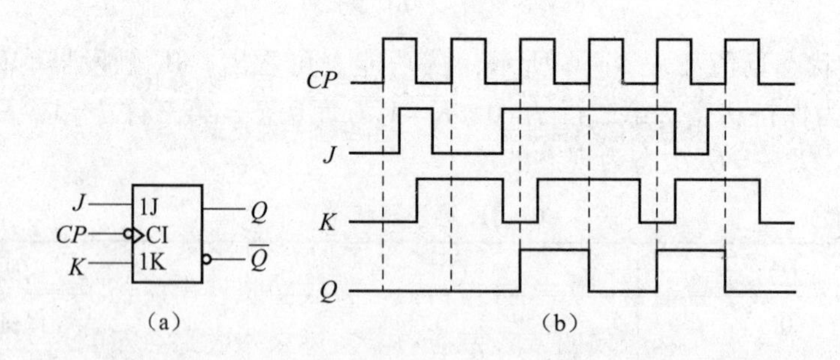

（a）　（b）

图 3－20　边沿 JK 触发器逻辑符号及上升沿触发的 JK 触发器时序图

（a）边沿 JK 触发器　（b）上升沿触发的 JK 触发器时序图

主从触发器由两个触发器组成。前面的触发器由 JK 触发器构成，用来接收输入信息，称为主触发器；后面的触发器由 RS 触发器构成，用来接收来自于主触发器的输出信息，称为从触发器。也就是说，主触发器在时钟高电平（或低电平）接收输入信息，而从触发器则在时钟的下降沿（或上升沿）接收主触发器的信息，因此，这类触发器也称为“主从触发器”。主从 JK 触发器的逻辑符号如图 3－21 所示。

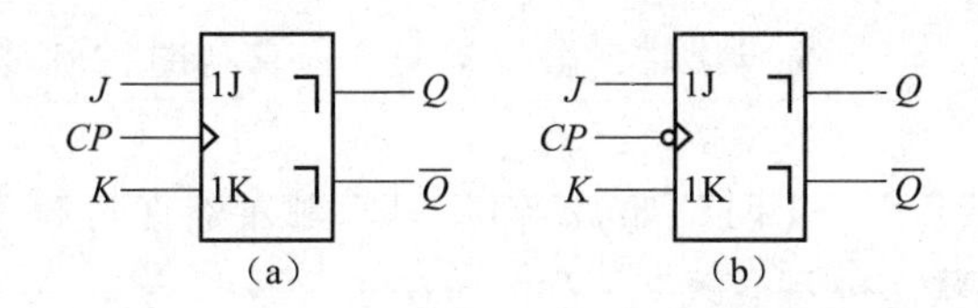

图 3-21　主从 JK 触发器逻辑符号

(a) 上升沿控制的主从 JK 触发器　(b) 下降沿控制的主从 JK 触发器

主从 JK 触发器与边沿 JK 触发器与同步 RS 触发器的特性表、特性方程都相同，只是触发的时刻不同。

3. 集成边沿 JK 触发器

常用的边沿 JK 触发器产品有 CT74S112、CT74LS114、CT74LS107、CT74H113、CT74H101、CT74LS102 等。此外，也有在 *CP* 上升沿时刻使输出状态翻转的 CMOS 电路边沿 JK 触发器，如 CC4027 等，这种逻辑符号在 *CP* 处不画小圆圈。

74LS112 属于 TTL 电路，是下降边沿触发的双 JK 触发器，CC4027 属于 CMOS 电路，是上升边沿触发的双 JK 触发器。74LS112 和 CC4027 引脚排列如图 3-22 所示。表 3-7 所列为 CT74LS112 功能表。

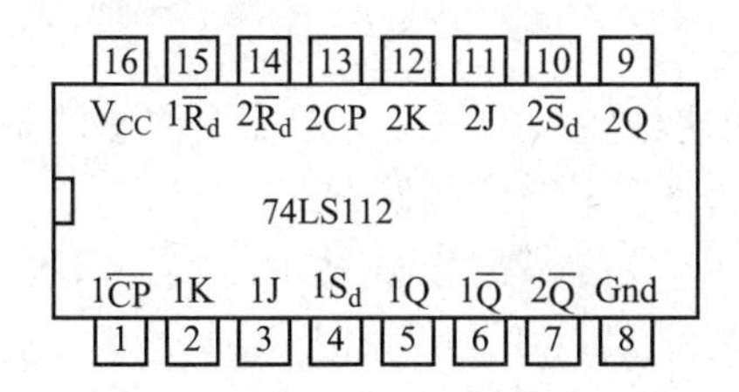

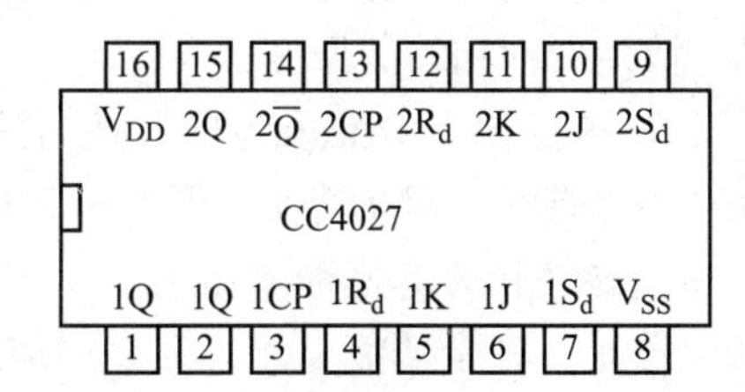

图 3-22　CT74LS112 及 CC4027 引脚图

表 3-7　边沿 JK 触发器 CT74LS112 功能表

输入					输出		功能说明
CP	$\overline{R}_D$	$\overline{S}_D$	*J*	*K*	Q^{n+1}	$\overline{Q^{n+1}}$	
×	0	1	×	×	0	0	异步置 0
×	1	0	×	×	1	1	异步置 1
↓	1	1	0	0	Q^n	$\overline{Q^n}$	保持
↓	1	1	0	1	0	1	同步置 0
↓	1	1	1	0	1	0	同步置 1
↓	1	1	1	1	$\overline{Q^n}$	Q^n	计数
1	1	1	×	×	Q^n	$\overline{Q^n}$	保持
×	0	0	×	×	1	1	不允许

由该表可看出 CT74LS112 有如下主要功能。

(1) 异步置 0。当 $\overline{R}_D=0$，$\overline{S}_D=1$ 时，触发器置 0，它与时钟脉冲 *CP* 及 *J*、*K* 的输入信号无关。

（2）异步置1。当$\overline{R}_D=1$，$\overline{S}_D=0$时，触发器置1，它与时钟脉冲CP及J、K的输入信号也无关。

（3）保持。当$\overline{R}_D=1$，$\overline{S}_D=1$时，如$JK=00$时，触发器保持原来的状态不变。即使在CP下降沿作用下，电路状态也不会改变，$Q^{n+1}=Q^n$。

（4）置0。当$\overline{R}_D=1$，$\overline{S}_D=1$时，如$JK=01$时，在CP下降沿作用下，触发器翻到0状态，即置0，$Q^{n+1}=0$。

（5）置1。当$\overline{R}_D=1$，$\overline{S}_D=1$时，如$JK=10$时，在CP下降沿作用下，触发器翻到1状态，即置1，$Q^{n+1}=1$。

（6）计数。当$\overline{R}_D=1$，$\overline{S}_D=1$时，如$JK=11$时，则每输入一个CP的下降沿，触发器的状态变化一次，$Q^{n+1}=\overline{Q^n}$，这种情况常用来进行计数。

3.1.5 不同触发器的转换

目前市场上出售的集成触发器产品通常为JK触发器和D触发器两种类型，常用的74系列触发器IC见附录中的附表5。各种触发器的逻辑功能是可以相互转换的，可以通过改接或附加一些门电路来实现。所以当实际需要另一种功能触发器时，可以对JK触发器和D触发器的功能转换获得，这为触发器的应用提供了方便。转换的方法是利用已有触发器和待求触发器的特性方程相等的原则。

下面以JK触发器与D触发器的转换为例说明这种转换的方法。但需要注意的是，各种触发器的逻辑功能可以相互转换，但这种转换不能改变电路的触发方式。

1. JK触发器转换为其他触发器

JK触发器是一种全功能电路，只要稍加改动就能替代D触发器及其他类型触发器。JK触发器的特征方程为

$$Q^{n+1}=J\overline{Q^n}+\overline{K}Q^n$$

1）JK触发器转换成D触发器

D触发器的特征方程为

$$Q^{n+1}=D$$

比较JK触发器的特征方程与D触发器的特征方程，对D触发器的特征方程变换得

$$Q^{n+1}=D\overline{Q^n}+DQ^n$$

令JK触发器中的$J=D$，$\overline{K}=D$，即$K=\overline{D}$，则JK触发器的特征方程就与D触发器的特征方程具有完全相同的形式。可见，如果将JK触发器中的J端连到D，K端连到$\overline{D}$，JK触发器就变成了D触发器，如图3－23（a）所示。

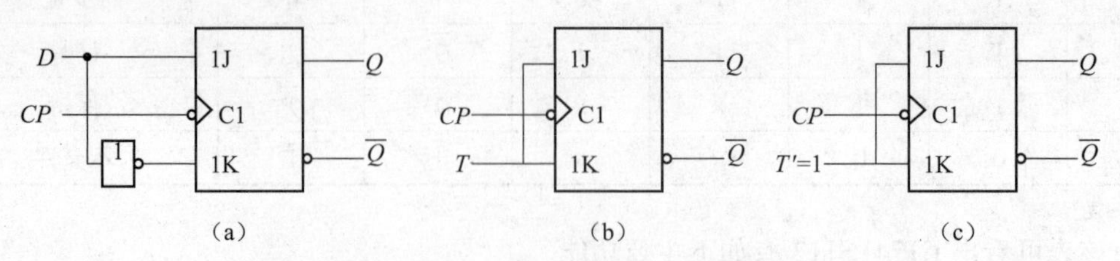

图3－23 JK触发器转换成D触发器、T触发器和T′触发器

（a）D触发器 （b）T触发器 （c）T′触发器

2）JK 触发器转换为 T 触发器

T 触发器的特征方程为

$$Q^{n+1}=T\overline{Q^n}+\overline{T}Q^n$$

比较 JK 触发器的特征方程与 T 触发器的特征方程，可见只要取 $J=K=T$，就可以把 JK 触发器转换成 T 触发器。图 3－23（b）是转换后的 T 触发器电路图。

3）JK 触发器转换成 T′触发器

如果 T 触发器的输入端 $T=1$，则它就成为 T′触发器，如图 3－23（c）所示。T′触发器也称为一位计数器，在计数器中应用广泛。

2. D 触发器转换成 JK、T 和 T′触发器

由于 D 触发器只有一个信号输入端，且 $Q^{n+1}=D$，因此，只要将其他类型触发器的输入信号经过转换后变为 D 信号，即可实现转换。

1）D 触发器转换成 JK 触发器

比较 D 触发器特征方程 $Q^{n+1}=D$ 与 JK 触发器的特征方程 $Q^{n+1}=J\overline{Q^n}+\overline{K}Q^n$，只要令 $D=J\overline{Q^n}+\overline{K}Q^n$，就可实现 D 触发器转换成 JK 触发器，如图 3－24（a）所示，通过增加辅助电路（虚框内电路）就能实现转换。

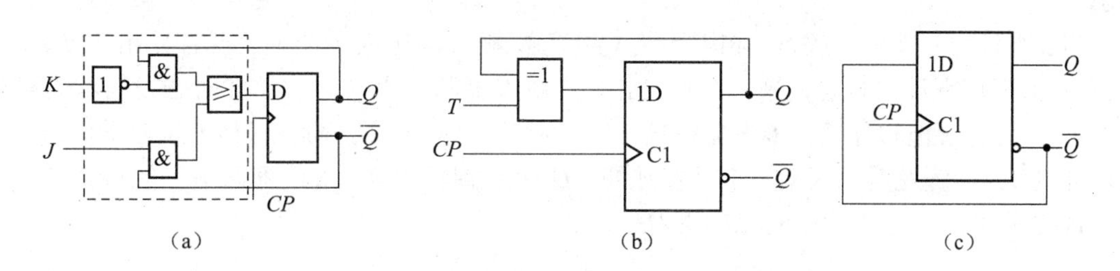

图 3－24　D 触发器转换成 JK、T 和 T′触发器

（a）JK 触发器　（b）T 触发器　（c）T′触发器

2）D 触发器转换成 T 触发器

令 $D=T\overline{Q^n}+\overline{T}Q^n$，就可以把 D 触发器转换成 T 触发器，如图 3－24（b）所示。

3）D 触发器转换成 T′触发器

直接将 D 触发器的 $\overline{Q^n}$ 端与 D 端相连，就构成了 T′触发器，如图 3－24（c）所示。D 触发器到 T′触发器的转换最简单，计数器电路中用得最多。

思考题

1. 什么叫触发器？按控制时钟状态可分成哪几类？

2. 触发器当前的输出状态与哪些因素有关？它与门电路按一般逻辑要求组成的逻辑电路有何区别？

3. 比较基本 RS 触发器与 D 触发器和 JK 触发器的主要区别，比较电平控制与边沿控制触发器的区别。

4. 画出 JK 触发器的状态转换图。

5. 如何用 JK 触发器构成计数器？

模块 3.2 项目的实施

1. 多路控制开关的电路设计

1）电路结构

多路控制的开关电路原理如图 3 – 25 所示，电路由 JK 触发器、*RC* 充电电路、触发信号产生电路、驱动电路和输出电路几部分构成。

初始状态：接通电源瞬间，$S_D=0$，$R_D=1$，触发器置 0，即 $Q=0$，随后电容 C 充电，$R_D=S_D=0$，$J=K=1$，$Q=0$，灯不亮。

触发状态：由于 $J=K=1$，JK 触发器处于每来一个触发脉冲触发器状态翻转一次的计数状态。

2）工作原理

接通电源瞬间，由于 $R_D=1$，触发器置 0，$Q=0$，复合管不导通，继电器断开，灯不亮。电容 C 经过一段时间充电后，$U_C=10$ V，此时，$R_D=S_D=0$，不影响触发器的工作状态。

当按下任意一按钮开关 S，相当于给 C4027JK 触发器送入一个触发脉冲，由于 $J=K=1$，触发器工作在计数状态，来一个触发脉冲，触发器状态翻转一次。此时触发器状态翻转为 $Q=1$，复合管饱和导通，继电器得电，触点吸合，灯 EL 亮。再在任何方位按下任何一个按钮开关 S，给触发器送入又一个触发脉冲，Q 由 1 翻转为 0，继电器断电，触点断开，灯灭。再按任意一个按钮开关 S，灯 EL 亮。

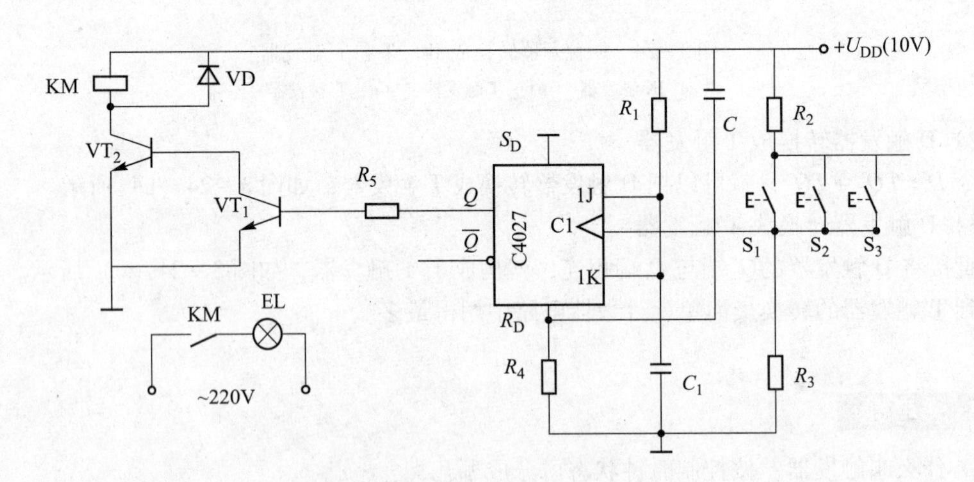

图 3 – 25 多路控制的开关电路

2. 电路制作

按图 3 – 25 制作电路，JK 触发器选用上升沿触发的 CMOS 集成触发器 C4027，R_1、R_2 选 1 kΩ，R_3 和 R_4 选 10 kΩ，R_5 选 2 kΩ，VT_1、VT_2 为 8050，C_1 取 0.01 μF，C 取 33 pF。电路中 VD 为续流二极管，对 VT_1、VT_2 起保护作用。继电器可选用小型的 JQC – 3FF 型继电器，线圈额定电压为 12 V。

3. 电路调试

通电前检查芯片的电源线是否正确，然后接通电源，灯 EL 应不亮，现按任何一按钮，灯 EL 应熄灭，再按任何一按钮，灯 EL 应亮。如不满足此现象，则电路存在故障。

检查故障时，首先可对 C4027 按功能表进行功能测试。C4207 功能表如表 3 – 8 所示。

表 3 – 8　边沿 JK 触发器 C4027 功能表

输入					输出		功能说明
CP	R_D	S_D	J	K	Q^{n+1}	$\overline{Q^{n+1}}$	
×	1	0	×	×	0	0	异步置 0
×	0	1	×	×	1	1	异步置 1
↑	0	0	0	0	Q^n	$\overline{Q^n}$	保持
↑	0	0	0	1	0	1	同步置 0
↑	0	0	1	0	1	0	同步置 1
↑	0	0	1	1	$\overline{Q^n}$	Q^n	计数
1	0	0	×	×	Q^n	$\overline{Q^n}$	保持
×	1	1	×	×	1	1	不允许

如功能不正常，则换芯片 C4027，如正常则检查与芯片 C4027 的连接线，然后再检查 VT_1、VT_2的好坏及连线，直到故障消除。

项目小结

本项目通过对多路控制开关电路的设计和制作，系统地介绍了各种逻辑功能的触发器的特点及功能应用。

触发器是数字逻辑电路的基本单元电路，它有两个稳态输出，在触发输入的作用下，可以从一个稳态翻转到另一个稳态。触发器可用于存储二进制数据。

触发器的种类很多，根据是否有时钟脉冲输入端、逻辑功能、电路结构、触发方式等可将触发器分为基本触发器、时钟触发器、RS 触发器、D 触发器、JK 触发器、T 触发器、电平触发器、主从触发器、边沿触发器等。

基本 RS 触发器的输出状态直接受输入端状态的影响，输入信号若发生变化，输出信号将随之改变，使它特别容易受到输入端干扰信号的影响，而且输入信号间存在约束，因此实际中很少采用，但它是触发器的基础，掌握它对于学习其他类型的触发器是非常重要的。D 触发器和 JK 触发器在各种数字电路中被普遍使用，学习时要掌握它们的逻辑功能及时序关系，要牢记触发器的翻转条件是由触发输入与时钟脉冲共同决定的，即在时钟脉冲作用时触发器可能翻转，而是否翻转和如何翻转则要视触发器的输入而定。

描述触发器的常用方法有特征方程、功能表（特性表）和波形图，掌握这些描述方法对分析和理解触发器的工作过程会有很大帮助。尤其要求读者熟悉波形图的描述方法。在一些集成电路文献中，为帮助用户理解芯片的使用方法，会给出各种输入信号与各输出信号间的波形图，以便了解各信号的变化趋势及在某一时刻各信号间的相互关系。

总之，在学习触发器时，重点放在对各类触发器特点的掌握和应用方面，熟悉触发器的描述方法和逻辑符号，在具体电路中能够分析清楚输入信号与输出信号状态间的时序关系。

习题三

一、填空题

(1) 触发器具有________个稳定的状态，其输出状态由________和触发器的________决定。

(2) 时钟脉冲 CP 的主要作用是使触发器的________状态按一定的________变化。

(3) 边沿触发器分为________和________触发两种。当 CP 从 1 到 0 跳变时触发器输出状态发生改变的是________沿触发型触发器；当 CP 从 0 到 1 跳变时触发器输出状态发生改变的是________沿触发型触发器。

(4) 设 JK 触发器的初态 $Q^n=1$，若令 $J=1$、$K=0$，则 $Q^{n+1}=$________；若令 $J=1$、$K=1$，则 $Q^{n+1}=$________。

(5) T 触发器是在 CP 脉冲作用下，具有________和________功能的触发器。

(6) JK 触发器的特性方程为______________，D 触发器和特性方程为______________。

(7) T 触发器电路如图题 3－1 所示，不管现态 Q^n 为何值，其次态 Q^{n+1} 总是等于________。

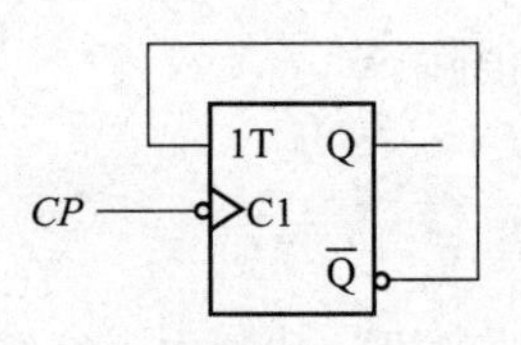

图题 3－1

(8) JK 触发器输出端 $\overline{Q}$ 与输入端 J 连接，输出端 Q 与输入端 K 连接，则 Q^{n+1} 为________。

(9) D 触发器中，若要使 $Q^{n+1}=\overline{Q^n}$，则输入 $D=$________。

(10) 同步 RS 触发器输入端 $R=0$，$S=0$，则 RS 触发器 Q^{n+1} 为________。

二、选择题

(1) 基本 RS 触发器在 $\overline{S}=\overline{R}=0$ 的信号同时撤除后，触发器的输出状态（　　）。

A. 都为 0　　B. 恢复正常　　C. 不确定

(2) 同步触发器的“同步”是指（　　）。

A. RS 两个信号同步　B. Q^{n+1} 与 S 同步　　C. Q^{n+1} 与 CP 同步

(3) 仅具有“置 0”“置 1”功能的触发器称为（　　）。

A. JK 触发器　　B. RS 触发器　　C. D 触发器　　D. T 触发器

(4) 设计一个能存放 8 位二进制代码的寄存器需要触发器（　　）。

A. 8 个　　B. 4 个　　C. 3 个　　D. 2 个

(5) 在图题 3－2 中，能实现 $Q^{n+1}=\overline{Q^n}$ 的电路是（　　）。

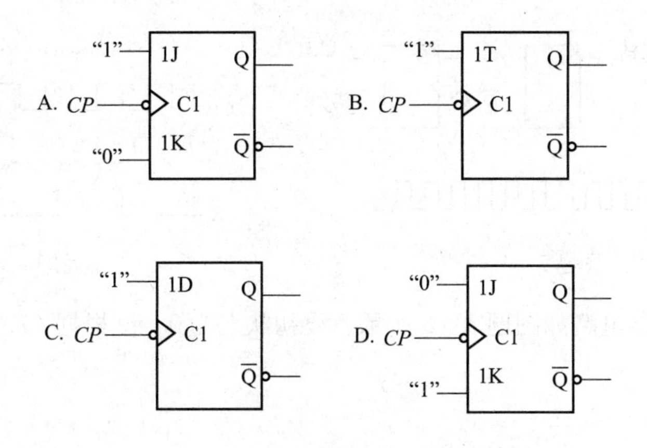

图题 3－2

(6) 采用与非门构成的基本 RS 触发器，有效触发信号是（　　）。

A. 高电平　　　　B. 低电平

(7) 边沿 JK 触发器输出状态转换发生在 CP 信号的（　　）。

A. 上升沿或下降沿　B. $CP=1$ 期间　　　C. $CP=0$ 期间

(8) 触发器的记忆功能是指触发器在触发信号撤除后，能保持（　　）。

A. 触发信号不变　B. 初始状态不变　　C. 输出状态

(9) 下列触发器中没有约束条件的是（　　）。

A. 基本 RS 触发器　B. 主从 RS 触发器　　C. 同步 RS 触发器　　D. 边沿 D 触发器

(10) 一个触发器可记忆一位二进制码，它有（　　）个稳态。

A. 0　　B. 1　　C. 2　　D. 3

(11) JK 触发器在 J、K 端同时输入高电平时，Q 端处于（　　）。

A. 置 0　　B. 置 1　　C. 保持　　D. 翻转

三、分析计算题

1. 如图题 3－3 所示 RS 触发器的功能，画出其功能表，并根据输入波形画出 $\overline{Q}$ 和 Q 的波形。

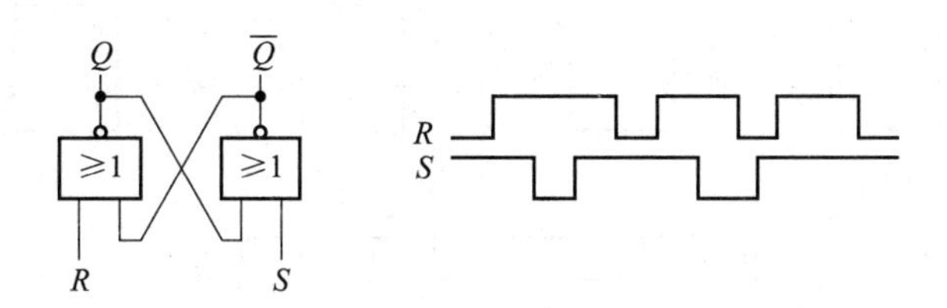

图题 3－3

2. 芯片 CC4096 为主从 JK 触发器（有 JK 输入端）。试查阅电子器件手册，画出逻辑符号和功能表，并说明其逻辑功能。

3. 已知图题 3－4 所示电路的输入信号波形，试画出输出 Q 端波形，并分析该电路有何用途。设触发器初态为 0。

4. 下降沿触发的 JK 触发器输入波形如图题 3－5 所示，设触发器初态为 0，画出相应输出波形。

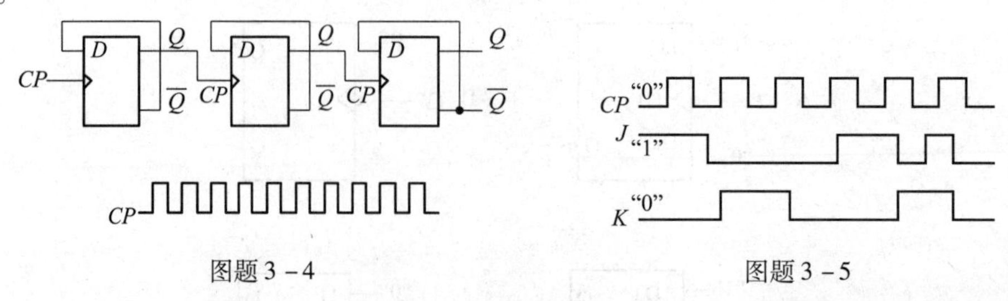

图题 3－4　　　　图题 3－5

5. 边沿 T 触发器电路如图题 3－6 所示，设初状态为 0，试根据 CP 波形画出 Q_1、Q_2 的波形。

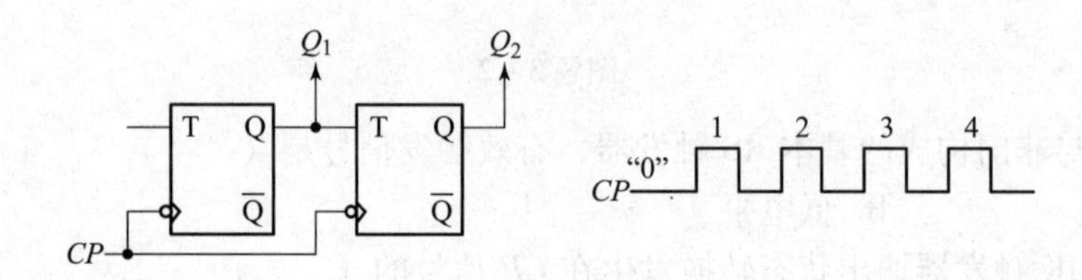

图题 3－6

6. 边沿触发器电路如图题 3－7 所示，设初状态均为 0，试根据 CP 和 D 的波形画出 Q_1、Q_2 的波形。

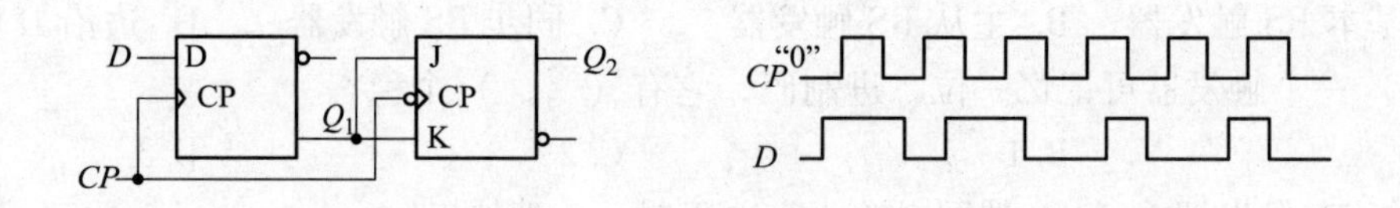

图题 3－7

7. 维持阻塞 D 触发器接成图题 3－8（a）～（d）所示形式，设触发器的初始状态为 0，试根据图题 3－8（e）所示的 CP 波形画出 Q_a、Q_b、Q_c、Q_d 的波形。

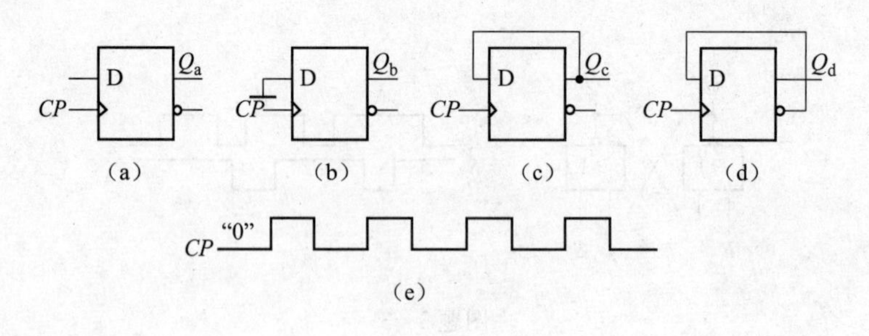

图题 3－8

项目4 计数显示电路的设计制作

计数显示电路作为一种单元功能模块，广泛应用于日常生活的各种电子设备中，给人们的工作、生活和娱乐带来了极大的方便。例如，银行的点钞机利用计数显示电路对钞票自动计数；在工厂的生产线上，利用计数显示电路对生产出的产品进行计数，从而对生产量进行统计；在高速公路上利用计数显示电路对过往的车辆进行计数，测量某段时间的车流量等。本项目制作的计数显示电路是由脉冲发生器、计数器、显示译码器等组成的。通过本项目的设计制作，达到如下目标。

知识目标

（1）掌握时序电路的特点及分析方法。
（2）掌握阅读集成计数器功能表的方法。
（3）掌握任意进制计数器的构成方法。
（4）掌握计数显示电路的组成及工作原理。

技能目标

（1）能正确阅读常用的集成二进制和十进制计数器的功能表。
（2）能测试常用集成计数器的功能。
（3）能用集成计数器设计任意进制计数器。
（4）能完成计数显示电路的安装、调试。

项目任务

利用组合逻辑电路和时序逻辑电路设计一个计数显示电路，其中计数器对单脉冲发生器产生的脉冲进行计数，计数结果送入显示译码器并驱动数码管，使之显示单脉冲发生器产生的脉冲个数。

模块 4.1 时序逻辑电路

4.1.1 时序逻辑电路的特点及分类

1. 时序逻辑电路的特点

在项目 2 中已经介绍的组合逻辑电路具有如下两个特点：其一，电路只由门电路组成，而且电路中没有反馈；其二，电路任意时刻输出信号的稳态值，仅取决于该时刻各个输入信号的取值组合。项目 3 中介绍的各种触发器和项目 4 将要介绍的计数器、寄存器，都属于时序逻辑电路。时序逻辑电路具有如下两个特点：其一，电路由触发器和组合逻辑电路两个部分组成，其中触发器必不可少；其二，时序逻辑电路任意时刻的输出信号不仅取决于当时的输入信号，而且还取决于电路原来的状态，即与以前的输出信号也有关系。

2. 时序逻辑电路的分类

（1）按触发时间分类。时序电路按各触发器接收时钟信号的不同分为同步时序电路和异步时序电路两大类。对于同步时序电路，各触发器状态的改变都发生在同一时钟的上升沿或者下降沿，即采用统一时钟。而异步时序电路不用统一的时钟，或者没有时钟。

（2）按逻辑功能分类。时序逻辑电路可按逻辑功能的不同划分为计数器、寄存器、脉冲发生器等。

3. 时序逻辑电路的功能描述方法

时序电路常用的功能描述方法有逻辑方程式、状态表、状态图和时序图 4 种。

1）逻辑方程式

时序电路的逻辑功能可以用代表 X、Y、Z、W 这些信号之间关系的三个向量函数表示。

输出方程：$Z(t_n) = F[X(t_n), Y(t_n)]$

驱动方程：$W(t_n) = H[X(t_n), Y(t_n)]$

状态方程：$Y(t_{n+1}) = G[W(t_n), Y(t_n)]$

其中，$Y(t_{n+1})$ 为时序逻辑电路中触发器的次态；$Y(t_n)$ 为现态；$X(t_n)$ 为时序逻辑电路的输入；$Z(t_n)$ 为组合电路的输出；$W(t_n)$ 为触发器的输入。

输出方程是指组合电路的输出逻辑函数式。驱动方程亦即各触发器输入信号的逻辑函数式，它们决定着触发器次态方程。状态方程也称为次态方程，它表示了触发器次态和现态之间的关系。

2）状态表

状态表是反映时序电路输出 $Z(t_n)$、次态 $Y(t_{n+1})$ 和输入 $X(t_n)$、现态 $Y(t_n)$ 间对应取值关系的表格。

3）状态图

状态图是反映时序逻辑电路状态转换规律及相应输入、输出取值情况的几何图形。

4）时序图

时序图也就是工作波形图，它形象地表达了输入信号、输出信号、电路状态等的取值在时间上的对应关系。

这4种表示方法从不同侧面突出了时序电路逻辑功能的特点，它们本质上是相通的，可以互相转换。在实际工作中，可根据具体情况选用。

4.1.2　时序逻辑电路的一般分析方法

时序逻辑电路的分析就是根据已知的时序电路，求出电路所实现的逻辑功能，从而了解它的用途的过程，其具体步骤如下。

（1）分析逻辑电路的组成。

（2）根据给定电路的连线，写出各触发器的驱动方程和时序逻辑电路的输出方程。

（3）求状态方程，将各触发器的驱动方程代入特性方程得到。

（4）列状态表，将电路所有现态依次列举出来，再分别代入次态方程中，求出相应的次态并列表。

（5）画状态图或时序图，根据状态转换表，画出状态转换图或时序图。

（6）电路功能描述，判断电路是否具有自启动功能。

以上各步骤是分析时序逻辑电路的一般步骤，在实际应用中，可以根据具体情况加以取舍。

例4-1　分析图4-1所示的时序逻辑电路的逻辑功能（设起始状态是 $Q_3Q_2Q_1=000$）。

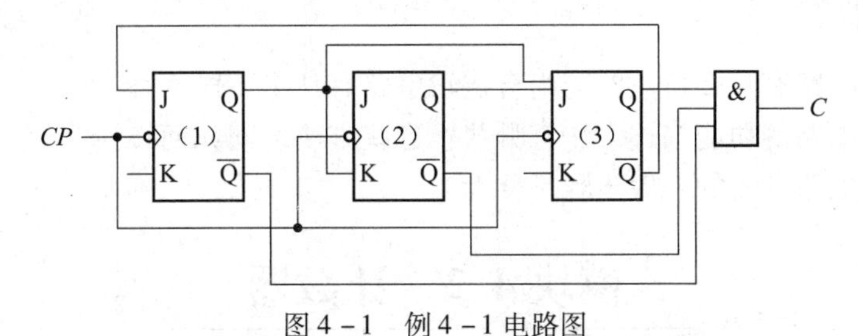

图4-1　例4-1电路图

解：（1）分析电路组成。该电路的存储器件是3个JK触发器，组合器件是一个与门。无外输入信号，输出信号为 C，各触发器状态的改变都发生在同一时钟 CP 的下降沿，是一个同步时序电路。

（2）写各触发器的驱动方程和时序逻辑电路的输出方程。

$$J_1 = \overline{Q_3^n} \qquad K_1 = 1$$

$$J_2 = K_2 = Q_1^n$$

$$J_3 = Q_2^n Q_1^n \qquad K_3 = 1$$

$$C = Q_3^n \overline{Q_2^n}\,\overline{Q_1^n}$$

（3）求状态方程。将各触发器的驱动方程代入JK触发器的特性方程 $Q^{n+1}=J\overline{Q^n}+\overline{K}Q^n$ 中，可得各触发器的状态方程为

$$Q_1^{n+1} = J_1\overline{Q_1^n} + \overline{K_1}Q_1^n = \overline{Q_3^n}\,\overline{Q_1^n}$$

$$Q_2^{n+1} = J_2\overline{Q_2^n} + \overline{K_2}Q_2^n = Q_1^n\overline{Q_2^n} + \overline{Q_1^n}Q_2^n = Q_1^n \oplus Q_2^n$$

$$Q_3^{n+1} = J_3\overline{Q_3^n} + \overline{K_3}Q_3^n = \overline{Q_3^n}Q_2^n Q_1^n$$

（4）将现态的各种取值组合代入状态方程，得到状态表如表4-1所示。

表 4-1　状态表

Q_3^n	Q_2^n	Q_1^n	Q_3^{n+1}	Q_2^{n+1}	Q_1^{n+1}	C
0	0	0	0	0	1	0
0	0	1	0	1	0	0
0	1	0	0	1	1	0
0	1	1	1	0	0	0
1	0	0	0	0	0	1
1	0	1	0	1	0	0
1	1	0	0	1	0	0
1	1	1	0	0	0	0

（5）由状态表作状态图，如图 4-2 所示。

（6）描述电路功能。由状态图可以看出，主循环的状态数是 5，即 000、001、010、011、100 五种状态，且 101、110、111 这三种状态在 CP 的作用下最终也能进入主循环，具有自启动能力。所以，该电路是同步自启动五进制加法计数器。

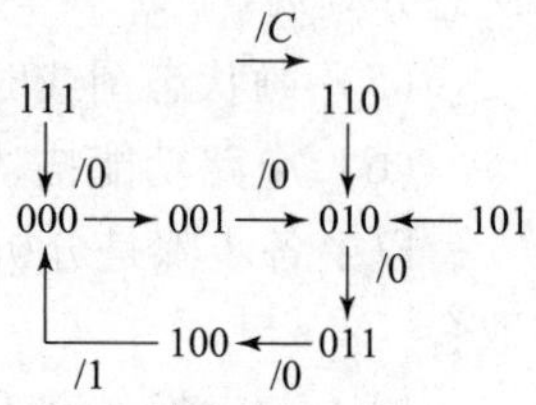

/C
111　110
/0　/0
000 → 001 → 010 ← 101
/0
100 ← 011
/1　/0

图 4-2　例 4-1 状态图

思考题

1. 时序逻辑电路有什么特点？与组合逻辑电路有什么不同？
2. 时序逻辑电路的功能描述方法有哪些？这些方法之间如何转换？
3. 时序逻辑电路分析的一般步骤是什么？

模块 4.2　计数器

4.2.1　计数器的功能、分类和基本原理

1. 计数器功能

用以统计输入计数脉冲 CP 个数的电路称为计数器。它主要由触发器组成，其基本功能就是对输入脉冲的个数进行计数。计数器是数字系统中应用最广泛的时序逻辑部件之一，除了计数功能以外，还可以用作定时、分频、信号产生和执行数字运算等，是数字设备和数字系统中不可缺少的组成部分。

2. 分类

计数器种类很多，分类方法也不相同。

根据计数脉冲的输入方式不同，可以把计数器分为同步计数器和异步计数器。计数器是由若干个基本逻辑单元——触发器和相应的逻辑门组成的。如果计数器的全部触发器共用同一个时钟脉冲，而且这个脉冲就是计数输入脉冲时，这种计数器就是同步计数器。如果计数器中只有部分触发器的时钟脉冲是计数输入脉冲，另一部分触发器的时钟脉冲是由其他触发器的输出信号提供时，这种计数器就是异步计数器。

根据计数进制的不同又可分为二进制、十进制和任意进制计数器。各计数器按其各自计数进位规律进行计数。其中，按二进制运算规律进行计数的电路称为二进制计数器；按十进制运算规律进行计数的电路称为十进制计数器；其他进制的计数器统称为任意进制计数器。

根据计数过程中计数的增减不同又分为加法计数器、减法计数器和可逆计数器。对输入脉冲进行递增计数的计数器叫做加法计数器，进行递减计数的计数器叫做减法计数器。如果在控制信号作用下，既可以进行加法计数又可以进行减法计数，则叫可逆计数器。

3. 计数器的基本原理

通过对项目3触发器的学习已知，T′触发器是翻转型触发器，也就是说，输入一个 CP 脉冲，该触发器的状态就翻转一次。如果T′触发器初始状态为0，在逐个输入 CP 脉冲时，其输出状态就会由0→1→0→1不断变化。此时称触发器工作在计数状态，即由触发器输出状态的变化，可以确定 CP 脉冲的个数。

一个触发器能表示一位二进制数的两种状态，两个触发器能表示两位二进制数的4种状态，n 个触发器能表示 n 位二进制数的 2^n 种状态，即能计 2^n 个数，依此类推。

图4-3（a）所示是由3个JK触发器构成的3位二进制计数器。其中 T_2 为最高位，T_0 为最低位，计数输出用 $Q_2Q_1Q_0$ 表示。3个触发器的数据输入端恒为“1”，因此均工作在计数状态。而 $CP_0=CP$（外加计数脉冲），$CP_1=Q_0$，$CP_2=Q_1$。

设计数器初始状态为 $Q_2Q_1Q_0=000$，第1个 CP 作用后，T_0 翻转，Q_0 由“0”→“1”，计数状态 $Q_2Q_1Q_0$ 由000→001。第2个 CP 脉冲作用后，T_0 翻转，Q_0 由“1”→“0”，由于 Q”→“1”，计数状态 $Q_2Q_1Q_0$ 由001→010。依此类推，逐个输入 CP 脉冲时，计数器的状态按 $Q_2Q_1Q_0$ =000→001→010→011→100→101→110→111的规律变化。当输入第8个 CP 脉冲时，Q_0 由“1”→“0”，其下降沿使 Q_1 由“1”→“0”，Q_1 的下降沿使 Q_2 由“1”→“0”，计数状态由111→000，完成一个计数周期。计数器的状态图和时序图如图4-3（b）、图4-3（c）所示。

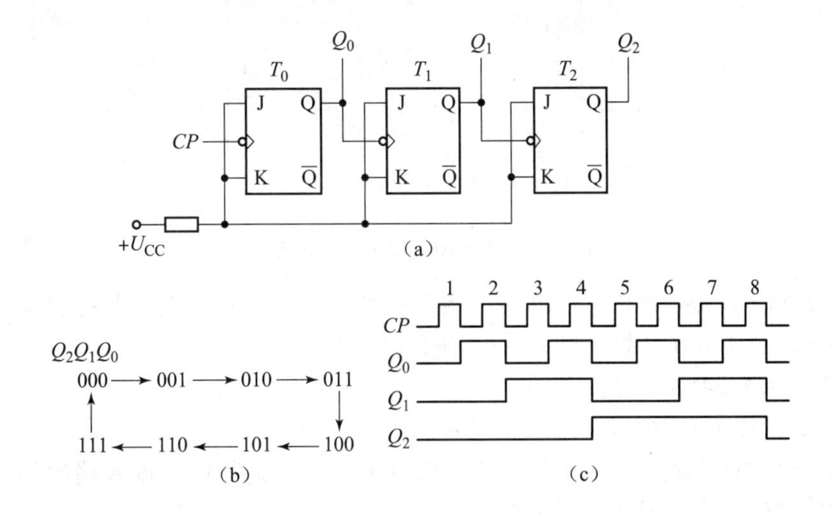

图4-3　3位异步二进制计数器及状态图和时序图

对上述计数器，由于各触发器的翻转不是受同一个 CP 脉冲控制的，故称为异步计数器。有时为使计数器按一定规律进行计数，各触发器的数据输入端还要输入一定的控制信号。

异步计数器的电路比较简单，对计数脉冲 *CP* 的负载能力要求低，但因逐级延时，工作速度较低，并且反馈和译码较为困难。

同步计数器各触发器在同一个 *CP* 脉冲作用下同时翻转，工作速度较高，但控制电路复杂。由于 *CP* 作用于计数器的全部触发器，所以 *CP* 的负载较重。

修改反馈和数据输入，可以用二进制计数器构成十进制或任意进制计数器。例如，在计数至 $Q_3Q_2Q_1Q_0=1001$ 时，由于反馈的作用，在输入第 10 个 *CP* 脉冲后，使计数状态由 1001→0000，即恢复到初始状态，则构成十进制计数器。同样，若在输入第 6 个 *CP* 脉冲后，能使计数状态由 101→000，即构成六进制计数器。以上所述是由小规模集成触发器组成的计数器，在数字技术发展的初期应用比较广泛。

4.2.2 集成二进制计数器

二进制计数器就是按二进制计数进位规律进行计数的计数器。由 n 个触发器组成的二进制计数器称为 n 位二进制计数器，它可以累计 $2^n=N$ 个有效状态。N 称为计数器的模或计数容量。若 $n=1, 2, 3, \cdots$，则 $N=2, 4, 8, \cdots$，相应的计数器称为模 2 计数器、模 4 计数器和模 8 计数器等。二进制计数器也分为同步二进制计数器和异步二进制计数器两种。

集成同步二进制计数器芯片有许多品种，其中常用的有 4 位二进制加法计数器 74LS161 和 74LS163、4 位二进制加减计数器 74LS169 和 74LS191、4 位二进制加减计数器（双时钟）74LS193 等。下面以集成同步二进制计数器 74LS161 为例，介绍同步二进制计数器。图 4－4 所示为集成 4 位同步二进制加法计数器 CT74LS161 逻辑功能示意图。

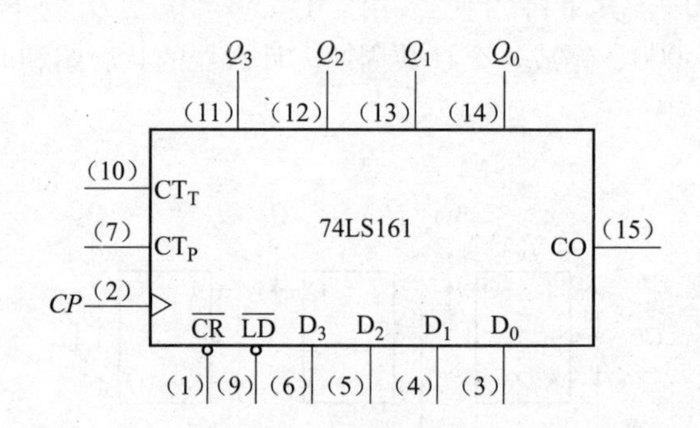

图 4－4　74LS161 逻辑功能示意图

图中 $\overline{LD}$ 为同步置数控制端，$\overline{CR}$ 为异步置 0 控制端，CT_P 和 CT_T 为计数控制端，$D_0 \sim D_3$ 为并行数据输入端，$Q_0 \sim Q_3$ 为输出端，*CO* 为进位输出端。

表 4－2 所示为 74LS161 的功能表。

由表 4－2 可知 74LS161 有如下主要功能。

（1）异步清“0”功能。当清除端 $\overline{CR}$ 为低电平时，无论其他各输入端的状态如何，各触发器均被置“0”，即该计数器被置 0。

（2）同步计数功能，即 4 个触发器的状态更新是在同一时刻（*CP* 脉冲的上升沿）进行的，它是由 *CP* 脉冲同时加在 4 个触发器上实现的。

表 4 – 2　74LS161 的功能表

输　入									输　出					说　明
$\overline{CR}$	$\overline{LD}$	CT_P	CT_T	CP	D_3	D_2	D_1	D_0	Q_3	Q_2	Q_1	Q_0	CO	
0	×	×	×	×	×	×	×	×	0	0	0	0	0	异步清 0
1	0	×	×	↑	d_3	d_2	d_1	d_0	d_3	d_2	d_1	d_0	0	$CO = CT_T \cdot Q_3 Q_2 Q_1 Q_0$
1	1	1	1	↑	×	×	×	×	计数					$CO = Q_3 Q_2 Q_1 Q_0$
1	1	0	×	×	×	×	×	×	保持					$CO = CT_T \cdot Q_3 Q_2 Q_1 Q_0$
1	1	×	0	×	×	×	×	×	保持				0	

（3）同步预置数功能。当$\overline{CR}$为高电平，置数控制端$\overline{LD}$为低电平时，在 CP 脉冲上升沿的作用下，数据输入端 $D_3 \sim D_0$上的数据就被送至输出端 $Q_3 \sim Q_0$。如果改变 $D_3 \sim D_0$端的预置数，即可构成 16 以内的各种不同进制的计数器。

（4）超前计数功能，即当计数溢出时，进位端 CO 输出一个高电平脉冲，其宽度为一个时钟周期。$\overline{CR}$、$\overline{LD}$、CT_T和 CT_P均为高电平时，计数器处于计数状态，每输入一个 CP 脉冲，就进行一次加法计数。

（5）CT_T和 CT_P是计数器控制端，只要其中一个或一个以上为低电平，计数器保持原态，只有两者均为高电平时，计数器才处于计数状态。

4.2.3　集成十进制计数器

集成十进制计数器芯片种类也比较多，其中常用的有同步十进制加法计数器 74LS160 和 74LS162、同步十进制加减计数器 74LS190 和 74LS168、同步十进制加减计数器（双时钟）74LS192。下面以集成同步十进制加法计数器 74LS160 为例，介绍同步十进制计数器。

图 4 – 5 所示为集成同步十进制加法计数器 74LS160 逻辑功能示意图。

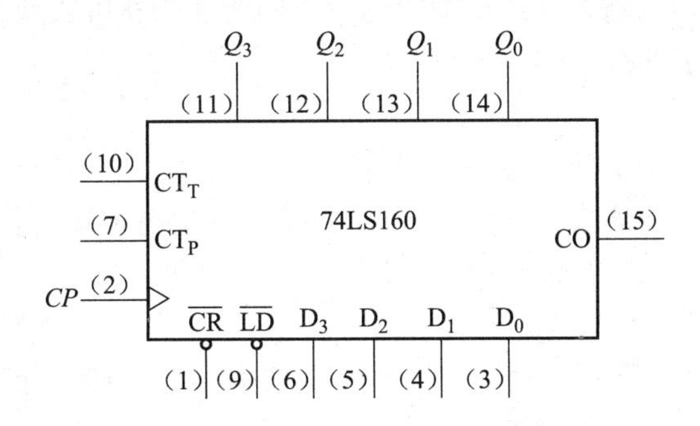

图 4 – 5　74LS160 逻辑功能示意图

图中$\overline{LD}$为同步置数控制端，$\overline{CR}$为异步置 0 控制端，CT_P和 CT_T为计数控制端，$D_0 \sim D_3$为并行数据输入端，$Q_0 \sim Q_3$为输出端，CO 为进位输出端。

由表 4 – 3 可知 74LS160 有如下主要功能。

表 4-3　74LS160 功能表

输入									输出					说明
$\overline{LD}$	$\overline{CR}$	CT_P	CT_T	CP	D_3	D_2	D_1	D_0	Q_3	Q_2	Q_1	Q_0	CO	
0	×	×	×	×	×	×	×	×	0	0	0	0	0	异步清 0
1	0	×	×	↑	d_3	d_2	d_1	d_0	d_3	d_2	d_1	d_0	0	同步置数
1	1	1	1	↑	×	×	×	×	计数					
1	1	0	×	×	×	×	×	×	保持					$CO = CT_T \cdot Q_3 Q_0$
1	1	×	0	×	×	×	×	×	保持				0	

（1）异步清“0”功能。当清零端$\overline{CR}$为低电平时，无论其他各输入端的状态如何，各触发器均被置“0”，即该计数器被置 0，这时 $Q_3Q_2Q_1Q_0 = 0000$。

（2）同步预置数功能。当$\overline{CR}$为高电平，置数控制端$\overline{LD}$为低电平时，在 CP 脉冲上升沿的作用下，数据输入端 $D_3 \sim D_0$ 上的数据就被送至输出端 $Q_3 \sim Q_0$，这时 $Q_3Q_2Q_1Q_0 = d_3d_2d_1d_0$。

（3）计数功能。74LS160 的计数是同步的，即 4 个触发器的状态更新是在同一时刻（CP 脉冲的上升沿）进行的，它是由 CP 脉冲同时加在 4 个触发器上实现的。当$\overline{CR} = \overline{LD} = CT_T = CT_P = 1$，在 CP 端输入计数脉冲时，计数器按照 8421BCD 码的规律进行十进制加法计数。

（4）保持功能。当 $\overline{CR} = \overline{LD} = 1$，且 CT_P、CT_T中有 0 时，计数器保持原来的状态不变。在计数器执行保持功能时，若 $CT_P = 0$、$CT_T = 1$，则 $CO = CT_T Q_3 Q_0 = Q_3 Q_0$；若 $CT_P = 1$、$CT_T = 0$，则 $CO = CT_T Q_3 Q_0 = 0$。

4.2.4　*N* 进制计数器

N 进制计数器也称为任意进制计数器。获得 N 进制计数器的常用方法是利用现成的集成计数器，配合相应的门电路，通过反馈线进行不同的连接就可实现。常用的集成计数器型号和功能见附录中的附表 6。

1. 反馈清零法

在计数过程中，将某个中间状态反馈到清零端，强行使计数器返回到 0，再重新开始计数，可构成比原来集成计数器模小的 N 进制计数器。反馈清零法适用于有清零输入的集成计数器，可分为异步清零和同步清零两种方法。

1）异步清零法

在异步清零端有效时，不受时钟脉冲及任何信号影响，直接使计数器清零，因而可采用瞬时过渡状态作为清零信号，但该瞬时过渡状态是无效状态，不能作为计数器的状态。

异步清零法就是利用集成计数器的异步清零端获得 N 进制计数器的一种方法。

利用异步清零功能实现 N 进制计数的方法如下：用 S_0，S_2，…，S_N 表示输入 1，2，…，N 个计数脉冲 CP 时计数器的状态（S_N 是过渡状态，不计入计数器的状态）。

（1）写出 N 进制计数器状态 S_N 的二进制代码。

（2）写出反馈归零函数。这实际上是根据 S_N 的二进制代码写出置零控制端的逻辑表达式。

(3) 画连线图。主要根据反馈归零函数画连线图。

例4-2 用“异步清零法”使74LS161构成十进制计数器。

解： 从74LS161的功能表可知，74LS161的清零端 CR 是异步清零端，所以利用74LS161构成十进制计数器时，N（十）进制计数器状态 $S_N=S_{10}$ 的二进制代码为1010。当计数器从0000状态开始计数，计到1001时，计数器正常工作；当第10个计数脉冲上升沿到来时计数器出现1010状态，与非门立刻输出“0”，使计数器复位至0000状态，使1010为瞬间过渡状态，不能成为一个有效状态，从而完成一个十进制计数循环（即从0000状态开始计数，计到1001后，又从0000状态开始循环计数），设计电路如图4-6所示。

2）同步清零法

同步清零法就是利用集成计数器的同步清零端获得 N 进制计数器的一种方法。

利用同步清零功能实现 N 进制计数器的方法如下：用 S_0，S_2，…，S_{N-1} 表示输入1，2，…，N 个计数脉冲 CP 时计数器的状态。

(1) 写出 N 进制计数器状态 S_{N-1} 的二进制代码。

(2) 写出反馈归零函数。这实际上是根据 S_{N-1} 的二进制代码写出置零控制端的逻辑表达式。

(3) 画连线图。主要根据反馈归零函数画连线图。

例4-3 用“同步清零法”使74LS163构成十进制计数器。

解： 从74LS163的功能表可知，74LS163的清零端 $\overline{C}\,\overline{R}$ 是同步清零端，所以利用74LS163构成十进制计数器时，N（十）进制计数器状态 $S_{N-1}=S_9$ 的二进制代码为1001。当计数器从0000状态开始计数，计到1001时，当下一个计数脉冲上升沿到来时，与非门立刻输出“0”使计数器复位至0000状态，从而完成一个十进制计数循环（即从0000状态开始计数，计到1001后，又从0000状态开始循环计数）。设计电路如图4-7所示。

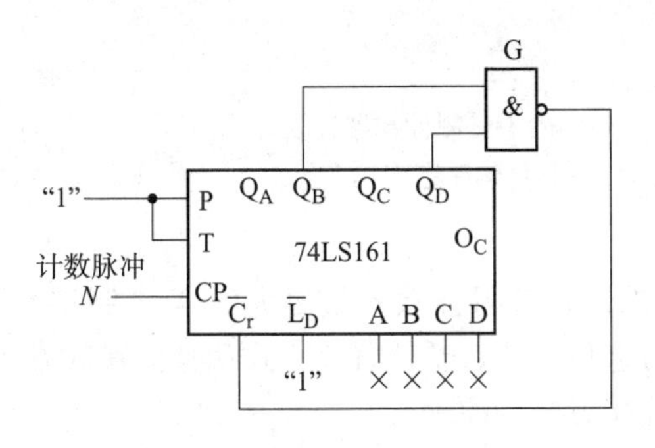

图4-6　异步清零法实现十进制计数器

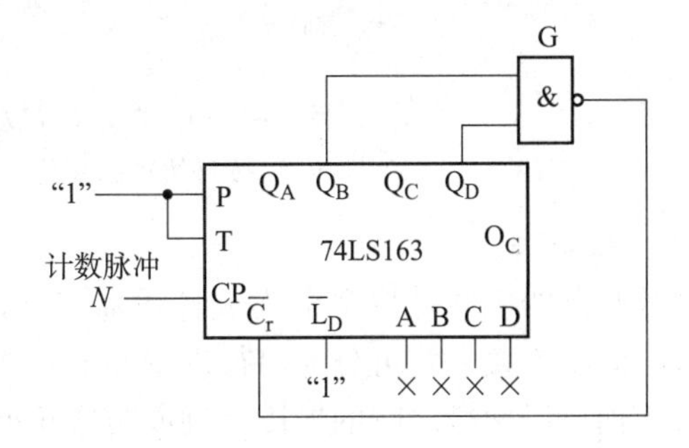

图4-7　同步清零法实现十进制计数器

2. 反馈置数法

利用集成计数器的同步置数端获得 N 进制计数器。

(1) 写出 N 进制计数器状态 S_{N-1} 的二进制代码。

(2) 写出反馈置数函数。这实际上是根据 S_{N-1} 写出同步置数控制端的逻辑表达式。

(3) 画连线图。主要根据反馈置数函数画连线图。

利用74LS161计数器具有的同步预置功能，通过反馈使计数器返回至预置的初态，也能构成任意进制计数器。

例4－4　用74161集成计数器通过“反馈置数法”构成十进制计数器。

解： 图4－8（a）所示为按自然序态变化的十进制计数器电路。图中 $A=B=C=D=0$，$C_r=1$，当计数器从 $Q_DQ_CQ_BQ_A=0000$ 开始计数后，计到第9个脉冲时，$Q_DQ_CQ_BQ_A=1001$，此时与非门G输出“0”使 $L_D=0$，为74LS161计数器同步预置做好了准备；当第10个 CP 脉冲上升沿作用时，完成同步预置使 $Q_DQ_CQ_BQ_A=DCBA=0000$，计数器按自然序态完成0～9的十进制计数。

与用异步复位实现的反馈复位法相比，这种方法构成的 N 进制计数器，在第 N 个脉冲到来时，输出端不会出现瞬间的过渡状态。

另外，利用74LS161计数器的进位输出端 O_C，也可实现反馈预置，构成任意进制计数器。

例如，把74LS161计数器的初态预置成 $Q_DQ_CQ_BQ_A=0110$ 状态，利用溢出进位端形成反馈预置，则计数器就在0110～1111的后10个状态间循环计数，构成按非自然序态计数的十进制计数器，如图4－8（b）所示。

当计数模数 $M>16$ 时，可以利用74LS161计数器的溢出进位信号去链接高四位的74LS161芯片，构成8位二进制计数器等。读者可自行思考实现的方案。

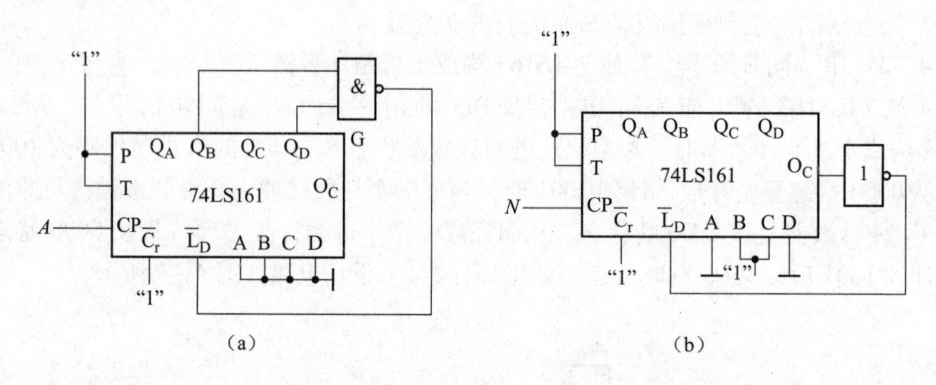

图4－8　用“反馈置数法”构成的十进制计数器
（a）按自然序态变化　（b）按非自然序态变化

3. 级联法

计数器的级联是将多个集成计数器串接起来，以获得计数容量更大的 N 进制计数器。各级之间的连接方式可分为串行进位方式、并行进位方式、整体置零方式和整体置数方式几种。下面仅以两级之间的连接为例说明这几种连接方式的原理。

1）串行进位方式和并行进位方式

若 M 可以分解为两个小于 N 的因数相乘，即 $M=N_1\times N_2$，则可采用串行进位方式或并行进位方式将一个 N_1 进制计数器和一个 N_2 进制计数器连接起来，构成 M 进制计数器。

由图4－9可看出：低位片CT74LS160（1）在计到9以前，其进位输出 $CO=Q_3Q_0=0$，高位片CT74LS160（2）的 $CT_T=0$，保持原状态不变。当低位片计到9时，其输出 $CO=1$，即高位片的 $CT_T=1$，这时，高位片才能接收 CP 端输入的计数脉冲。所以，输入第10个计数脉冲时，低位片回到0状态，同时使高位片加1，如图4－9所示。

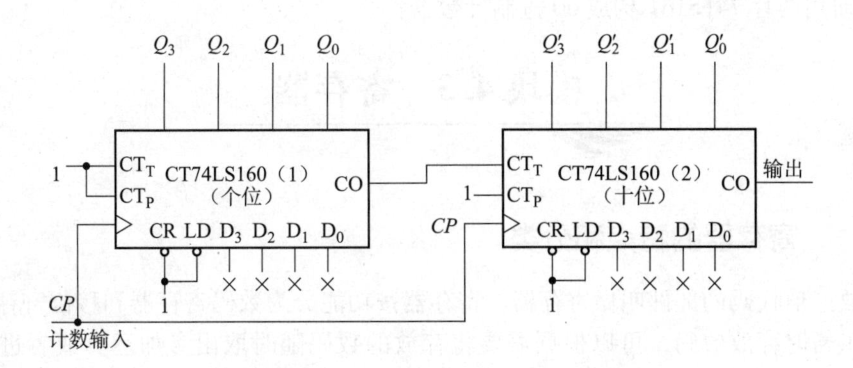

图 4－9　由两片 CT74LS160 级联成的一百进制同步加法计数器

2）整体置零方式和整体置数方式

当 M 为大于 N 的素数时，不能分解成 N_1 和 N_2，则必须采取整体置零方式或整体置数方式构成 M 进制计数器。

所谓整体置零方式，是首先将两片 N 进制计数器按最简单的方式接成一个大于 M 进制的计数器，然后在计数器计为 M 状态时译出异步置零信号 $\overline{CR}=0$，将两片 N 进制计数器同时置零。而整体置数方式则首先需将两片 N 进制计数器用最简单的连接方式接成一个大于 M 进制的计数器，然后在选定的某一状态下译出 $\overline{LD}=0$ 信号，将两个 N 进制计数器同时置入适当的数据跳过多余的状态，获得 M 进制计数器。

图 4－10 所示为由两片同步十进制加法计数器级联成的六十进制计数器。十进制数 60 对应的 8421BCD 为 01100000，所以，当计数器计到 60 时，计数器的状态为 01100000，其反馈归零函数为 $CR=\overline{Q'_2Q'_1}$，这时，与非门输出低电平 0，使两片 CT74LS160 同时被置 0，从而实现了六十进制计数。

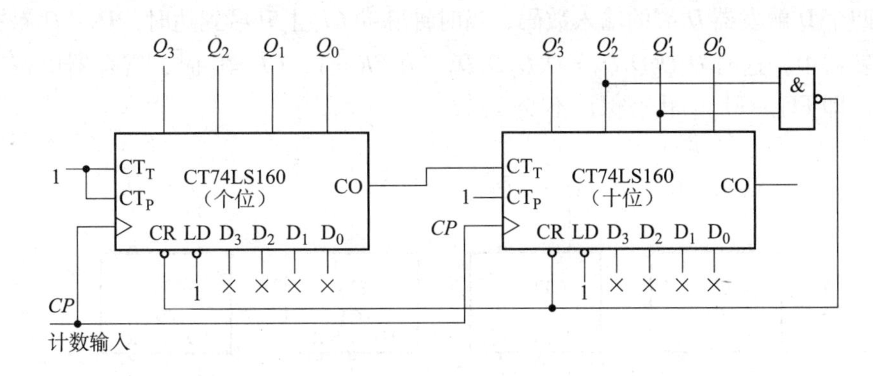

图 4－10　由两片 CT74LS160 同步十进制加法计数器级联成的六十进制计数器

思考题

1. 查阅 74LS163 的功能表，并比较 74LS163 和 74LS161 的异同。
2. 查阅 74LS162 的功能表，并比较 74LS162 和 74LS160 的异同。
3. 如何用两片 74LS160 构成 24 进制计数器？

4. 如何用两片 74LS161 构成 60 进制计数器?

模块 4.3　寄存器

4.3.1　寄存器的特点和分类

能存放二值代码的部件叫做寄存器。寄存器按功能分为数码寄存器和移位寄存器。数码寄存器只供暂时存放数码，可以根据需要将存放的数码随时取出参加运算或者进行数据处理。移位寄存器不但可存放数码，而且在移位脉冲作用下，寄存器中的数码可根据需要向左或向右移位。数码寄存器和移位寄存器被广泛用于各种数字系统和数字计算机中。寄存器存入数码的方式有并行输入和串行输入两种。并行输入方式是将各位数码从对应位同时输入到寄存器中；串行输入方式是将数码从一个输入端逐位输入到寄存器中。从寄存器取出数码的方式也有并行输出和串行输出两种。在并行输出方式中，被取出的数码在对应的输出端同时出现；在串行输出方式中，被取出的数码在一个输出端逐位输出。

并行方式与串行方式比较，并行存取方式的速度比串行存取方式快得多，但所用的数据线要比串行方式多。

构成寄存器的核心器件是触发器。对寄存器中的触发器只要求具有置 0、置 1 的功能即可，所以无论何种结构的触发器，只要具有该功能就可以构成寄存器。

4.3.2　数码寄存器

图 4－11 所示是一个用四个维持阻塞 D 触发器组成的四位数码寄存器的逻辑图。当置 0 端 =0 时，触发器 $FF_0 \sim FF_3$ 同时被置 0。寄存器工作时，置 0 端为高电平 1，$D_0 \sim D_3$ 分别为 $FF_0 \sim FF_3$ 四个 D 触发器 D 端的输入数码，当时钟脉冲 CP 上升沿到达时，$D_0 \sim D_3$ 被并行置入到 4 个触发器中，这时 $Q_3Q_2Q_1Q_0 = D_3D_2D_1D_0$。在 $\overline{CR} = 1$、$CP = 0$ 时，寄存器中寄存的数码保持不变，即 $FF_0 \sim FF_3$ 的状态保持不变。

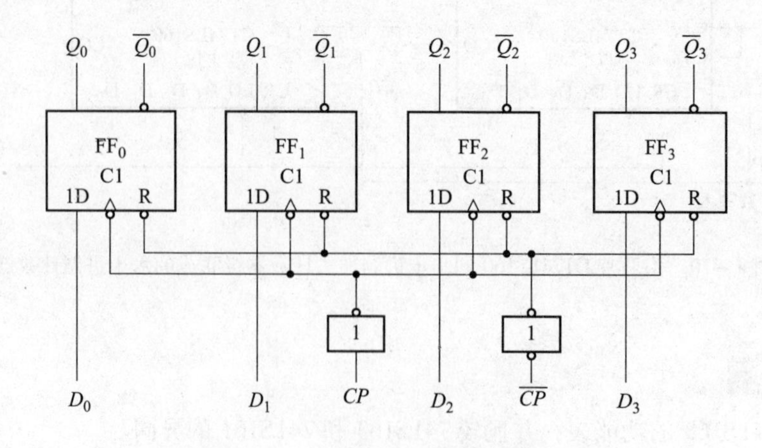

图 4－11　四位数码寄存器的逻辑图

4.3.3 移位寄存器

移位寄存器是一类应用很广的时序逻辑电路。移位寄存器不仅能寄存数码，而且还能根据需要，在移位时钟脉冲作用下，将数码逐位左移或右移。

移位寄存器的移位方向分为单向移位和双向移位。单向移位寄存器有左移移位寄存器、右移移位寄存器之分；双向移位寄存器又称为可逆移位寄存器，在门电路的控制下，既可左移又可右移。

1. 单向移位寄存器

图4-12所示电路是由4个下降沿触发的D触发器构成的可实现右移操作的四位移位寄存器的逻辑图。

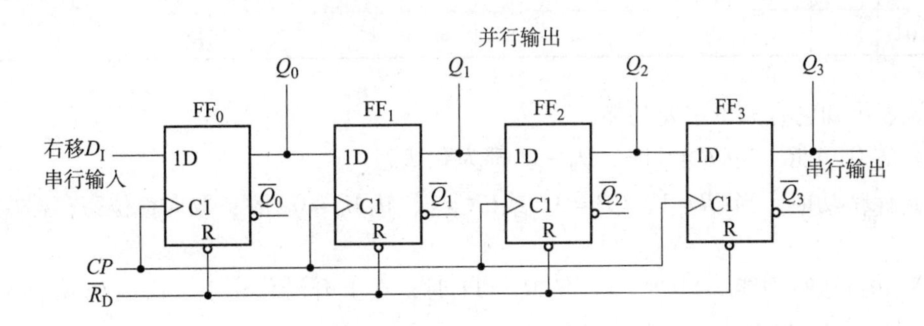

图4-12 由D触发器构成的右移位寄存器的逻辑图

D_0为右移串行数据输入端，CP接受移位脉冲命令。移位寄存器除了具有存储代码的功能外，还具有移位的功能。所谓移位，是指寄存器里存储的代码能在移位脉冲的作用下依次左移或右移。

因此，移位寄存器不仅可以用于寄存代码，还可以实现数据的串行与并行转换、数值的运算和数据的处理等。

2. 双向移位寄存器

1）CT74LS194的逻辑功能

图4-13给出的就是四位双向移位寄存器的逻辑功能示意图。图中CR为置零端，D_0 ~ D_3为并行数码输入端，D_{SR}为右移串行数码输入端，D_{SL}为左移串行数码输入端，M_0和M_1为工作方式控制端，Q_0 ~ Q_3为并行数码输出端，CP为移位脉冲输入端。CT74LS194的功能见表4-4。

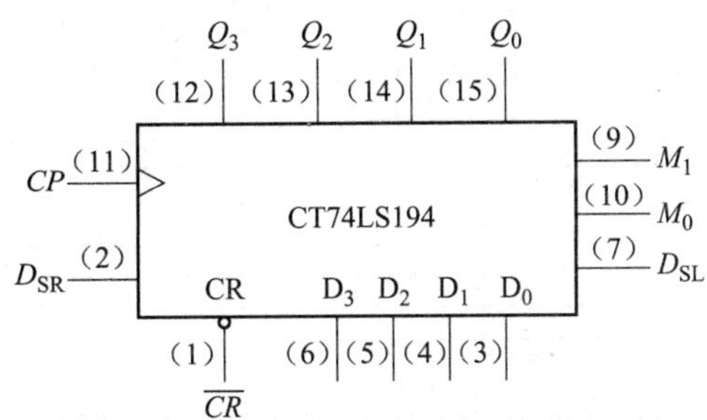

图4-13 CT74LS194的逻辑功能示意图

表 4-4 CT74LS194 的功能表

输入										输出				说明
$\overline{CR}$	M_1	M_0	CP	D_{SL}	D_{SR}	D_0	D_1	D_2	D_3	Q_0	Q_1	Q_2	Q_3	
0	×	×	×	×	×	×	×	×	×	0	0	0	0	置零
1	×	×	0	×	×	d_0	d_1	d_2	d_3	保持				
1	1	1	↑	×	×	×	×	×	×	d_0	d_1	d_2	d_3	并行置数
1	0	1	↑	×	1	×	×	×	×	1	Q_0	Q_1	Q_2	右移输入 1
1	0	1	↑	×	0	×	×	×	×	0	Q_0	Q_1	Q_2	右移输入 0
1	1	0	↑	1	×	×	×	×	×	Q_1	Q_2	Q_3	1	左移输入 1
1	1	0	↑	0	×	×	×	×	×	Q_1	Q_2	Q_3	0	左移输入 0
1	0	0	×	×	×	×	×	×	×	保持				

由该表可知它有如下主要功能。

（1）置 0 功能。当$\overline{CR}=0$时，$Q_0 \sim Q_3$都为 0 状态。

（2）保持功能。当$\overline{CR}=1$，$CP=0$，或$\overline{CR}=1$、$M_1M_0=00$时，双向移位寄存器保持原状态不变。

（3）并行送数功能。当$\overline{CR}=1$，$M_1M_0=11$时，在上升沿作用下，$D_0 \sim D_3$端输入的数码$d_0 \sim d_3$并行送入寄存器。

（4）右移串行送数功能。当$\overline{CR}=1$，$M_1M_0=01$时，在上升沿作用下，D_{SR}端输入的数码依次送入寄存器。

（5）左移串行送数功能。当$\overline{CR}=1$，$M_1M_0=10$时，在上升沿作用下，D_{SL}端输入的数码依次送入寄存器。

2）CT74LS194 的基本应用

（1）寄存器的扩展。由 CT74LS194 构成八位双向移位寄存器，需两片 CT74LS194。其连线如图 4-14 所示，只需将其中一片 CT74LS194 的Q_3接至另一片的D_{SR}端。而将另一片的Q_0接至另一片的D_{SL}端。同时把两片的M_1、M_0、CP分别并联即可。

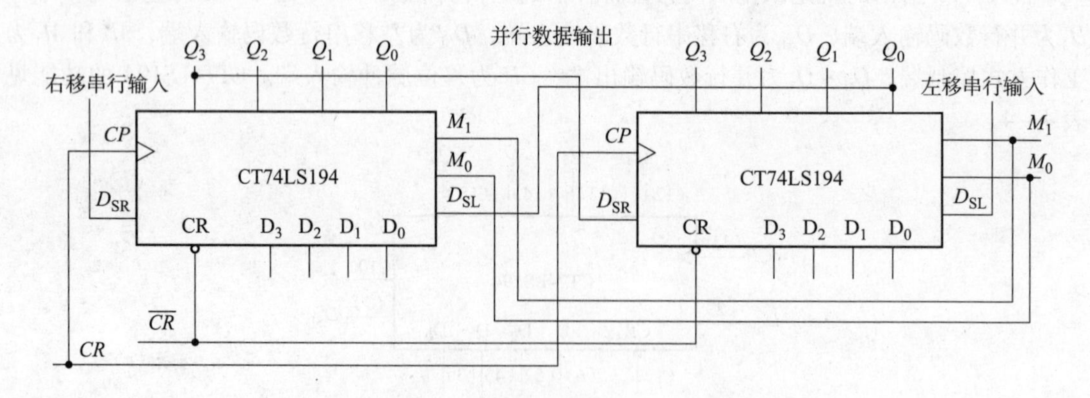

图 4-14 用两片 CT74LS194 接成八位双向移位寄存器

（2）利用 CT74LS194 构成寄存器型环形计数器，图 4－15 所示为用 CT74LS194 构成的四位环形计数器，它本质上是一个循环右移的移位寄存器。其中，各触发器的状态方程为

$$Q_3^{n+1}=Q_2^n\quad Q_2^{n+1}=Q_1^n\quad Q_1^{n+1}=Q_0^n\quad Q_0^{n+1}=Q_3^n$$

（3）利用 CT74LS194 构成寄存器型扭环形计数器。

图 4－16 中只有当 Q_3 和 Q_2 同时为 1 时，$D_{SR}=0$，这是 D_{SR} 输入串行数据的根据。设双向移位寄存器 CT74LS194 的初始状态为 $Q_3Q_2Q_1Q_0=0001$，置 0 端设置为高电平 1。由于 $M_1M_0=01$，因此，电路在计数脉冲 CP 作用下，执行右移操作。

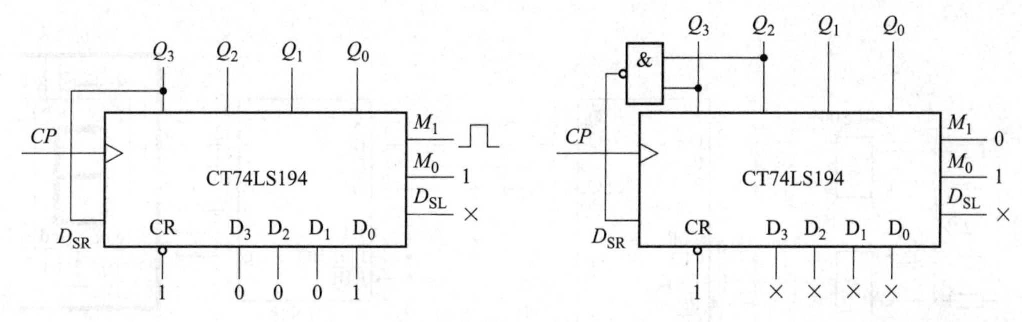

图 4－15　用 CT74LS194 构成四位环形计数器　　图 4－16　由 CT74LS194 组成的七进制扭环计数器

从表 4－5 可看出，图 4－16 所示电路输入 7 个计数脉冲时电路返回初始状态 $Q_3Q_2Q_1Q_0=0001$，所以为七进制扭环形计数器，也是一个七分频电路。

表 4－5　七进制扭环形计数器状态表

计数脉冲顺序	Q_0	Q_1	Q_2	Q_3
0	1	0	0	0
1	1	1	0	0
2	1	1	1	0
3	1	1	1	1
4	0	1	1	1
5	0	0	1	1
6	0	0	0	1

在数字集成电路中，无论是 TTL 电路还是 CMOS 电路，均有多种形式与多种功能的寄存器，各种常用的寄存器见附录中的附表 7。

思考题

1. 用两片 74LS194 可组成 8 位双向移位寄存器，画出电路接线图，并用右移和左移输入 11111111 或 01010101 加以验证。

2. 用 74LS194 设计一个 4 路彩灯显示电路。要求开机后，彩灯分 4 个节拍工作并依次

为1，相应灯依次循环点亮。

模块 4.4　项目的实施

1. 计数显示电路的设计

计数显示电路原理如图 4－17 所示。电路由 3 个与非门、计数器芯片 74LS161、显示译码芯片 74LS48、七段共阴数码管、+5 V 直流电源、转换开关 S 组成。

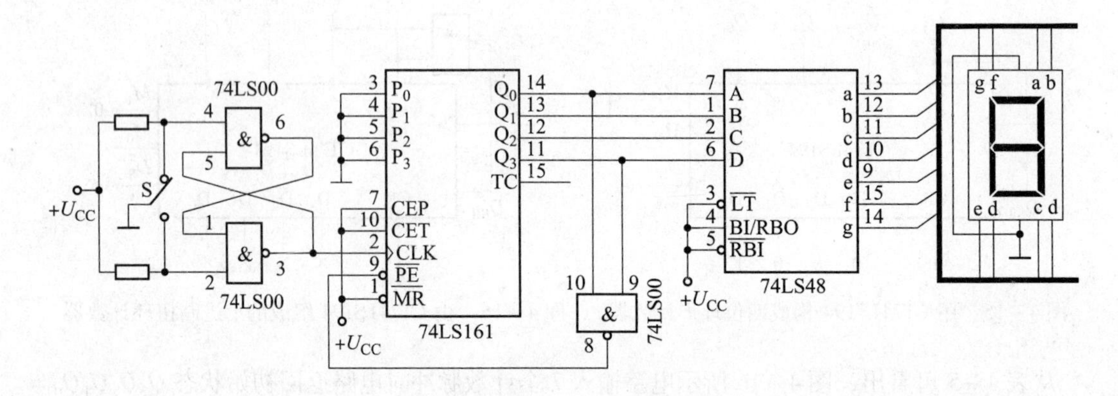

图 4－17　计数显示电路原理图

电路中由两个与非门构成单脉冲发生器，集成计数器芯片 74LS161 与外围与非门构成十进制计数器对单脉冲发生器产生的脉冲进行计数，计数结果送入显示译码器芯片 74LS48 并驱动共阴数码管，使之显示单脉冲发生器产生的脉冲个数。

2. 电路制作

按原理图准备元器件并制作电路，本电路需要 3 个与非门，可以用一块 74LS00 集成电路来实现。计数器芯片选用 74LS161。显示译码器芯片选用 74LS48。数码管采用共阴极数码管。电源 U_{CC}采用 +5 V 电源。

3. 电路调试

（1）单脉冲发生器的调试。利用开关 S 分别将 74LS00 的管脚 4、2 轮流接地，当管脚 2 每接地一次，用逻辑试电笔（或发光二极管）测试，单脉冲发生器的输出 3 脚电平应由低到高转换一次（即出现一次脉冲的上升沿）。

（2）单脉冲发生器和计数器部分联合调试。利用开关分别将 74LS00 的 4、2 管脚轮流接地，当管脚 2 每接地一次，用逻辑试电笔（或共阴连接的 4 个发光二极管）测试 74LS161 的 4 输出端 $Q_3 \sim Q_0$ 的电平，同时观察数码管显示的数字。如电路无误，则管脚 2 每接地一次，74LS161 就进行一次加法计数，$Q_3 \sim Q_0$ 变化从 0000～1001，数码管显示为 0～9。

项目小结

时序电路的特点是：在任何时刻的输出不仅和输入有关，而且还取决于电路原来的状态。为了记忆电路的状态，时序电路必须包含有存储电路。存储电路通常以触发器为基本单元电路构成。

时序电路可分为同步时序电路和异步时序电路两类。它们的主要区别是，前者的所有触发器受同一时钟脉冲控制，而后者的各触发器则受不同的脉冲源控制。

通常用于描述时序电路逻辑功能的方法有方程组（由状态方程、驱动方程和输出方程组成）、状态转换表（简称状态表）、状态转换图（简称状态图）和时序图等几种。

时序电路分析的主要步骤：首先根据逻辑电路写出驱动方程、输出方程和状态方程；然后由上述方程得到电路的状态表和状态图；最后根据状态表和状态图用文字描述电路的逻辑功能。

计数器是统计输入脉冲个数的部件。用中规模集成计数器可方便地构成 N 进制计数器，采用的方法有置零法与置数法。当需要扩大计数器的计数容量时，可用多片集成计数器进行级联。

寄存器主要用于存放数码，移位寄存器不仅可存放数码，还可对数码进行移位。

习题四

一、填空题

（1）对于时序逻辑电路来说，某时刻电路的输出状态不仅取决于该时刻的________，而且取决于电路的________。因此，时序逻辑电路具有________性。

（2）数字逻辑电路按照是否具有记忆功能，通常可分为两类：________、________。

（3）时序逻辑电路由________电路和________电路两部分组成，________电路必不可少。

（4）时序逻辑电路按照其触发器是否有统一的时钟控制分为________时序电路和________时序电路。

（5）计数器按进制可分为________进制计数器、________进制计数器和________进制计数器。

（6）集成计数器的清零方式可分为________和________；置数方式可分为________和________。

（7）寄存器按照功能不同可分为两类，即________寄存器和________寄存器。

（8）集成计数器 74LS163 清零需要时钟脉冲，这种清零方式称为________清零；集成计数器 74LS161 清零不需要时钟脉冲，这种清零方式称为________清零。

（9）十进制加法计数器由________个触发器组成，有________个状态，可记录脉冲的个数是________。

（10）4 位移位寄存器，经过________个 CP 脉冲之后，4 位数码恰好全部串行移入寄存器，再经过________个 CP 脉冲可得串行输出。

二、选择题

（1）一个同步时序逻辑电路可用（　　）三组函数表达式描述。

A. 最小项之和、最大项之积和最简与或式　　B. 逻辑图、真值表和逻辑式

C. 输出方程、驱动方程和状态方程　　D. 输出方程、特性方程和状态方程

（2）下列说法不正确的是（　　）。

A. 同步时序电路中，所有触发器状态的变化都是同时发生的
B. 异步时序电路的响应速度与同步时序电路的响应速度完全相同
C. 异步时序电路的响应速度比同步时序电路的响应速度慢
D. 异步时序电路中，触发器状态的变化不是同时发生的
(3) 下列说法不正确的是（　　）。
A. 时序电路与组合电路具有不同的特点，因此其分析方法和设计方法也不同
B. 时序电路任意时刻的状态和输出均可表示为输入变量和电路原来状态的逻辑函数
C. 用包含输出与输入逻辑关系的函数式不可以完整地描述时序电路的逻辑功能
D. 用包含输出与输入逻辑关系的函数式可以完整地描述时序电路的逻辑功能
(4) 时序电路的异步复位信号作用于复位端时，可使时序电路（　　）复位。
A. 在 *CLK* 上升沿　　B. 在 *CLK* 下降沿
C. 在 *CLK* 为高电平期间　　D. 立即
(5) 构成一个五进制的计数器至少需要（　　）个触发器。
A. 5　　B. 4　　C. 3　　D. 2
(6) 如图题 4-1 所示电路中，触发器构成了（　　）。
A. 二进制计数器　　B. 三进制计数器　　C. 四进制计数器　　D. 五进制计数器
(7) 如图题 4-2 所示电路中，74LS161 构成了（　　）。
A. 十二进制计数器　　B. 七进制计数器
C. 十六进制计数器　　D. 十三进制计数器

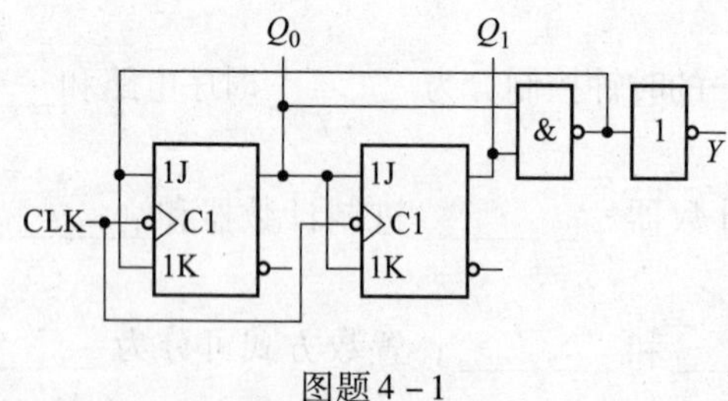

图题 4-1

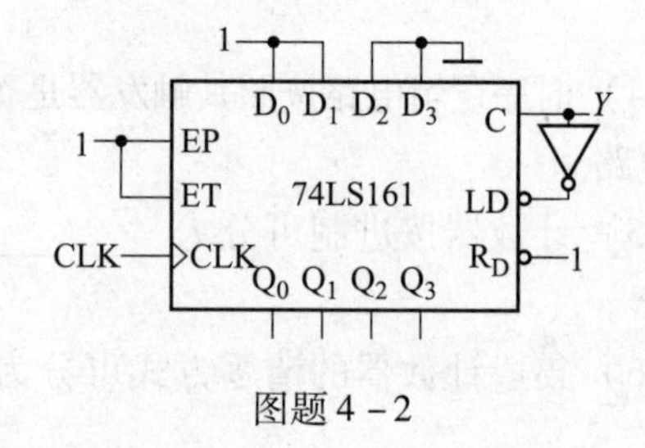

图题 4-2

(8) 在图题 4-3 所示电路中，74LS161 构成了（　　）。

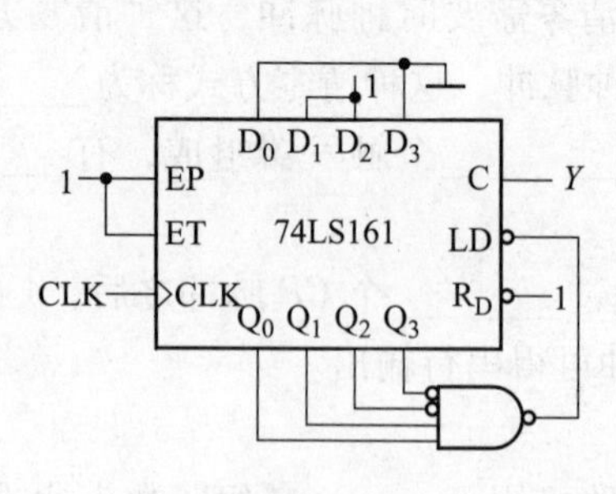

图题 4-3

A. 十四进制计数器　　B. 十进制计数器　　C. 八进制计数器　　D. 三进制计数器
(9) 在图题 4-4 所示电路中，两片 74LS160 构成了（　　）。

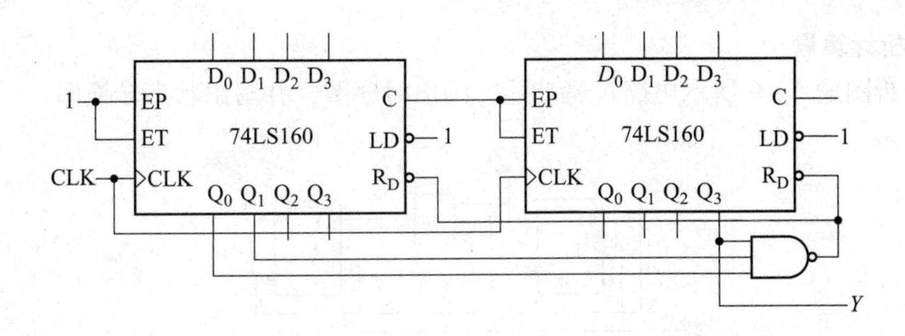

图题 4 -4

A. 八十三进制计数器　　　　B. 八十二进制计数器

C. 八十六进制计数器　　　　D. 八十四进制计数器

(10) 如图题 4 -5 所示电路中，当控制变量 M 为 1 和 0 时，电路分别为（　　）进制计数器。

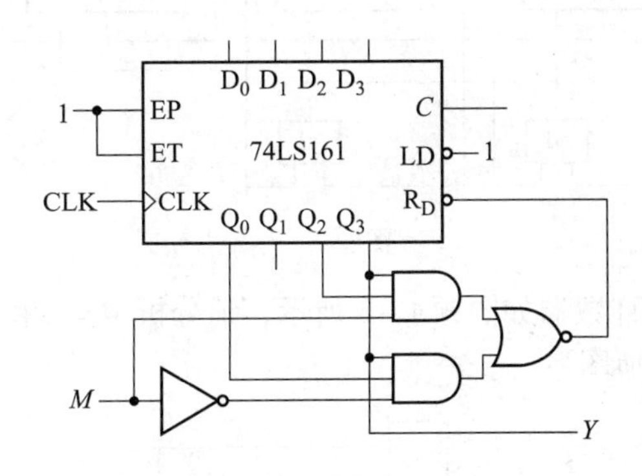

图题 4 -5

A. 13 和 10　　B. 9 和 12　　C. 10 和 13　　D. 12 和 9

(11) 在下列逻辑电路中，不是组合逻辑电路的有（　　）。

A. 译码器　　B. 编码器　　C. 全加器　　D. 寄存器

(12) 8 位移位寄存器，串行输入时经（　　）个脉冲后，8 位数码全部移入寄存器中。

A. 1　　B. 2　　C. 4　　D. 8

(13) 移位寄存器不具有的功能是（　　）。

A. 数据存储　　B. 数据运算　　C. 构成计数器　　D. 构成译码器

(14) 构成一个能存储五位二值代码的寄存器至少需要（　　）个触发器。

A. 5　　B. 4　　C. 3　　D. 2

(15) 下列说法正确的是（　　）。

A. 时序逻辑电路某一时刻的电路状态仅取决于电路该时刻的输入信号

B. 时序逻辑电路某一时刻的电路状态仅取决于电路进入该时刻前所处的状态

C. 时序逻辑电路某一时刻的电路状态不仅取决于当时的输入信号，还取决于电路原来的状态

D. 时序逻辑电路通常包含组合电路和存储电路两个组成部分，其中组合电路是必不可少的

三、分析计算题

（1）分析图题 4 -6 所示电路逻辑功能，画出时序图，并写出状态转换图。

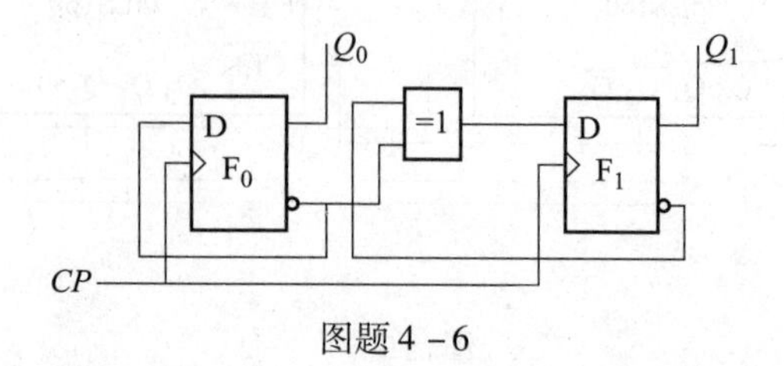

图题 4 -6

（2）时序逻辑电路如图题 4 -7 所示，试用方程法分析其计数状态（检查能否自启动)。

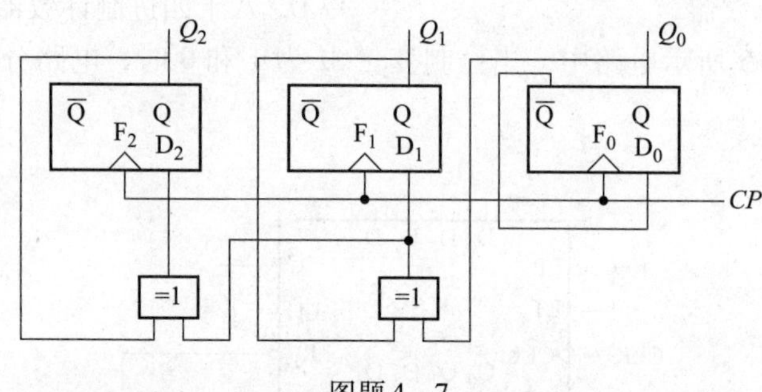

图题 4 -7

（3）用 74LS161 构成计数器如图题 4 -8 所示，请分析 $M=1$ 和 $M=0$ 时分别为几进制计数器，并分别画出状态转换图。

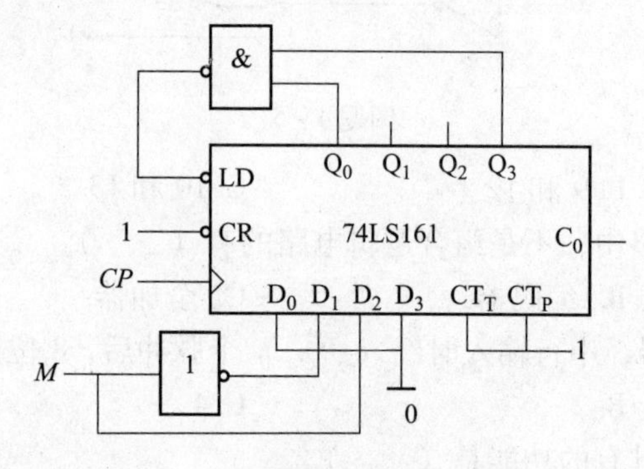

图题 4 -8

（4）试用 74LS160 同步十进制加法计数器设计一个同步七进制加法计数器，如图题 4 -9 和表题 4 -1 所示。

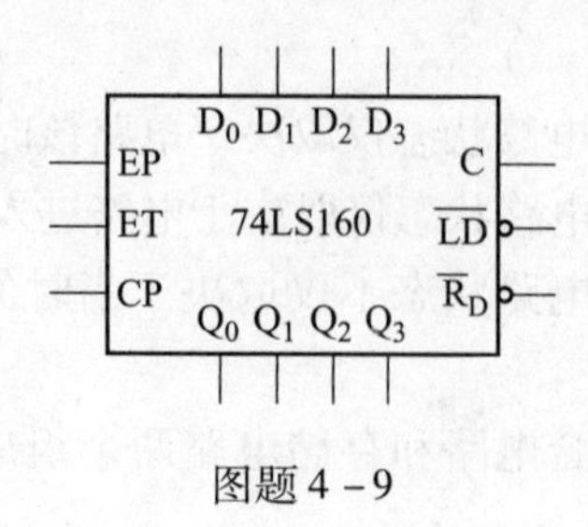

图题 4 -9

表题 4－1　74LS161/74LS160 的功能表

CP	$\overline{R}_D$	$\overline{LD}$	EP	ET	工作状态
×	0	×	×	×	置零
↑	1	0	×	×	预置数
×	1	1	0	1	保持
×	1	1	×	0	保持（但 $C=0$）
↑	1	1	1	1	计数

（5）试用图题 4－10 所示 4 位同步二进制计数器 74LS163（同步清零、同步置数）设计一个十二进制计数器。

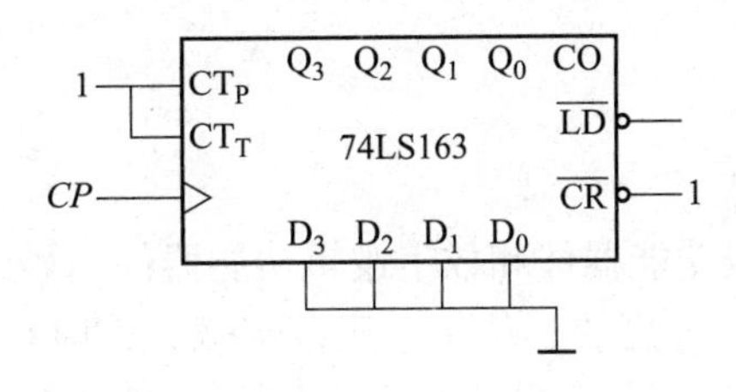

图题 4－10

（6）74LS161 两片连接如图题 4－11 所示计数电路，试分析为几进制计数器，并分别写出状态转换图。

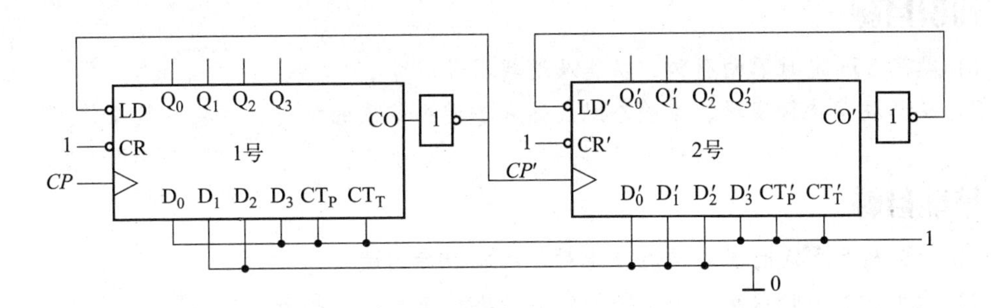

图题 4－11

（7）在中规模集成移位寄存器 74LS194 中，若要寄存 1101 数码时，试分别画出在 CP 脉冲作用下的下面几种情况的时序图（设寄存器初始状态为 0）。

①数码从 D_{SR} 端串行输入；②数码从 $D_3D_2D_1D_0$ 端并行输入。

（8）给出集成件 74LS194 两个，请分别设计出右移（$M_1=L$，$M_0=H$）：①环形计数器，并写出有效状态转换图；②扭环形计数器，并写出有效状态转换图。

项目5
自动控制小车电路的设计制作

555定时器是一种将模拟功能器件和数字逻辑功能器件巧妙结合在一起的中规模集成电路。电路具有结构简单、工作速度快、使用电压范围宽、定时精度高和驱动能力强等优点。使用时，通常只需在外部接上几个适当的阻容元件，即可组成多种波形发生器、多谐振荡器、定时延迟电路、报警电路、检测电路、自动控制及家用电器电路，其应用非常广泛。通过对本项目的设计制作，要达到如下目标。

知识目标

(1) 熟悉555定时器的引脚、功能及逻辑符号。

(2) 熟悉施密特触发器、单稳态触发器和多谐振荡器的特点、主要参数及作用。

技能目标

(1) 能分析555定时器的功能并能对其功能进行测试。

(2) 能用555定时器构成施密特触发器、单稳态触发器和多谐振荡器。

项目任务

以555定时器为控制中心，制作一个可进行光控、磁控和声控的自动控制小车。具体要求如下：采用“555”集成电路构成单稳态触发器，在声控、光控及磁控器件的配合下实现对电动玩具（小车、爬行动物等）停走的控制，停走时间可以调节。

模块 5.1　555 定时器

5.1.1　555 定时器的特点、分类、引脚

555 定时器又称为时基电路，是一种多用途集成器件。它按内部器件类型可分为双极型（晶体管）与单极型（场效应晶体管）。其产品型号繁多，但几乎所有双极型产品型号的最后三位数码都是 555 和 556（含有两个 555），电源电压为 5 ~ 16 V；输出最大负载电流可达 200 mA；特点是驱动能力强，可直接驱动微型电动机、指示灯及扬声器等。所有单极型型号最后的四位数都是 7555 和 7556（含有两个 7555），电源电压为 3 ~ 18 V；输出最大电流为 4 mA；特点是功耗低，输入阻抗高，最低工作电压小。单极型和双极型定时器的逻辑功能和外部引脚排列完全相同。

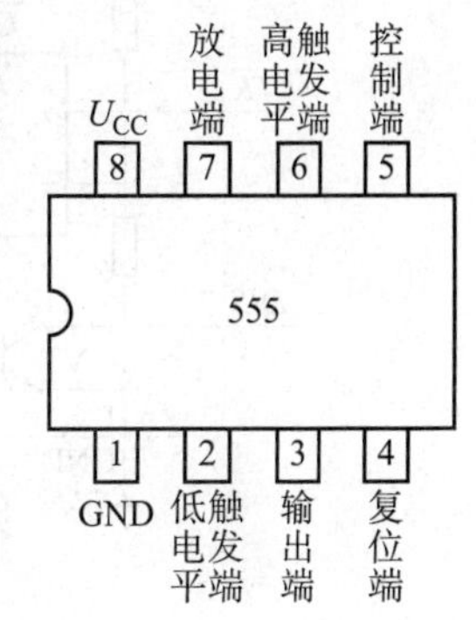

图 5 - 1　555 定时器外部引脚图

555 定时器采用双列直插式封装形式，共有 8 个引脚，如图 5 - 1 所示。外引脚的功能分别为：1 脚为接地端；2 脚为低电平触发端。当 5 脚不外接参考电源，此端电位低于 $U_{CC}/3$ 时，555 集成电路的输出管脚 3 脚会输出高电平。3 脚为输出端。4 脚为复位端，此端输入低电平可使输出端为低电平。正常工作时应接高电平。5 脚为电压控制端（*CO* 端），此端外接一个参考电源时，可以改变 555 内部两个比较器的参考电平的值。无外接参考电源时，$U_{CC} = 2\ U_{CC}/3$。6 脚为高电平触发端。当电压控制端（*CO* 端）不外接参考电源，此端电位高于 $2\ U_{CC}/3$ 时，555 集成电路的输出管脚 3 脚会输出低电平。7 脚为放电端。当 555 集成器内部与 7 脚相连的晶体管导通时，外电路电容上的电荷可以通过它释放，7 脚也可以作为集电极开路输出端。8 脚为电源端。

5.1.2　555 电路结构及工作原理

555 定时器内部电路如图 5 - 2（a）所示，5 - 2（b）为其逻辑符号图。555 集成电路一般由分压器、比较器、触发器和开关及输出等四部分组成。

1. 分压器

分压器由三个等值的 5 kΩ 电阻串联而成，将电源电压 U_{CC} 分为三等分，作用是为比较器提供两个参考电压 U_{R1}、U_{R2}，若电压控制端（*CO* 端）悬空或通过电容接地，则有

$$U_{R1} = \frac{2U_{CC}}{3} \qquad U_{R2} = \frac{U_{CC}}{3}$$

若控制端 *CO* 外加控制电压，则有

$$U_{R1} = U_{CO} \qquad U_{R2} = \frac{U_{CO}}{2}$$

2. 比较器

比较器是由两个结构相同的集成运算放大器 C_1、C_2 构成。C_1 用来比较参考电压 U_{R1} 和高

电平触发端电压 U_{TH}：当 $U_{TH}>U_{R1}$，集成运放 C_1 输出 $U_{C1}=0$；当 $U_{TH}<U_{R1}$，集成运放 C_1 输出 $U_{C1}=1$。C_2 用来比较参考电压 U_{R2} 和低电平触发端电压：当 $U_{\overline{TR}}>U_{R2}$，集成运放 C_2 输出 $U_{C2}=1$；当 $U_{\overline{TR}}<U_{R2}$，集成运放 C_2 输出 $U_{C2}=0$。

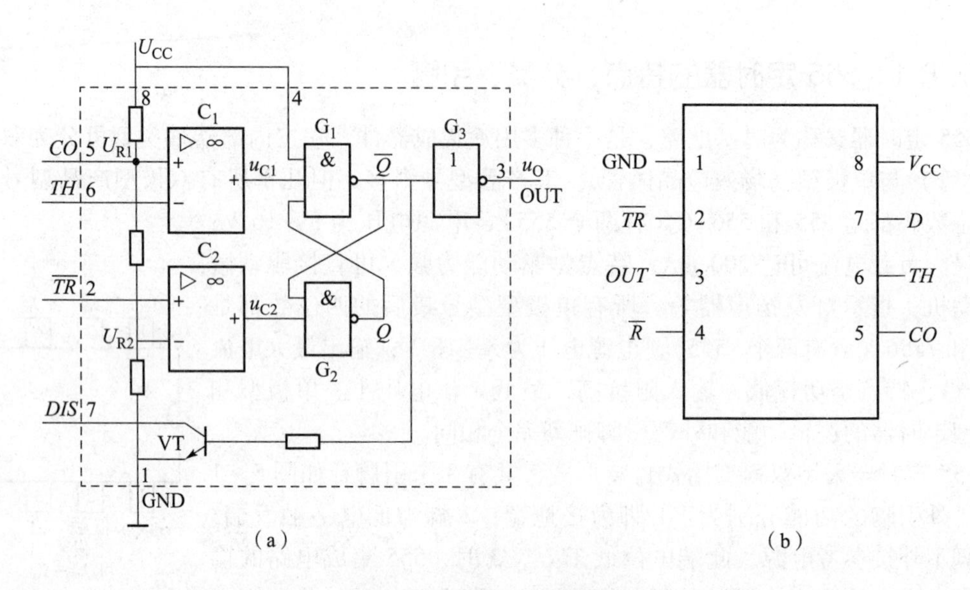

图 5－2　555 定时器内部电路

(a) 内部电路图；(b) 逻辑符号图

3. 基本 RS 触发器

当 $\overline{RS}=01$ 时，$Q=0$，$\overline{Q}=1$；当 $\overline{RS}=10$ 时，$Q=1$，$\overline{Q}=0$。

4. 开关及输出

放电开关由一个晶体三极管组成，其基极受基本 RS 触发器输出端 $\overline{Q}$ 控制。当 $\overline{Q}=1$ 时，三极管导通，放电端 VT 通过导通的三极管为外电路提供放电的通路；当 $\overline{Q}=0$，三极管截止，放电通路被截断。输出缓冲器 G_3 用于增大对负载的驱动能力和隔离负载对 555 集成电路的影响。

当第 5 脚控制电压端不外接电压时，由 555 定时器原理可得其功能，如表 5－1 所示。

表 5－1　555 定时器功能表

输入			输出	
$\overline{R}$	U_{TH}	$U_{\overline{TR}}$	OUT	放电管 VT 状态
0	×	×	0	与地导通
1	$>\frac{2}{3}U_{CC}$	$>\frac{1}{3}U_{CC}$	0	与地导通
1	$<\frac{2}{3}U_{CC}$	$>\frac{1}{3}U_{CC}$	保持原状态	保持原状态
1	$<\frac{2}{3}U_{CC}$	$<\frac{1}{3}U_{CC}$	1	与地断开

第 5 脚控制电压端外接电压 U_s 时，表 5－1 中的 $\frac{2}{3}U_{CC}$ 要改为 U_s，$\frac{1}{3}U_{CC}$ 要改为 $\frac{1}{2}U_s$。

模块 5.2　脉冲波形的产生和整形

5.2.1　施密特触发器

1. 基本概念

施密特触发器是一种受输入信号电平直接控制的双稳态触发器。它有两个稳定状态。在外加输入信号的作用下，只要输入信号变化到正向阈值电压 U_{T+} 时，电路就从一个稳定状态转换到另一个稳定状态，当输入信号下降到负向阈值电压 U_{T-} 时，电路又会自动翻转回到原来的状态。图 5－3 所示为施密特触发器的输入和输出波形。施密特触发器的正向阈值电压和负向阈值电压是不相等的，把两者之差定义为回差电压，即 $\Delta U_T = U_{T+} - U_{T-}$。

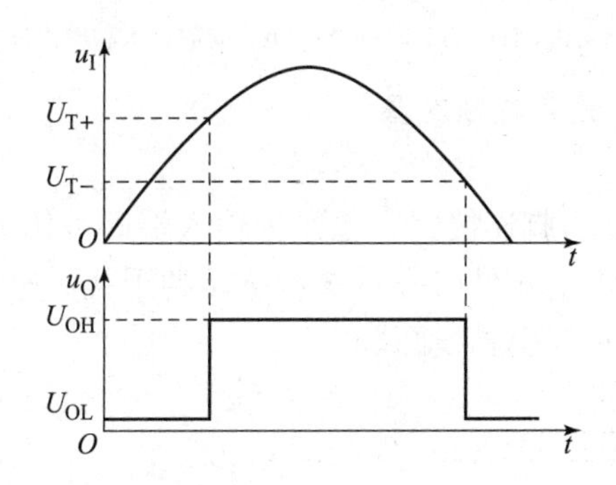

图 5－3　施密特触发器的输入和输出波形图

施密特触发器的主要用途：把变化缓慢的信号波形变换为边沿陡峭的矩形波。

施密特触发器特点：①电路有两个稳定状态；②触发方式：电平触发；③电压传输特性特殊，电路有两个转换电平（正向阈值电压 U_{T+} 和负向阈值电压 U_{T-}）；④状态翻转时有正反馈过程，从而输出边沿陡峭的矩形脉冲。

施密特触发器是具有电压滞后特性的数字传输门。

施密特触发器的电压传输特性可分为反向传输特性和同向传输特性，如图 5－4 所示。

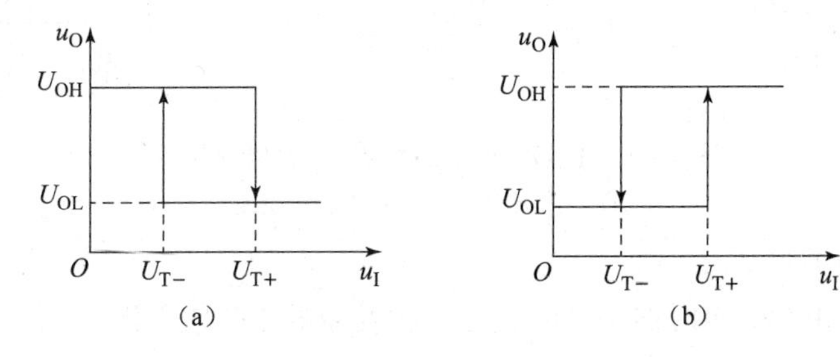

图 5－4　施密特触发器的电压传输特性

(a) 反向电压传输特性　(b) 同向电压传输特性

施密特触发器的反向、同向输入和输出波形图及对应的逻辑符号如图 5－5 所示。

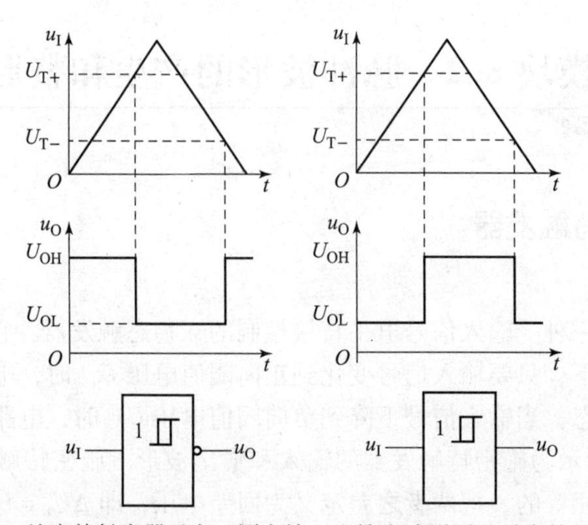

图 5 - 5　施密特触发器反向、同向输入和输出波形图及对应的逻辑符号

（a）反向输入和输出波形图及对应的逻辑符号；（b）同向输入和输出波形图及对应的逻辑符号

2. 由 555 定时器构成的施密特触发器

1）电路组成

将 555 定时器的第 2、6 引脚连接到一起作为输入端即可构成施密特触发器电路，其第 5 脚通过 0.01 μF 电容接地防止外界信号对参考电压的干扰。电路如图 5 - 6 所示，其中图（a）为工作原理图，图（b）为引脚线图。

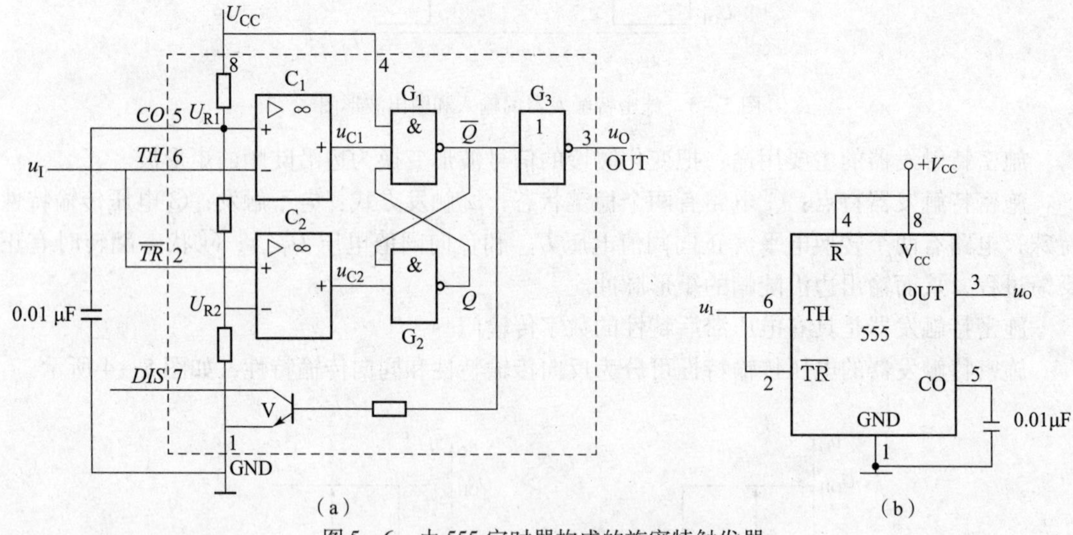

图 5 - 6　由 555 定时器构成的施密特触发器

（a）工作原理图；（b）引脚接线图

2）工作原理及波形

图 5 - 7 所示为由 555 定时器构成的施密特触发器的工作波形图。

当输入电压 $u_i < \frac{1}{3}U_{CC}$时，电压比较器 C_1 和 C_2 的输出 $u_{C1} = 1$，$u_{C2} = 0$，基本 RS 触发器置 1，$Q = 1$、$\overline{Q} = 0$，这时输出 $u_o = U_{OH} = 1$。

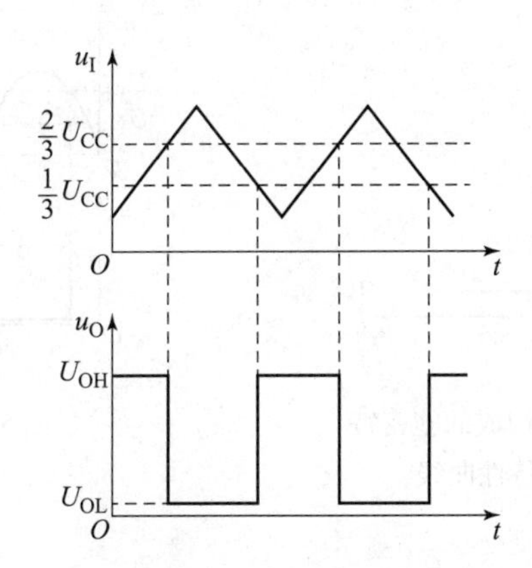

图 5－7　由 555 定时器构成的施密特触发器工作波形图

当输入电压 u_i 上升到 $\frac{1}{3}U_{CC} < u_i < \frac{2}{3}U_{CC}$ 时，$u_{C1}=1$、$u_{C2}=1$，基本 RS 触发器保持原状态不变，即输出 $u_o = U_{OH} = 1$。

当输入电压 u_i 继续上升到 $u_i \geqslant \frac{2}{3}U_{CC}$ 时，$u_{C1}=0$、$u_{C2}=1$，RS 触发器置 0，$Q=0$、$\overline{Q}=1$，输出 u_o 由高电平翻转为低电平，即 $u_o=0$。

当输入电压 u_i 由以上逐渐下降到 $\frac{1}{3}U_{CC} < u_i < \frac{2}{3}U_{CC}$ 时，电压比较器的输出分别为 $u_{C1}=1$、$u_{C2}=1$。基本 RS 触发器保持原状态不变。即 $Q=0$、$\overline{Q}=1$，输出 $u_o=U_{OL}=0$。

当输入电压 u_i 继续下降到 $u_i \leqslant \frac{1}{3}U_{CC}$ 时，$u_{C1}=1$、$u_{C2}=0$，RS 触发器置 1，$Q=1$、$\overline{Q}=0$，u_o 由低电平跃到高电平 U_{OH}。

可见，当输入电压 u_i 上升到 $u_i \geqslant \frac{2}{3}U_{CC}$ 时，电路输出 u_o 发生一次翻转，当 u_i 下降到 $\frac{1}{3}U_{CC}$ 时，u_o 又一次发生翻转，电路在输入电压上升和下降过程中的两次翻转所对应的输入电压不同，所以，电路的正向阈值电压 $U_{T+}=\frac{2}{3}U_{CC}$，负向阈值电压 $U_{T-}=\frac{1}{3}U_{CC}$。

施密特触发器的回差电压 ΔU_T 为

$$\Delta U_T = U_{T+} - U_{T-} = \frac{2}{3}U_{CC} - \frac{1}{3}U_{CC} = \frac{1}{3}U_{CC}$$

由 555 定时器构成的施密特触发器的电压传输特性如图 5－8 所示，从图中可以看出，它具有反向电压传输特性。

3. 施密特触发器的典型应用

1）波形变换

利用施密特触发器在状态转换过程中的正反馈作用，可以把三角波、正弦波及其他不规则信号变换为边沿很陡的矩形脉冲信号。用施密特触发器进行波形变换如图 5－9 所示，只要输入信号的幅度大于 U_{T+} 和 U_{T-}，即可在施密特触发器的输出端得到同频率的矩形脉冲信号。

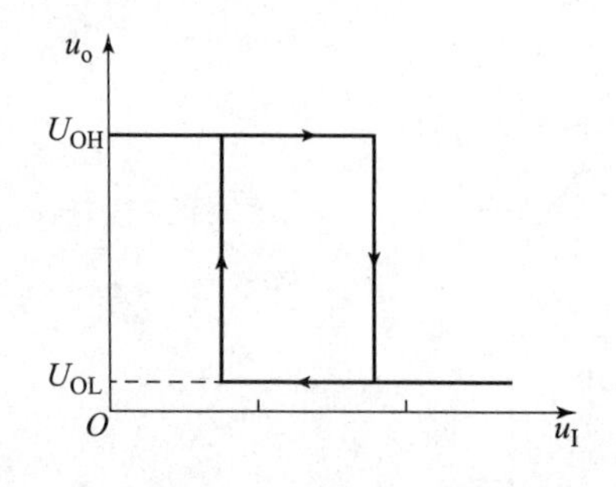

图 5－8　由 555 定时器构成的施密特触发器的电压传输特性曲线

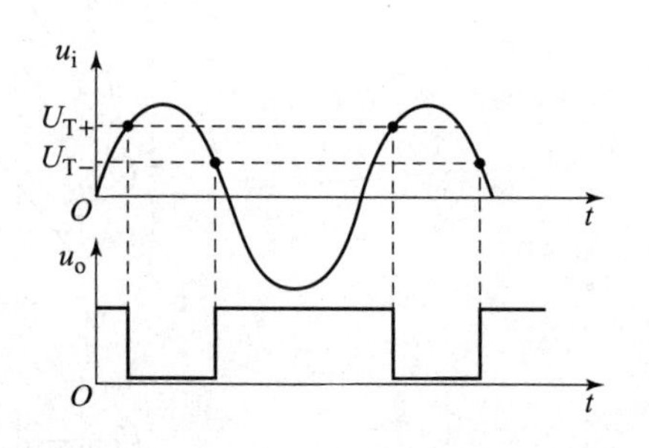

图 5－9　波形变换曲线

2）幅度鉴别

当输入为一组幅度不等的脉冲而要求去掉幅度较小的脉冲时，可将这些脉冲送到施密特触发器的输入端进行鉴别，从而选出幅度大于 U_{T+} 的脉冲输出。如果输入脉冲信号如图 5－10 所示，把它送入具有反向电压传输特性的施密特触发器的输入端，则它的输出如图 5－10 所示，从而实现脉冲的幅度鉴别。

3）信号整形

脉冲信号经传输线传输受到干扰后，其上升沿和下降沿都将明显变坏，这时可用施密特触发器的回差特性，将受到干扰的信号整形成较好的矩形脉冲。只要施密特触发器的 U_{T+} 和 U_{T-} 设置得合适，就均能收到满意的信号整形效果。用施密特触发器进行信号整形如图 5－11 所示。

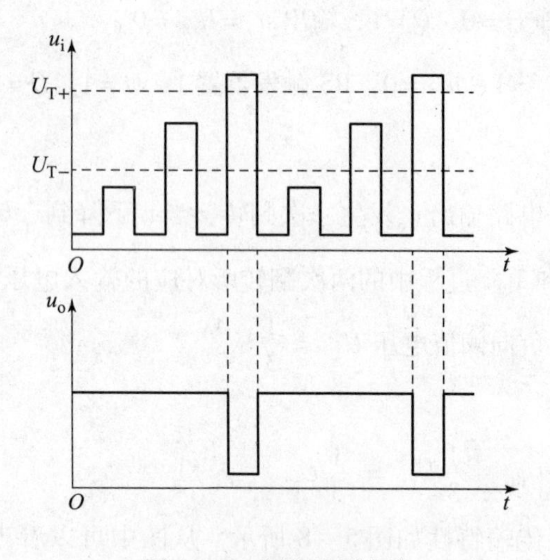

图 5－10　幅度鉴别曲线

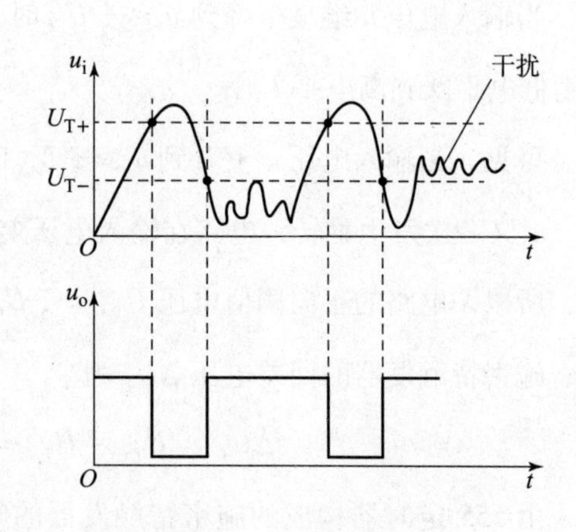

图 5－11　信号整形

5.2.2　单稳态触发器

单稳态触发器又称为单稳态电路，它是只有一种稳定状态的电路。如果没有外界信号触发，它就始终保持在稳定状态（简称为稳态）不变；当有外界信号触发时，它将由稳定状态转变成另外一种状态，但这种状态经过一段时间（时间长短由定时元器件确定）后会自动返回到稳定状态，它是不稳定状态，故称为暂态。

单稳态触发器的特点：①它有稳态和暂稳态两个不同的工作状态；②在外界触发信号作用下，电路能由稳态翻转到暂稳态，在暂稳态维持一段时间以后，电路会自动返回到稳态；③暂稳态持续时间的长短取决于电路本身的参数，与触发脉冲无关。

单稳态触发器的电路形式很多，既有由分立元器件组成的，也有由专用的集成芯片组成的。其内容可参考其他相关教材。本教材只介绍由555定时器构成的单稳态触发器。

1. 由555定时器构成的单稳态触发器

1）电路组成

由555定时器构成的单稳态触发器如图5－12所示，它以555定时器的$\overline{TR}$端（2脚）作为信号输入端，将VT与R组成的反向器输出端接至TH端（6脚），并且在这一点对地接入电容C，就构成了单稳态触发器。这个电路用输入脉冲的下降沿触发。

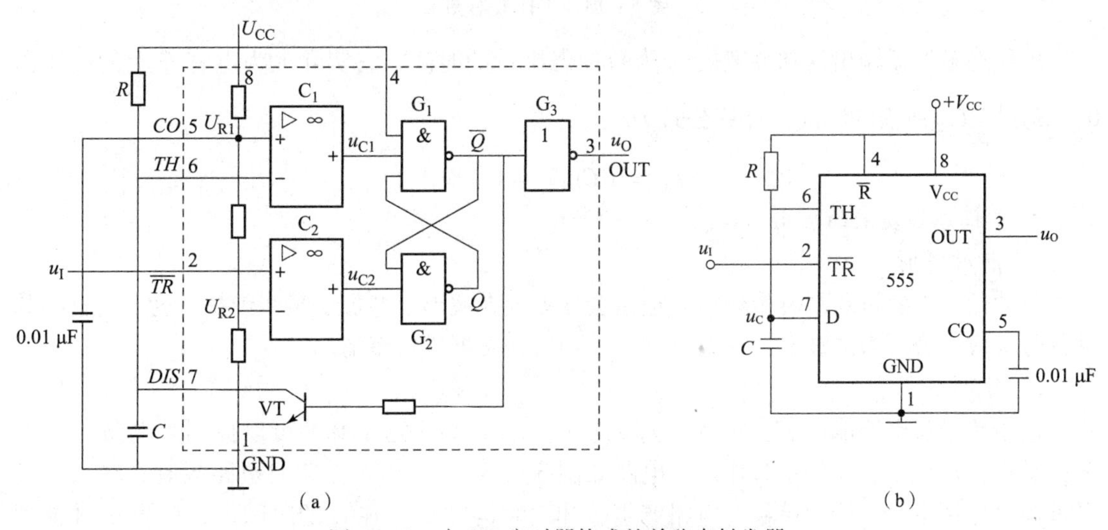

图5－12 由555定时器构成的单稳态触发器

（a）工作原理图；（b）引脚接线图

2）工作原理及波形

555定时器第2脚为触发信号u_i的输入端，在没有触发信号作用时该脚为高电平。电路接通电源后有一个进入稳定状态的过程，即电源通过电阻R向电容C充电，当电容C两端电压达到$u_C \geqslant \frac{2}{3}U_{CC}$时，即$U_{TH} \geqslant \frac{2}{3}U_{CC}$，同时，由于$u_i$为高电平，所以$U_{\overline{TR}} > \frac{1}{3}U_{CC}$。

根据555定时器功能表可知，此时电路输出为低电平，放电管VT导通，电容C通过放电管VT放电使得$U_{TH} = 0 < \frac{2}{3}U_{CC}$，输出仍为低电平，电路处于稳定状态。

当输入端u_i有负脉冲触发信号时，第2脚$U_{\overline{TR}} < \frac{1}{3}U_{CC}$，输出翻转为高电平，放电管VT截止，电源通过电阻$R$开始给电容$C$充电，电路进入暂稳态，当电容$C$两端电压达到$u_C \geqslant \frac{2}{3}U_{CC}$时，即$U_{TH} \geqslant \frac{2}{3}U_{CC}$，此时触发信号负脉冲已经撤销回到高电平，第2脚$U_{\overline{TR}} > \frac{1}{3}U_{CC}$，输出又翻转为低电平，放电管VT导通，电容$C$通过放电管VT放电，电路回到稳定状态。其工作波形如图5－13所示。

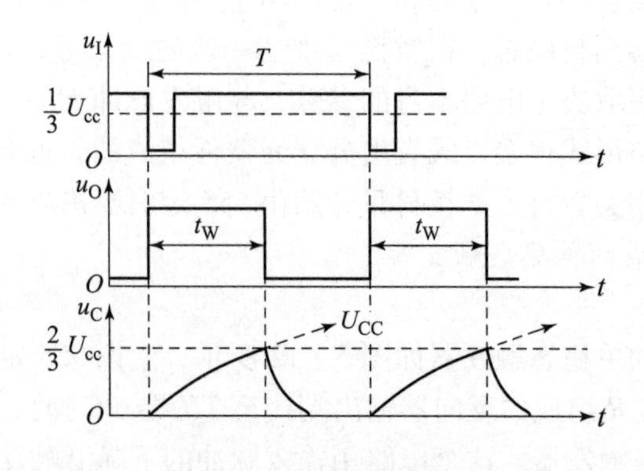

图 5－13　工作波形图

单稳态触发器输出的脉冲宽度 t_W 为暂稳态维持的时间，它实际上为电容 C 上的电压由 0 V 充到 $\frac{2}{3}U_{CC}$ 所需的时间，计算公式为

$$t_W = RC\ln 3 \approx 1.1RC$$

2. 单稳态触发器的应用

1）脉冲整形

脉冲信号在经过长距离传输后其边沿会变差或在波形上叠加了某些干扰。为了使这些脉冲信号变成符合要求的波形，这时可利用单稳态触发器进行整形。

2）定时

由于单稳态电路能产生一定宽度 t_W 的矩形脉冲，利用这个脉冲可以控制某电路在 t_W 时间内动作，这就是脉宽的定时作用。电路如图 5－14（a）所示。定时电路只有在输入 u_i 负脉冲触发作用下，才能使单稳态电路产生脉冲定时信号 u_B，在 t_W 的时间内，信号 u_A 才能通过与门输出。对应波形如图 5－14（b）所示。

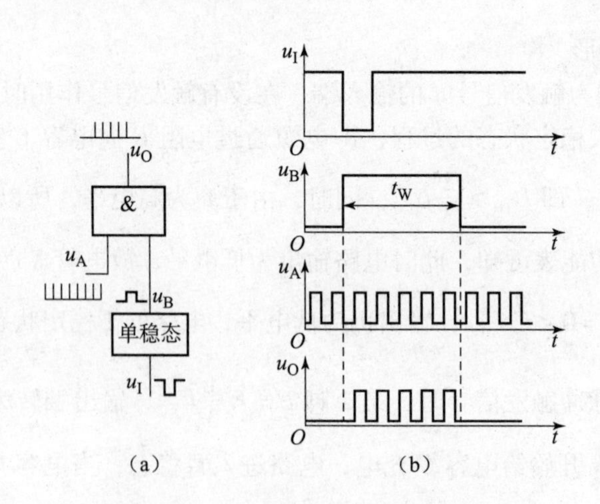

图 5－14　单稳态触发器脉冲定时作用

3）脉冲展宽

当脉冲宽度较窄时，可用单稳态触发器展宽，将其送入单稳态触发器的输入端，在单稳

态触发器的输出端就可获得展宽的脉冲波形。

5.2.3　多谐振荡器

多谐振荡器是产生矩形脉冲信号的自激振荡器。它不需要输入信号，接通电源就可以自动输出矩形脉冲信号。由于矩形脉冲是很多谐波分量叠加的结果，所以矩形波振荡器又称为多谐振荡器。

多谐振荡器的特点是：没有稳定状态，只有两个暂稳态；电路通过电容的充电和放电，使这两个暂稳态相互转换，从而产生自激振荡；电路无须外加触发信号；能输出周期性的矩形脉冲信号。

1. 由555定时器构成的多谐振荡器

1）电路的组成

用555定时器组成多谐振荡器电路如图5－15所示，图（a）为工作原理图，图（b）为引脚接线图。R_1、R_2、C是外接定时元件。将555定时器的TH端（6脚）接到$\overline{TR}$端（2脚），$\overline{TR}$端接定时电容C，晶体管VT的集电极（7脚）接到R_1、R_2的连接点，将4脚和8脚接电源U_{CC}。

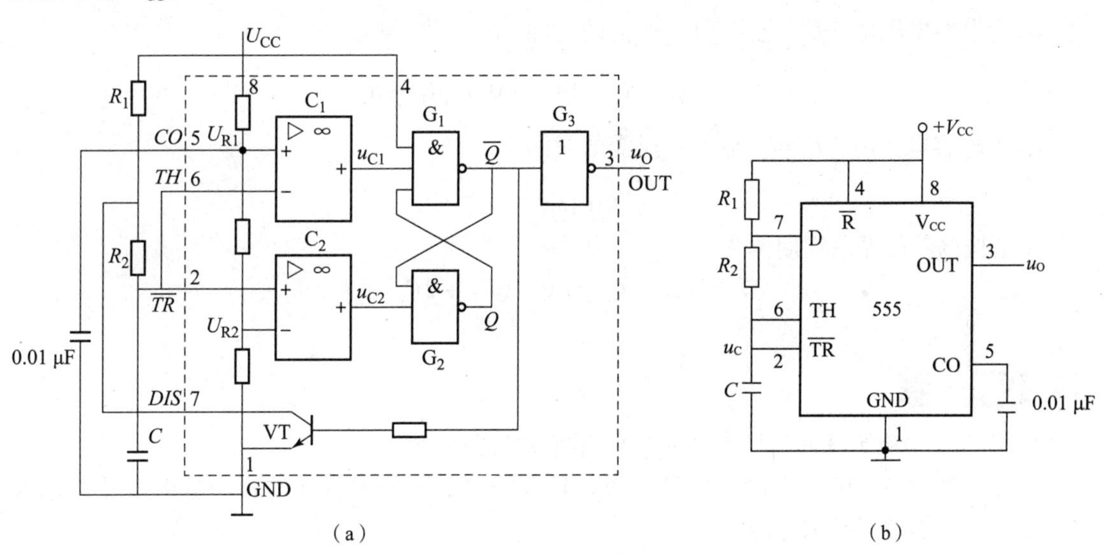

图5－15　由555定时器构成的多谐振荡器电路

（a）工作原理图；（b）引脚接线图

2）工作原理及波形

接通电源后，U_{CC}经电阻R_1和R_2对电容C充电，当$u_C \geqslant \frac{2}{3}U_{CC}$时，$u_{C1}=0$、$u_{C2}=1$，RS触发器被置0，$Q=0$、$\overline{Q}=1$，$u_o$跃到低电平。同时，放电管VT导通，电容$C$经电阻$R_2$和放电管VT放电，电路进入暂稳态。

随着电容的放电，u_C随之下降。当下降到小于$\frac{1}{3}U_{CC}$时，$u_{C1}=1$、$u_{C2}=0$，RS触发器被置1，$Q=1$、$\overline{Q}=0$，输出u_o由低电平跃到高电平。同时，因$\overline{Q}=0$，放电管VT截止，U_{CC}又经电阻R_1和R_2对电容C充电。电路又返回到前一个暂稳态。因此，电容C上的电压u_C将在$\frac{1}{3}U_{CC}$和$\frac{2}{3}U_{CC}$之间来回充电和放电，从而使电路产生了振荡，输出矩形脉冲。

由555定时器构成的多谐振荡器的工作波形如图5-16所示。

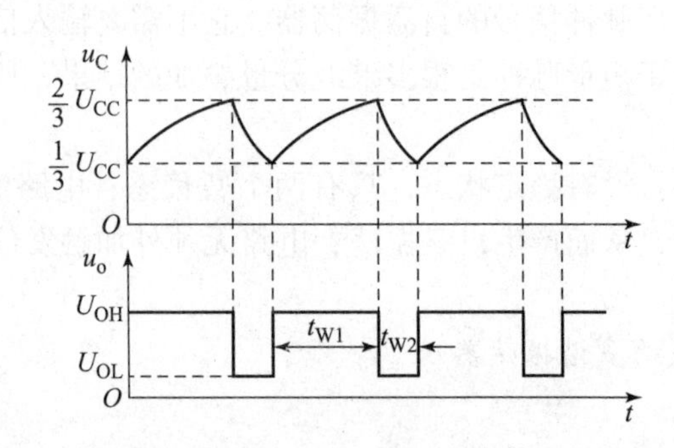

图5-16　由555定时器构成的多谐振荡器工作波形图

多谐振荡器的振荡周期T为

$$T = t_{W1} + t_{W2}$$

t_{W1}为电容电压由$\frac{1}{3}U_{CC}$充到$\frac{2}{3}U_{CC}$所需的时间。

$$t_{W1} = (R_1 + R_2)C\ln 2 \approx 0.7(R_1 + R_2)C$$

t_{W2}为电容电压由$\frac{2}{3}U_{CC}$降到$\frac{1}{3}U_{CC}$所需的时间。

$$t_{W2} = R_2C\ln 2 \approx 0.7R_2C$$

多谐振荡器的振荡周期T为

$$T = t_{W1} + t_{W2} \approx 0.7(R_1 + 2R_2)C$$

思考题

1. 什么信号称为脉冲信号？脉冲信号有哪些主要参数？

2. 如果把图5-10所示脉冲信号，送入具有同向电压传输特性的施密特触发器的输入端，则它的输出波形是怎样的？

3. 单稳态触发器的稳态和暂稳态有什么区别？

4. 单稳态触发器、施密特触发器、多谐振荡器从电路结构、工作原理和作用方面有什么不同？

5. 图5-15所示的多谐振荡器产生的脉冲的占空比是多少？占空比是否可调？如果想让占空比可调，电路应做如何修改？

模块5.3　项目的实施

1. 自动控制小车的设计

自动控制小车的电路原理图如图5-17所示。

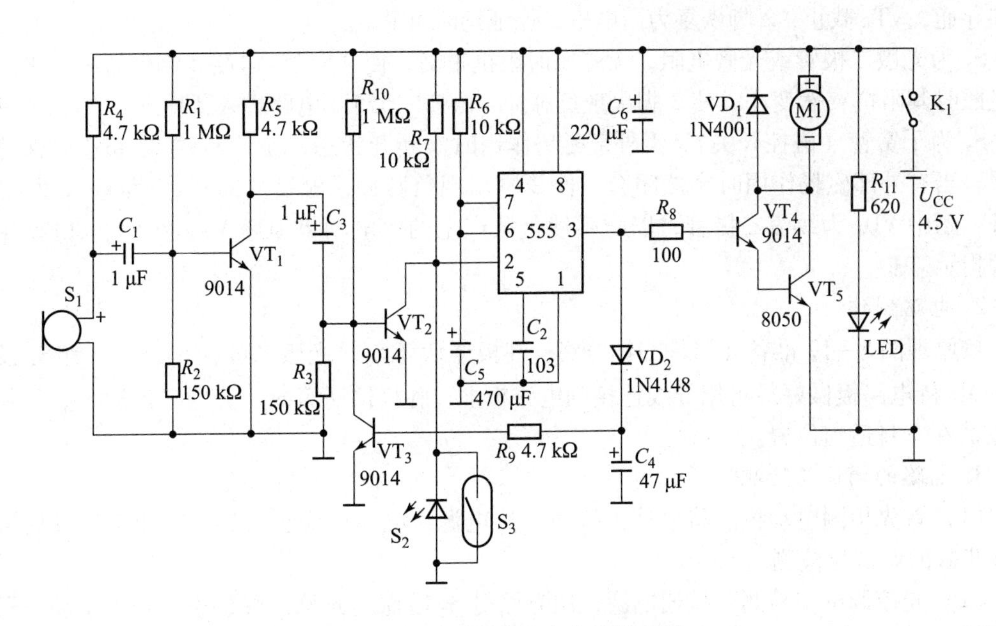

图 5－17　自动控制小车电路原理图

图中“555”集成电路构成单稳态触发器，R_6、C_5 为定时元件。低电平触发端（2 脚）无外界激励信号时处于高电平状态，“555”电路处于稳态，输出端（3 脚）为低电平，VT_4、VT_5 截止，直流电动机 M_1 不转。当有声音、光照或外磁场信号激励时将由相应传感器件转为电信号使“555”电路 2 脚出现负脉冲，同时“555”电路进入暂稳态，3 脚输出高电平使 VT_4、VT_5 复合管导通，电机 M_1 开始转动。其暂稳（延时）时间由下式决定：$T_W = R_6C_5\ln3 = 1.1R_6C_5$

暂稳态结束时“555”电路又自动翻转为稳态，2 脚恢复为高电平，3 脚变为低电平，电机停转，等待再次激励。单稳态触发器电路及工作波形如图 5－18 所示，其工作波形可在仿真软件 EWB 或 Multisim 上观察。

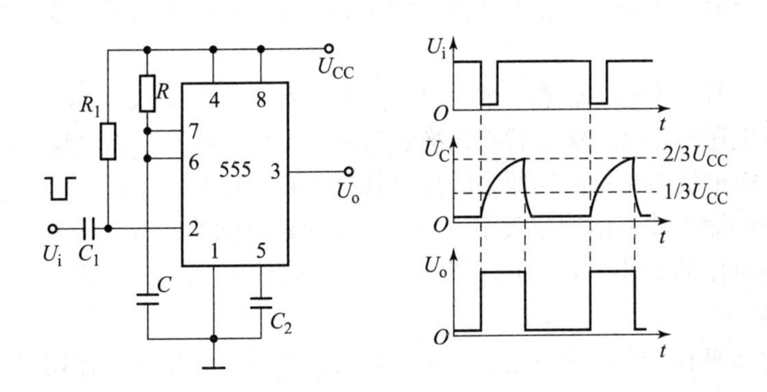

图 5－18　单稳态触发器电路及工作波形

图 5－17 中 S_1 为驻极体话筒，无声音信号时其阻抗很高，当有声音信号激励时阻抗突然变小，使其电位突变而出现负脉冲。经 VT_1、VT_2 放大后作用到“555”电路的 2 脚，使“555”电路进入暂稳态。3 脚输出的高电平一方面使电动机运转，一方面经 VD_2、R_9 使 VT_3

饱和导通，VT_2 截止，2 脚恢复为高电平，保证延时可靠。

S_2 为光敏二极管或光敏电阻，无光照时阻抗很高，使“555”电路 2 脚保持高电平。当有光照时其阻抗突然变小，使 2 脚出现负脉冲，触发“555”电路进入暂稳态。

S_3 为干簧管（磁控开关），无外部磁场作用时呈断开状态，使“555”电路 2 脚保持高电平。当有外部磁场作用时突然闭合，使 2 脚出现负脉冲，触发“555”电路进入暂稳态。另外，图中 VD_1 为续流二极管，以防感性负载产生的反电动势损坏 VT_4 和 VT_5。LED 用作电源指示灯。

2. 电路制作

按原理图 5－17 准备元器件制作电路，驻极体话筒 S_1、光敏二极管 S_2、干簧管 S_3 及电动机 M_1 待电路板做好后再用导线连接到电路板上。驻极体话筒 S_1、光敏二极管 S_2、干簧管 S_3 安放在车身适当位置。

3. 电路的调试与检测

（1）首先检测电动机。将电动机接通 5 V 电源，电动机应正常转动。正常转动后进行后面步骤的调试与检测。

（2）光控调试与检测。接通电源，用光照射 S_2 后撤销光源，观察小车是否走动一段时间后停止；否则检查 S_2 的好坏、555 及输出部分电路。

（3）磁控调试与检测。接通电源，用磁铁靠近 S_3 后移走磁铁，小车应走动一段时间后停止。

（4）声控调试与检测。接通电源，对着 S_1 发声后，小车应走动一段时间后停止；否则检测 VT_1、VT_2 及 VT_3 周围电路。

项目小结

555 定时器主要由电阻分压器、电压比较器、基本 RS 触发器、放电开关管及输出、直接复位端等 5 个部分组成。它是一种多用途的单片集成电路，只要外接少量的阻容元件就可以很方便地构成单稳态触发器、施密特触发器和多谐振荡器等，使用灵活方便，具有较强的驱动能力，被广泛应用于波形产生和变换、测量和控制、定时和报警、家用电器和电子玩具等许多领域中。

施密特触发器有两个稳定状态，而每个稳定状态都是依靠输入电平来维持的。当输入电压大于正向阈值电压 U_{T+} 时，输出状态转换到另外一个稳定状态；而当输入电压小于负向阈值电压 U_{T-} 时，输出状态又返回到原来的稳定状态。施密特触发器是常用的整形电路，它能把变化非常缓慢的输入波形整形成数字电路所需要的矩形脉冲。施密特触发器具有电压滞回特性。调节回差电压的大小，可以改变电路的抗干扰能力。它主要用于波形变换、脉冲整形、幅度鉴别等。

单稳态触发器只有一个稳定状态和一个暂稳态，在没有触发脉冲作用时，电路处于稳定状态。在输入触发脉冲作用下，电路从稳定状态转换到暂稳态，暂稳态持续时间的长短取决于定时元件 R、C 值的大小，与输入触发脉冲没有关系。

多谐振荡器没有稳定状态，只有两个暂稳态，依靠 555 定时器外围电路中的 RC 充放电自动完成，不需要外触发信号的作用。

习题五

一、填空题

（1）常见的脉冲产生电路有________，常见的脉冲整形电路有________、________。

（2）555 定时器的最后数码为 555 的是________产品，为 7555 的是________产品。

（3）施密特触发器具有________现象，又称________特性；单稳态触发器最重要的参数为________。

（4）施密特触发器输出由低电平转换到高电平和由高电平转换到低电平所需输入的触发电平不同，其差值称为________电压，该差值电压越大，电路的抗干扰能力越________。

（5）为了实现高的频率稳定度，常采用________振荡器；单稳态触发器受到外触发时进入________态。

（6）单稳态触发器有________个稳定状态，施密特触发器有________个稳定状态。

二、选择题

（1）脉冲整形电路有单稳态触发器和（　　）。

A. 多谐振荡器　　B. 双稳态触发器　　C. 施密特触发器　　D. 555 定时器

（2）多谐振荡器可产生（　　）。

A. 正弦波　　B. 矩形脉冲　　C. 三角波　　D. 锯齿波

（3）石英晶体多谐振荡器的突出优点是（　　）。

A. 速度高　　B. 电路简单

C. 振荡频率稳定　　D. 输出波形边沿陡峭

（4）TTL 单定时器型号的最后几位数字为（　　）。

A. 555　　B. 556　　C. 7555　　D. 7556

（5）555 定时器不能用来组成（　　）。

A. 多谐振荡器　　B. 单稳态触发器　　C. 施密特触发器　　D. JK 触发器

（6）用 555 定时器组成施密特触发器，当输入控制端 CO 外接 10 V 电压时，回差电压为（　　）。

A. 3.33 V　　B. 5 V　　C. 6.66 V　　D. 10 V

（7）以下各电路中，（　　）可以产生脉冲定时。

A. 多谐振荡器　　B. 单稳态触发器

C. 施密特触发器　　D. 石英晶体多谐振荡器

（8）用 555 定时器构成的施密特触发器，若电源电压为 U_{CC}，控制电压端 U_C 不外接固定电压，则其上限阈值电压 U_{T+}、下限阈值电压 U_{T-} 和回差电压 ΔU_T 分别为（　　）。

A. $U_{T+}=\frac{1}{3}U_{CC}$　$U_{T-}=\frac{2}{3}U_{CC}$　$\Delta U_T=\frac{1}{3}U_{CC}$

B. $U_{T+}=\frac{2}{3}U_{CC}$　$U_{T-}=\frac{1}{3}U_{CC}$　$\Delta U_T=\frac{1}{3}U_{CC}$

C. $U_{T+}=\frac{2}{3}U_{CC}$　$U_{T-}=\frac{1}{3}U_{CC}$　$\Delta U_T=\frac{2}{3}U_{CC}$

D. $U_{T+}=U_{CC}$　$U_{T-}=\frac{1}{3}U_{CC}$　$\Delta U_T=\frac{1}{3}U_{CC}$

(9) 能把缓变输入信号转换成矩形波的电路是（　　）。

A. 单稳态触发器　　B. 多谐振荡器　　C. 施密触发器　　D. 边沿触发器

(10) 为把 50 Hz 的正弦波变成周期性矩形波，应当选用（　　）。

A. 施密特触发器　　B. 单稳态电路　　C. 多谐振荡器　　D. 译码器

(11) 555 定时电路$\overline{R}_D$端不用时，应当（　　）。

A. 接高电平　　B. 接低电平

C. 通过 0.01 μF 的电容接地　　D. 通过小于 500 Ω 的电阻接地

(12) 单稳态触发器可用来（　　）。

A. 产生矩形波　　B. 产生延迟作用

C. 存储器信号　　D. 把缓慢信号变成矩形波

三、分析计算题

(1) 由 555 定时器构成的电路和输入波形 U_I 如图题 5－1 所示。输入波形 U_I 的周期为 T_I，555 定时器的输出波形 U_O 的周期为 T_O，并且已知 $T_I \gg T_O$ 试问：①该电路构成什么功能的脉冲电路？②定性画出输出 U_O 的工作波形图。

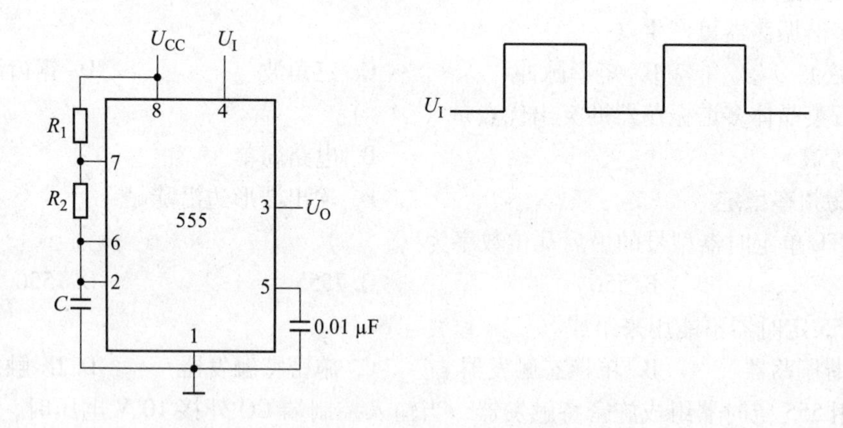

图题 5－1

(2) 用"555"集成定时器组成图题 5－2 所示三种应用电路，回答：①分别是何种电路？②简介每一种电路主要特点。

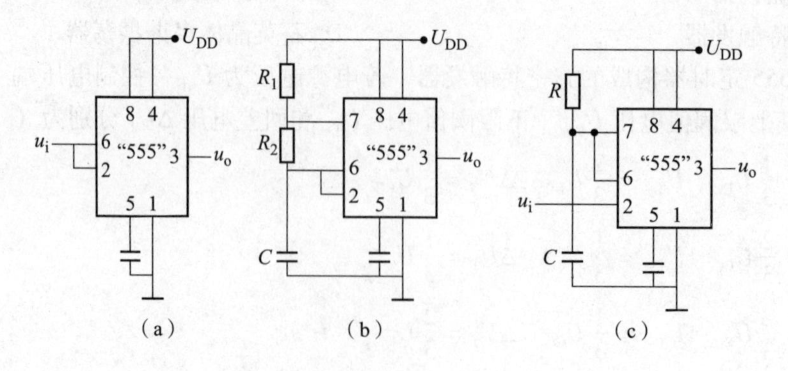

图题 5－2

（3）用“555”集成定时器组成防盗报警器如图题 5 - 3 所示。A、B 两端用一细铜线接通，并悬于盗窃者必经之处。

①图中“555”集成定时器所构成电路的名称为________。

②当 A、B 两点接通时，555 集成定时器的输出 u_O 为________；当 A、B 两点断开时，u_O 输出为________。

③写出扬声器发出报警声的频率 f 的表达式，图中各电阻、电容值均为已知。

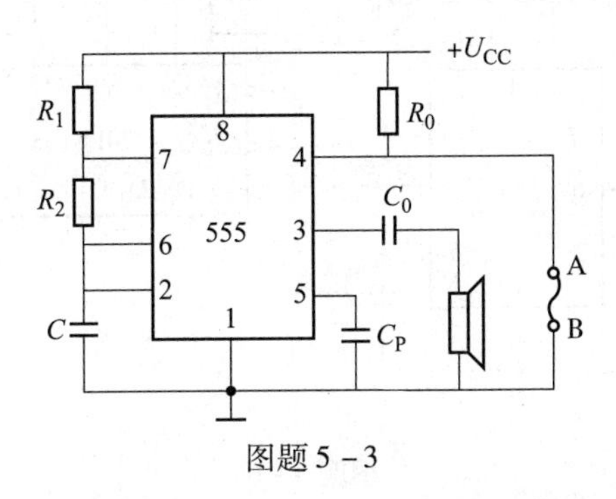

图题 5 - 3

（4）“555”组成防盗报警器如图题 5 - 4 所示，A、B 两端为一细铜线接通，并悬于盗者必经之路，当盗者闯入室内将铜线碰断时，扬声器即发出报警信号。

①分析报警原理；②写出报警器的频率 f_0 = ?（写表达式）。

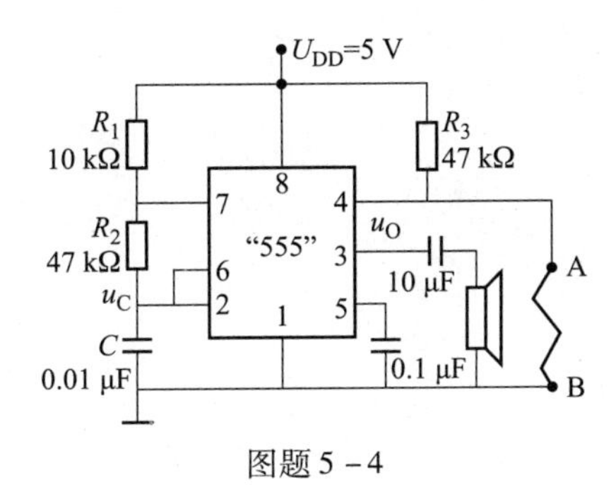

图题 5 - 4

（5）用集成 555 定时器组成施密特触发器如图题 5 - 5 所示，若已知输入波形 u_i，对应画出输出波形 u_O，并指出它的主要特点是什么。

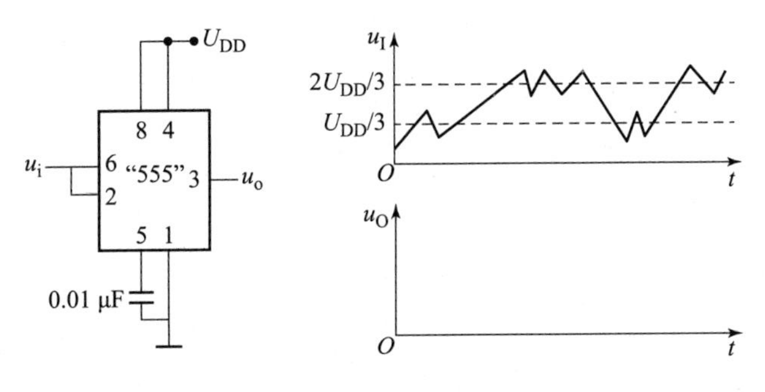

图题 5 - 5

（6）电路如图题 5－6 所示。

①说明 555 集成定时器和集成计数器 74LS163 分别构成何种电路（指出电路名称）；②画出 u_O 点及 Q_0、Q_1、Q_2、Q_3 点输出波形图；③若已知 u_O 点波形的频率为 f，则 Q_0、Q_1、Q_2、Q_3 点波形的频率分别为多少？

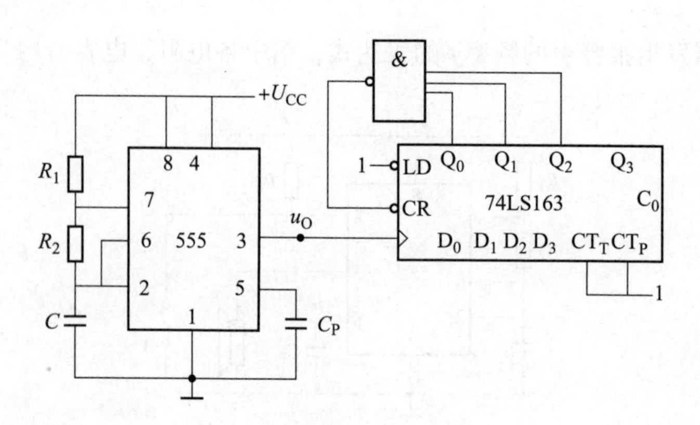

图题 5－6

在数字设备中半导体存储器因其具有品种多、容量大、速度快、耗电省、体积小、操作方便、维护容易等优点得到广泛应用。存储器是信息世界不可或缺的存储设备，计算机主要依赖存储器对信息进行存储记忆，而在计算机控制系统中，通常要将生产现场的模拟量转换为数字量，送给计算机进行处理，处理的结果又要转换为模拟量去控制现场，所以 A/D 和 D/A 转换器是生产过程自动控制不可缺少的部分。通过本项目的设计制作，要达到如下目标。

知识目标

(1) 掌握存储器的分类，了解 RAM、ROM 的功能和结构。

(2) 掌握 DAC 及 ADC 的定义、基本原理及应用。

(3) 了解 DAC 及 ADC 的分类及主要参数。

(4) 熟悉常用存储器芯片、A/D 和 D/A 转换芯片的应用。

技能目标

(1) 掌握存储器的应用。

(2) 熟练应用常用模数及数模转换芯片。

(3) 能独立地对项目电路进行组装、调试和检测，并分析、解决调试过程中出现的问题。

(4) 能运用现代信息技术手段搜集存储器、模数和数模转换芯片的有关文献。

项目任务

用 ROM 实现一个信号发生器，将各种复杂的电压波形，如三角波、正弦波等数据存入 ROM，然后再周期性地顺序取出所需要的波形的数据，通过 D/A 转换获得所需要的周期性重复的电压波形。

模块6.1 存 储 器

前面介绍的由多个触发器构成的寄存器只能存储一组二进制信息，而存储器是数字系统和计算机中用于存储大量二进制数据的部件，可以存放各种程序、数据和资料、实现各种波形的信号发生器等。

半导体存储器按照内部信息的存取方式不同分为只读存储器（ROM）和随机存取存储器（RAM）两大类。RAM 中的信息断电后即丢失。ROM 的内容只能随机读出而不能写入，断电后信息不会丢失，常用来存放不需要改变的信息（如某些系统程序、常数表、函数、表格和字符等），信息一旦写入就固定不变了。

若干位二进制数构成一个字节。一个存储器能够存储大量的字节。存储器的容量通常有两种表示方法：一种是用字节数表示，以字节为单位，如 128B，表示该芯片有 128 个单元，每个存储单元的长度为 8 位；另一种容量表示方法是用字数 × 位数表示，以位为单位，如 8 K×8 位，表示该芯片有 8 K 个单元（1 K = 1024），每个存储单元的长度为 8 位。显然，存储器容量越大，所能存储的信息越多，计算机系统的功能便越强。

6.1.1 只读存储器

只读存储器（ROM）按数据输入方式可分为掩膜 ROM、可编程 ROM（PROM）、可改写 ROM（EPROM）。

1. 掩膜只读存储器

掩膜只读存储器（ROM）是在制造时把信息存放在此存储器中，使用中用户不能更改其存储内容，需要时读出即可；它只能读取所存储信息，而不能改变已存内容，并且在断电后不丢失其中存储内容，故又称固定只读存储器。

1）掩膜只读存储器 ROM 的结构

掩膜只读存储器 ROM 主要由地址译码器、存储矩阵和输出缓冲器三部分组成，如图 6－1 所示。

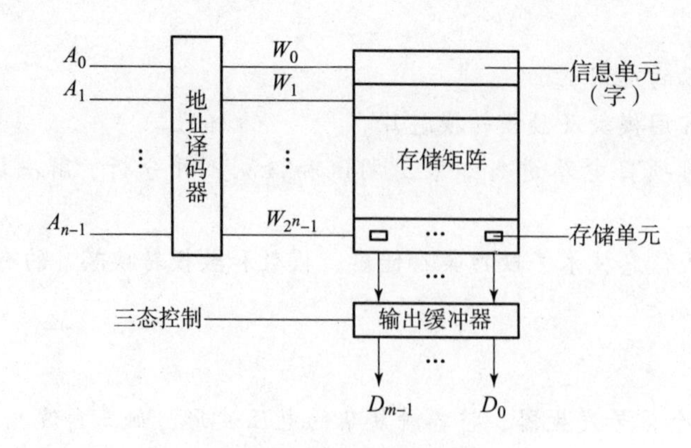

图 6－1 ROM 原理框图

地址译码器的作用是将输入的地址代码转换成相应的控制信号，利用这一控制信号从存储矩阵中将指定的字（信息单元）寻找出，并将该信息单元中的存储数据送入输出缓冲器。

存储矩阵是由许多结构相同的存储单元组成的矩阵形式，每个存储单元存放一位二进制信息1或0，若干个存储单元组成的二进制数码，称为“字”（信息单元）。为了读取不同信息单元，将各信息单元编上代码，称为地址。在输入不同地址时，就能在存储器输出端读出相应的字，即“地址”的输入代码与“字”的输出数码有固定的对应关系。如图6－1所示，它有 n 位地址码，2^n 个存储信息单元，一共可以存放 2^n 个字；每字有 m 位，即容量为 $2^n \times m$（字线×位线）。

存储单元可以由二极管、三极管和MOS管来实现。二极管矩阵ROM如图6－2所示，W_0、W_1、W_2、W_3是字线，D_0、D_1、D_2、D_3是位线，ROM的容量即为字线×位线，所以图6－2所示ROM的容量为 $4\times4=16$，即存储体有16个存储单元。

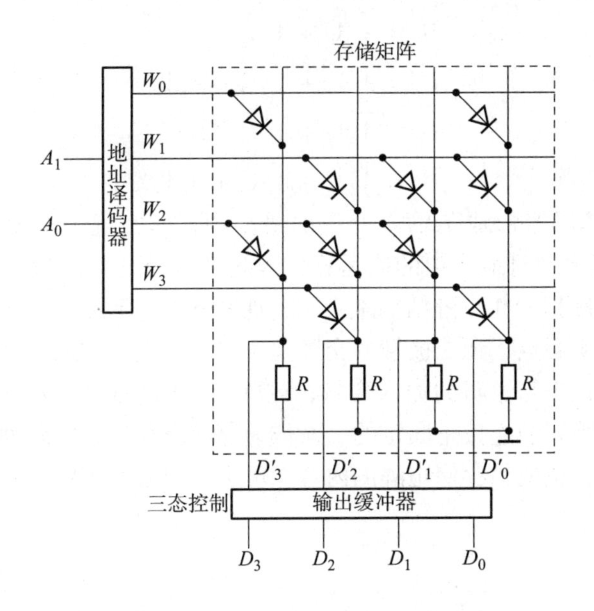

图6－2　由二极管构成的ROM结构

输出缓冲器用来提高存储器的带负载能力，并实现对输出状态的三态控制，以便于ROM与数字系统的数据总线连接。

2）数据的读取

ROM读取数据主要是根据地址码将指定存储单元的数据读出来。例如，当地址码 $A_1A_0=00$ 时，译码输出使字线 W_0 为高电平，与其相连的二极管都导通，把高电平“1”送到位线上，于是 D_3、D_0端得到高电平“1”，W_0和 D_1、D_2之间没有接二极管，故 D_1、D_2 端是低电平“0”。这样，在 $D_3D_2D_1D_0$端读到一个字1001，它就是该矩阵第一行的字输出。在同一时刻，由于字线 W_1、W_2、W_3都是低电平，与它们相连的二极管都不导通，所以不影响读字结果。同理，当地址码 $A_1A_0=01$ 时，字线 W_1 为高电平，在位线输出端 $D_3D_2D_1D_0$读到字0111，任何时候，地址译码器的输出决定了只有一条字线是高电平，所以在ROM的输出端只会读到唯一对应的一个字。在对应的存储单元内存入1还是0，是由接入或不接入相应的二极管来决定的。

根据图6－2所示的二极管存储矩阵，可列出对应的真值表如表6－1所示。

表6－1 二极管存储器矩阵的真值表

A_1	A_0	D_3	D_2	D_1	D_0
0	0	1	0	0	1
0	1	0	1	1	1
1	0	1	1	1	0
1	1	0	1	0	1

显然，ROM并不能记忆前一时刻的输入信息，它属于组合逻辑电路。它不仅可以存入数据，而且可以用来实现组合逻辑电路的功能。在图6－2所示电路中，地址码A_1、A_0看成输入变量，数据码D_3、D_2、D_1、D_0是输出变量，由表6－1可知

$$D_3 = \overline{A_1}\,\overline{A_0} + A_1\overline{A_0}$$

$$D_2 = \overline{A_1}A_0 + A_1\overline{A_0} + A_1A_0$$

$$D_1 = \overline{A_1}A_0 + A_1\overline{A_0}$$

$$D_0 = \overline{A_1}\,\overline{A_0} + \overline{A_1}A_0 + A_1A_0$$

ROM中的地址译码器形成了输入变量的最小项，即实现了逻辑变量的“与”运算；ROM中的存储矩阵可实现对最小项的或运算，因此又将译码器称为与阵列，将存储矩阵称为或阵列。图6－2可用ROM点阵结构来表示，如图6－3所示。在点阵图或门阵列中，有二极管的交叉点画有实心点，无二极管的交叉点不画点。与阵列中的水平线W_i（字线）代表与逻辑，交叉圆点代表与逻辑的输入变量；或阵列中的垂直线D_i代表或逻辑，交叉圆点代表字线输入。与门阵列的连接是固定的，而作为存储矩阵的或门阵列是可编程的，各个交叉点为可编程的状态，也就是存储矩阵的内容，可由用户编程决定。

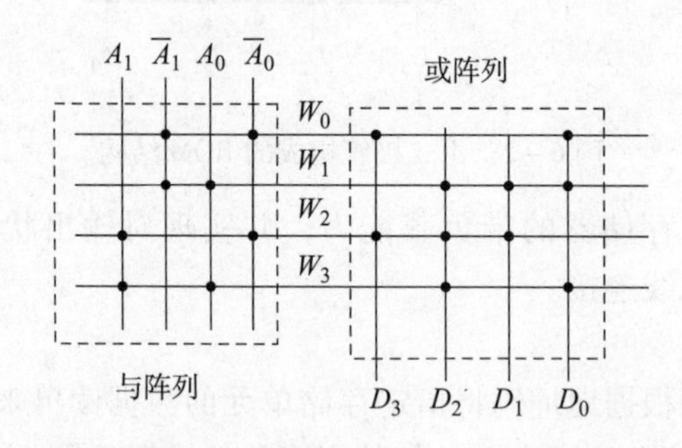

图6－3 ROM的点阵结构图

3）用ROM实现组合逻辑电路

ROM的基本部分是与阵列和或阵列，与阵列实现对输入地址码（变量）的译码，产生变量的全部最小项，或阵列完成有关最小项的或运算，从理论上讲，利用ROM可以实现任何组合逻辑函数。

例6－1 用ROM组成一个码制变换器，把4位二进制码转换成格雷码。

解： 首先列出二进制码到格雷码转换的真值表，如表6－2所示。

表 6-2 二进制码转换为格雷码的真值表

4位二进制自然码输入				格雷码输出				存储字
B_3	B_2	B_1	B_0	G_3	G_2	G_1	G_0	W_i
0	0	0	0	0	0	0	0	W_0
0	0	0	1	0	0	0	1	W_1
0	0	1	0	0	0	1	1	W_2
0	0	1	1	0	0	1	0	W_3
0	1	0	0	0	1	1	0	W_4
0	1	0	1	0	1	1	1	W_5
0	1	1	0	0	1	0	1	W_6
0	1	1	1	0	1	0	0	W_7
1	0	0	0	1	1	0	0	W_8
1	0	0	1	1	1	0	1	W_9
1	0	1	0	1	1	1	1	W_{10}
1	0	1	1	1	1	1	0	W_{11}
1	1	0	0	1	0	1	0	W_{12}
1	1	0	1	1	0	1	1	W_{13}
1	1	1	0	1	0	0	1	W_{14}
1	1	1	1	1	0	0	0	W_{15}

把表中的B_3、B_2、B_1、B_0定义为地址输入量，格雷码G_3、G_2、G_1、G_0定为输出量，存储矩阵的内容由具体的格雷码决定，则该ROM的容量为16×4，由真值表写出最小项表达式为

$$G_3=\sum(8,9,10,11,12,13,14,15)$$
$$G_2=\sum(4,5,6,7,8,9,10,11)$$
$$G_1=\sum(2,3,4,5,10,11,12,13)$$
$$G_0=\sum(1,2,5,6,9,10,13,14)$$

由最小项表达式，画出ROM阵列如图6-4所示，其中与阵列为四-十六线译码器，不可编程，或阵列可编程。

2. 可编程只读存储器

可编程ROM常称为PROM。在出厂时，存储体的内容为全0或全1，用户可根据需要将某些存储单元改写为1或0，也就是编程。常用的双极型工艺ROM，采用烧毁熔断丝的方法使三极管由导通变为截止，三极管不起作用，存储器变为“0”信息；而未被熔断熔丝的地方，即表示为“1”信息。PROM只实现一次编写的目的，写好后就不可更改，其内容便是永久性的。由于可靠性差，又是一次性编程，目前较少使用。

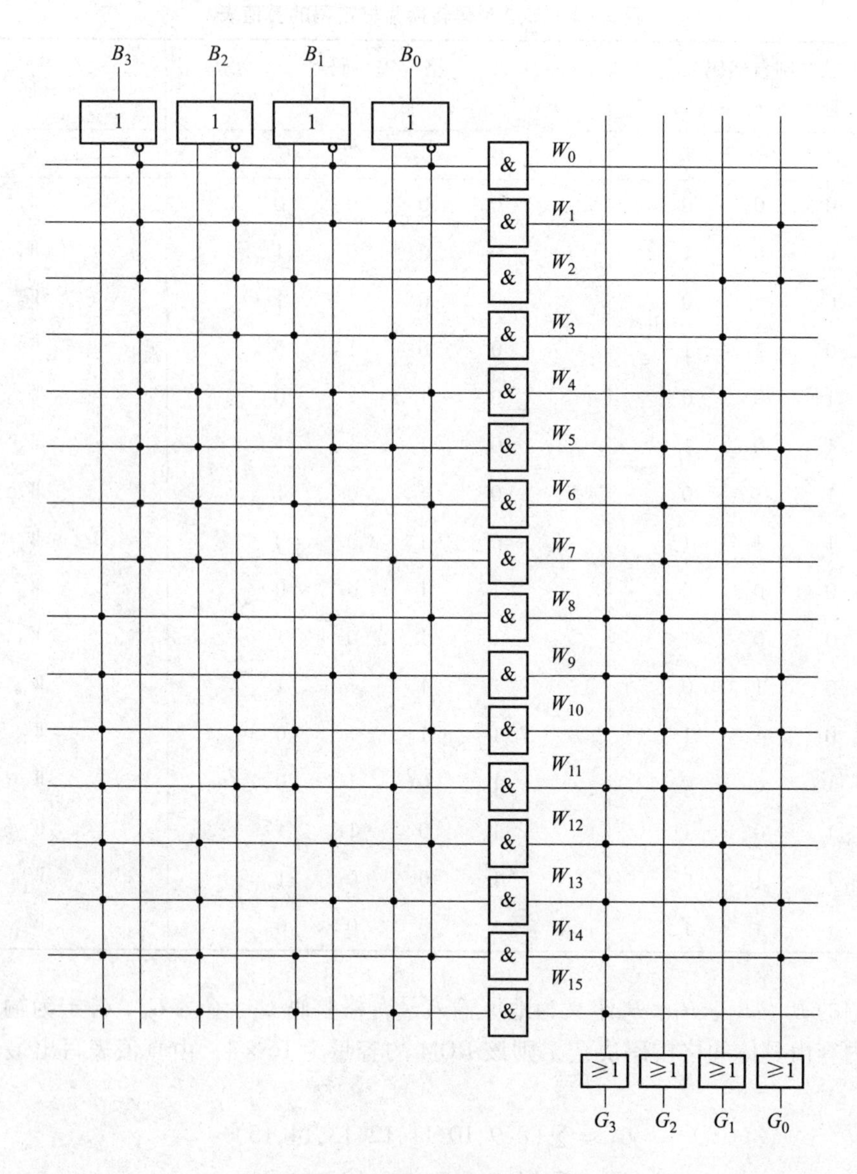

图 6－4　ROM 实现码制转换

紫外线可擦除 EPROM：EPROM 是另一种广泛使用的存储器，其正中间有一个玻璃窗口，该窗口可让紫外光通过。EPROM 可以根据用户要求写入信息，从而长期使用。当不需要原有信息时，也可以擦除后重写。若要擦去所写入的内容，可用 EPROM 擦除器产生的强紫外线，对 EPROM 照射 20 min 左右即可。擦除后的芯片内容可能是全 1，也可能是全 0，视制造工艺的不同而异，之后用户可重新编程。

常用的 EPROM 有 2716（2 K×8 位）、2732（32 K×8 位）、…、27512（64 K×8 位）等，即型号以 27 打头的芯片都是 EPROM。它们除存储容量和编程高电压等参数不同外，其他参数基本相同。

2764 是一个 8K×8 位的紫外线可擦除可编程 ROM 集成电路，2764 共有 2^{13} 个存储单元，存储容量为 8 K×8 位。2764 有 13 根地址线 $A_0 \sim A_{12}$，8 根数据线 $D_0 \sim D_7$，3 条控制线 $\overline{CE}$

（芯片使能端）、$\overline{OE}$（输出使能端）和$\overline{PGM}$（脉冲编程端）以及编程电压 U_{PP}、电源 U_{CC} 和地 GND 等。

2764 有 5 种工作方式，如表 6-3 所示。

表 6-3 EPROM 2764 的工作方式

操作方式	控制输入					功能
	$\overline{CE}$	$\overline{OE}$	$\overline{PGM}$	U_{PP}	U_{CC}	
编程写入	0	1	0	25 V	5 V	$D_0 \sim D_7$ 上的内容存入对应的单元
读出数据	0	0	1	5 V	5 V	$A_0 \sim A_{12}$ 对应单元的内容输出
低功能维持	1	×	×	5 V	5 V	$D_0 \sim D_7$ 呈高阻态
编程校验	0	0	1	25 V	5 V	数据读出
编程禁止	1	×	×	25 V	5 V	$D_0 \sim D_7$ 呈高阻态

电可擦除 E^2PROM：电擦除可编程只读存储器是近年来被广泛使用的一种只读存储器，有时也写作 EEPROM。其主要特点是能在应用系统中进行在线改写，并能在断电的情况下保存数据而不需保护电源。特别是最近的 +5 V 电擦除 E^2PROM，通常不需单独的擦除操作，可在写入过程中自动擦除，使用非常方便。以 28 打头的系列芯片都是 E^2PROM。

闪存 Flash Memory：闪速存储器 Flash Memory 又称快速擦写存储器或快闪存储器，是由 Intel 公司开发，近年来较为流行的一种新型的高密度、非易失性的读/写半导体存储器件。它在断电的情况下信息可以保留，在不加电的情况下，信息可以保存 10 年，可以在线进行擦除和改写。Flash Memory 是在 E^2PROM 上发展起来的，属于 E^2PROM 类型，有逐步取代 E^2PROM 的趋势，已在优盘、数码相机、电子记事本中得到了广泛的应用。

6.1.2 随机存取的存储器

半导体随机存取存储器简称 RAM，是数字计算机的重要记忆部件，可以在任意时刻、对任意选中的存储单元进行信息的存入（写）或取出（读）的信息操作，因此称为随机存取存储器。当电源断电时，这种存储器存储的信息便消失。

1. RAM 的基本结构

随机存取存储器一般由存储矩阵、地址译码器、片选控制和读/写控制电路等组成。其容量也为字线 × 位线。其结构示意图如图 6-5 所示。

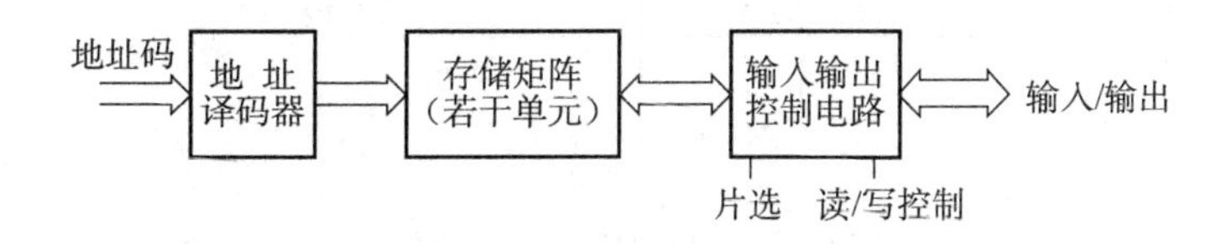

图 6-5 RAM 结构示意图

存储矩阵同样是 RAM 存储器的主体，由若干个设计成矩阵形式的存储单元组成，每个存储单元可存放一位二进制信息。一片 RAM 由若干个字组成（每个字由若干位组成，如 4 位、8 位、16 位等）。通常信息的读写是以字为单位进行的。

为了区别不同的字，将存放同一个字的存储单元编为一组，并赋予一个号码，称为地址。不同的字具有不同的地址，从而在进行读写操作时，便可以按照地址选择欲访问的单元。地址的选择是通过地址译码器来实现的。

每片 RAM 的存储容量极为有限，而在实际应用中通常需要大容量存储器，数字系统中的 RAM 一般由多片组成，而系统每次读写时，只选中其中的一片（或几片）进行读写，因此在每片 RAM 上均加有片选信号线$\overline{CS}$。只有该信号有效$\overline{CS}=0$时，RAM 才被选中，可以对其进行读写操作；否则该芯片不工作。

某芯片被选中后，该芯片执行读还是写操作由读写信号 $R/\overline{W}$控制。如果是读，则被选中单元存储的数据经数据线、输入/输出线传送给 CPU；如果是写，则 CPU 将数据经过输出/输入线、数据线存入被选中单元中。一般 RAM 的读/写控制器高电平为读，低电平为写；也有的 RAM 读/写控制器是分开的，一个为读，一个为写。

RAM 通过输入/输出（I/O）端与计算机的 CPU 交换数据，读出时它是输出端，写入时它是输入端，即一线二用，由读/写控制线控制。输入/输出端数据线的条数，与字的位数相同。如在 1024×1 位的 RAM 中，每个地址中只有 1 个存储单元（1 位），因此只有 1 条输入/输出线；而在 256×4 位的 RAM 中，每个地址中有 4 个存储单元（4 位），所以有 4 条输入/输出线。也有的 RAM 输入/输出线是分开的。RAM 的输出端一般都具有集电极开路或三态输出结构。

2. 集成 RAM 芯片

在集成电路中，有多种类型的 RAM 和 ROM，常用的集成存储器见附录中的附表 8。它们主要在存储容量、工作方式和编程电压等方面有所不同。典型的 RAM 芯片有 2114（1 K×4 位）、6116（2 K×8 位）、6264（8 K×8 位）等。

6116 引脚如图 6-6 所示。图中 $A_0 \sim A_{10}$是 11 条地址输入线，$D_0 \sim D_7$是数据输入/输出端。显然，6116 可存储的字数为 $2^{11}=2048$（2K），字长为 8 位，其容量为 2048 字×8 位/字 = 16384 位；$\overline{CE}$为片选端，低电平有效；$\overline{OE}$为输出使能端，低电平有效；$\overline{WE}$为读/写控制端。电路采用标准的 24 脚双列直插式封装，电源电压为 5 V，输入、输出电平与 TTL 兼容。

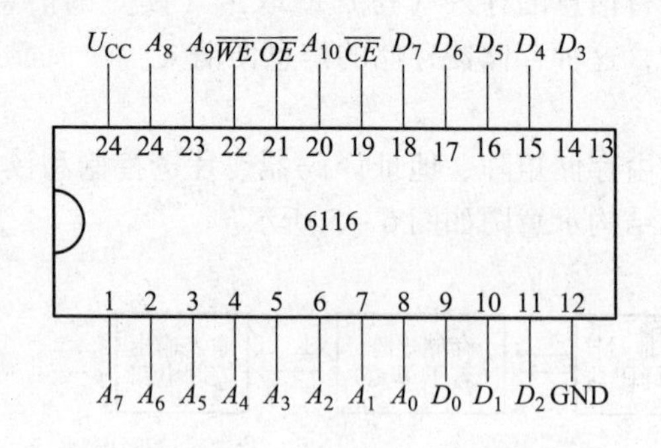

图 6-6 6116 芯片的引脚排列

6116 芯片有以下 3 种工作方式。

（1）写入方式。

当$\overline{CE}=0$，$\overline{OE}=1$，$\overline{WE}=0$时，数据线 $D_0 \sim D_7$ 上的内容存入 $A_0 \sim A_{10}$相应的单元。

(2) 读出方式。

当$\overline{CE}=0$，$\overline{OE}=0$，$\overline{WE}=1$时，$A_0 \sim A_{10}$相应单元的内容输出到数据线$D_0 \sim D_7$。

(3) 低功耗维持方式。

当$\overline{CE}=1$时，芯片进入这种工作方式，此时器件电流仅20 μA左右，为系统断电时用电池保持RAM内容提供了可能性。

3. RAM的容量扩展

在实际应用中，经常需要大容量的RAM，在单片RAM芯片容量不能满足要求时，就需要进行扩展，将多片RAM组合起来以扩展存储器容量，构成存储器系统（也称存储体）。RAM的扩展分为位扩展和字扩展两种。

1) 位扩展

RAM的地址线为n条，则该片RAM就有2^n个字，若只需要扩展位数不需扩展字数时，说明字数满足了要求，即地址线不用增加。扩展位数，只需把若干位数相同的RAM芯片地址线共用，$R/\overline{W}$线共用，片选$\overline{CS}$线共用，每个RAM的I/O端并行输出，即实现了位扩展。

例6-2 试用1024×1RAM扩展成1024×8存储器。

解： 扩展为1024×8存储器需要1024×1RAM的片数为

$$N=\frac{\text{总存储容量}}{\text{一片存储容量}}=\frac{1024\times 8}{1024\times 1}\text{片}=8\text{片}$$

将8片RAM的十位地址线并联在一起，$R/\overline{W}$线并联在一起，片选$\overline{CS}$线也并联在一起，每片RAM的I/O端并行输出作为1024×8存储器的I/O端数据线$I/O_0 \sim I/O_7$，即实现了位扩展，如图6-7所示。

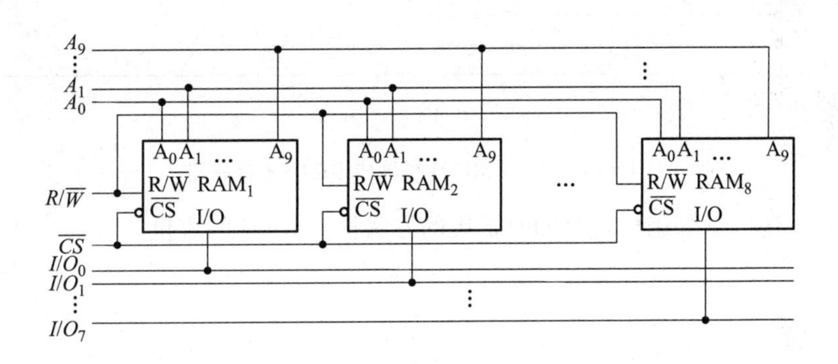

图6-7 用1024×1RAM组成1024×8存储器

2) 字扩展

当存储器的数据位数满足要求而字数达不到要求时，需要进行字扩展。字数若增加，地址线需要做相应的增加，可以利用译码器控制芯片的片选信号来实现，下面举例说明。

例6-3 试用256×8RAM扩展成1024×8存储器。

解： 需用的256×8RAM芯片数为

$$N=\frac{\text{总存储容量}}{\text{一片存储容量}}=\frac{256\times 8}{1024\times 8}\text{片}=4\text{片}$$

4片芯片的I/O线、$R/\overline{W}$线并联在一起使用。各芯片的8位地址线$A_7 \sim A_0$也都并联在一起。因为字数扩展4倍，故应增加两位高位地址线A_8、A_9，可以通过外加译码器控制芯片的片选输入端$\overline{CS}$来实现。增加的地址线 A_8、A_9 与译码器的输入相连，译码器的低电平输出分别接到4片 RAM 的片选输入端$\overline{CS}$。当 $A_9A_8A_7 \sim A_0$ 为 0000000000 ~ 0011111111 时，芯片 1 的$\overline{CS}=0$ 被选中，可以对该片的 256 个字进行读写操作。当 $A_9A_8A_7 \sim A_0$ 为 0100000000 ~ 0111111111 时，芯片 2 的$\overline{CS}=0$ 被选中，可以对该片的 256 个字进行读写操作；当 $A_9A_8A_7 \sim A_0$ 为 1000000000 ~ 1011111111 时，芯片 3 的$\overline{CS}=0$ 被选中，可以对该片进行读写操作；当 $A_9A_8A_7 \sim A_0$ 为 1100000000 ~ 1111111111 时，芯片 4 的$\overline{CS}=0$ 被选中，可以对该片进行读写操作，电路连接如图 6－8 所示。

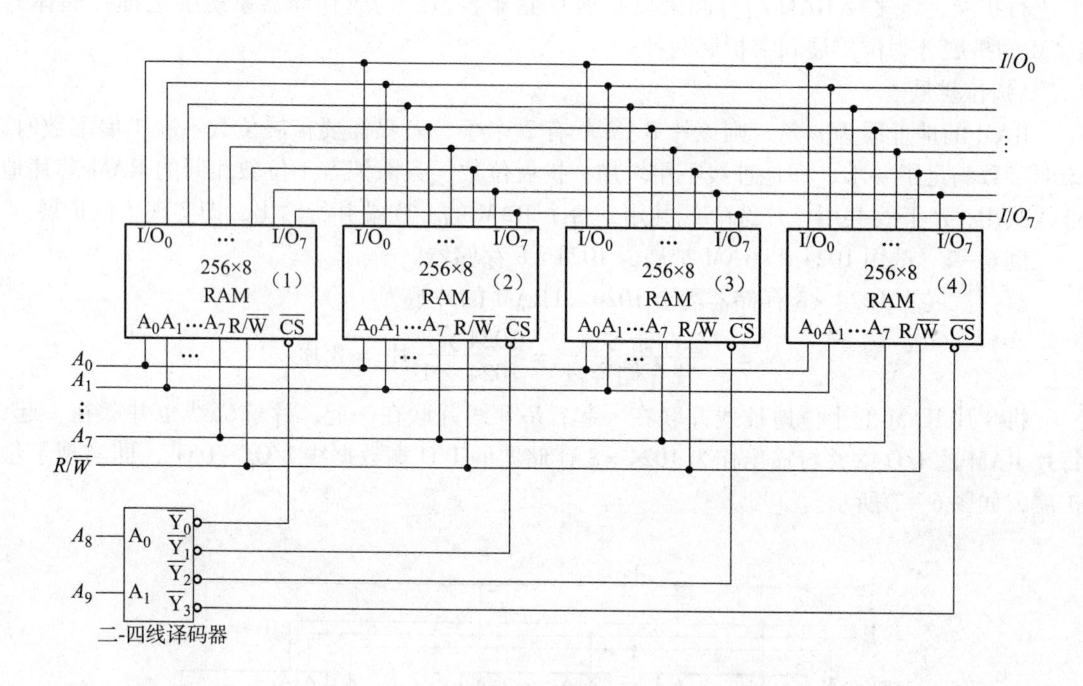

图 6－8　256×8RAM 扩展成 1024×8 存储器

如果需要，还可以采用位与字同时扩展的方法扩大 RAM 的容量。

思考题

1. 存储器有哪几种？它们的存储容量如何计算？
2. 现有容量为 256×8 RAM 一片，试回答：
(1) 该片 RAM 共有多少个存储单元？
(2) RAM 共有多少个字？字长为多少位？
(3) 该片 RAM 有多少根地址线、字线、位线？
(4) 访问该片 RAM 时，每次会选中多少个存储单元？
3. 存储器进行位扩展、字扩展时如何连接？
4. 试比较 ROM、PROM、EPROM 和 EEPROM 的异同。

模块 6.2　数/模与模/数转换

数/模与模/数转换是现代自动控制技术的重要组成部分，也是智能仪表和数字通信系统中不可少的器件。当计算机系统与智能仪表用于自动控制时，所遇到的信息大多是连续变化的模拟量，如温度、压力、位移、流量等，它们的值都是随时间连续变化的，而数字系统只能接收数字量，所以首先要将传感器输出的这些模拟量经模/数转换器将模拟量变成数字量后再送给计算机或数字控制电路进行处理。而处理的结果，又需要经过数/模转换器变成电压、电流等模拟量以实现自动控制。

随着电子计算机的普及和小型化，目前的模数及数模转换技术越来越集成化，常以芯片或一个集成芯片的部分功能出现在电子市场内。

6.2.1　数/模转换器

D/A 转换器（DAC）用于将输入的二进制数字量转换为与该数字量成比例的电压或电流。一般线性 D/A 转换器，其输出模拟电压 u_o和输入数字量 D 之间成正比关系，即 $u_o = K \times D$。K 为常数，D 为二进制数字量，$D = D_{n-1}D_{n-2}\cdots D_0$。

D/A 转换器的基本思路是将数字量的每一位的代码按其权的大小转换成相应的模拟量，然后将代表每位的模拟量相加，所得的总模拟量就与数字量成正比，即

$$
\begin{aligned}
u_o &= D_{n-1} \times 2^{n-1} \times K + D_{n-2} \times 2^{n-2} \times K + \cdots + D_0 \times 2^0 \times K \\
&= K \times (D_{n-1} \times 2^{n-1} + D_{n-2} \times 2^{n-2} + \cdots + D_0 \times 2^0) \\
&= K \times D
\end{aligned}
$$

数/模转换器（DAC）的结构框图如图 6-9 所示。图中，数据锁存器用来暂时存放输入的数字量，这些数字量控制模拟电子开关，将参考电压源 U_{REF}按位切换到电阻译码网络中变成加权电流，然后经运放求和，输出相应的模拟电压，完成 D/A 转换过程。

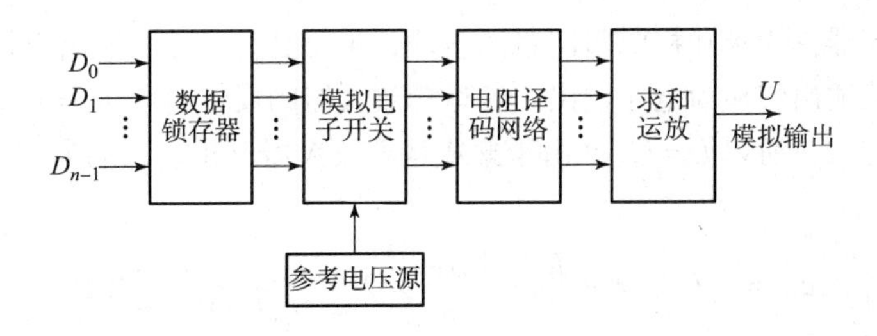

图 6-9　D/A 转换器的一般结构框图

D/A 转换器种类较多，根据工作原理基本上分为两大类，即权电阻网络 D/A 转换和 T 型电阻网络 D/A 转换。按工作方式分有电压相加型 D/A 转换及电流相加型 D/A 转换；按输出模拟电压极性又可分为单极性 D/A 转换和双极性 D/A 转换。这里介绍几种常见的 D/A 转换电路。

1. 典型 D/A 转换电路

1）权电阻 DAC

4 位二进制权电阻 DAC 的电路如图 6-10 所示。

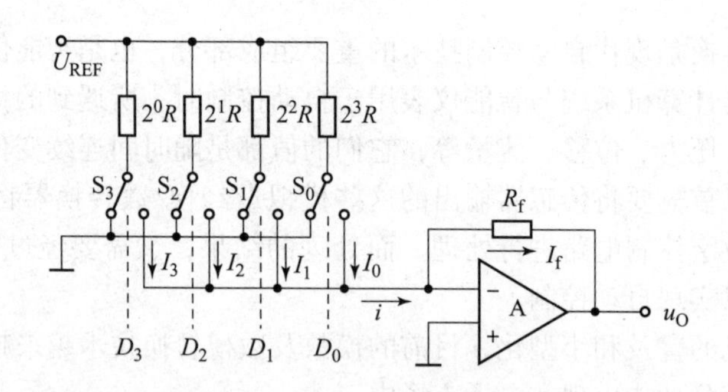

图 6-10 权电阻 DAC 电路原理图

由图可以看出，此类 DAC 由权电阻网络、模拟开关和运算放大器组成。U_{REF} 为稳定直流电压，是 D/A 转换电路的基准电压。电阻网络的各电阻的值呈二进制权的关系，并与输入二进制数字量对应的位权成比例关系，权越大，对应的电阻值越小。

输入数字量 D_3、D_2、D_1 和 D_0 分别控制模拟电子开关 S_3、S_2、S_1 和 S_0 的工作状态。当 D_i 为“1”时，开关 S_i 接通参考电压 U_{REF}；当 D_i 为“0”时，开关 S_i 接地。这样流过所有电阻的电流之和即求和运算放大器总的输入电流为

$$\begin{aligned} i &= I_0 + I_1 + I_2 + I_3 \\ &= \frac{U_{REF}}{2^3R}D_0 + \frac{U_{REF}}{2^2R}D_1 + \frac{U_{REF}}{2^1R}D_2 + \frac{U_{REF}}{2^0R}D_3 \\ &= \frac{U_{REF}}{2^3R}(2^0D_0 + 2^1D_1 + 2^2D_2 + 2^3D_3) \\ &= \frac{U_{RED}}{2^3R}\sum_{i=0}^{3} 2^iD_i \end{aligned}$$

集成运算放大器作为求和权电阻网络的缓冲，主要是为了减少输出模拟信号对负载变化的影响，并将电流输出转换为电压输出。若运算放大器的反馈电阻 $R_f = R/2$，由于运算放大器的输入电阻无穷大，所以 $I_f = i$，又由于集成运算放大器反相输入端为“虚地”，则运放的输出电压为

$$u_O = -I_fR_f = -\frac{R}{2} \times \frac{U_{REF}}{2^3R}\sum_{i=0}^{n-1} 2^iD_i = -\frac{U_{REF}}{2^4}\sum_{i=0}^{3} 2^iD_i$$

对于 n 位的权电阻 D/A 转换器，其输出电压为

$$u_O = -\frac{U_{REF}}{2^n}\sum_{i=0}^{n-1} 2^iD_i$$

由上式可以看出，权电阻 D/A 转换器的模拟输出电压与输入的数字量成正比关系。当输入数字量全为 0 时，DAC 输出电压为 0 V；当输入数字量全为 1 时，DAC 输出电压为 $-U_{REF}\left(1-\frac{1}{2^n}\right)$。权电阻网络 DAC 的优点是电路结构简单、使用的电阻元件数少，n 位只

需 n 个电阻。其主要缺点是各个电阻的阻值相差较大，尤其是输入数字量的位数较多时，问题更为突出。较宽范围的电阻很难保证电阻的精度，不能保证 D/A 转换的精度，因此在集成电路中很少采用。

2）倒 T 型电阻网络 DAC

为解决权电阻网络 D/A 转换器中电阻阻值相差过大的问题，人们提出了倒 T 型电阻网络 D/A 转换器。图 6－11 所示为一个由两种阻值的电阻构成的四位倒 T 型电阻网络 DAC（按同样结构可将它扩展到任意位），它由数据锁存器（图中未画）、模拟电子开关（S）、$R-2R$ 倒 T 型电阻网络、运算放大器（A）及基准电压 U_{REF} 组成。

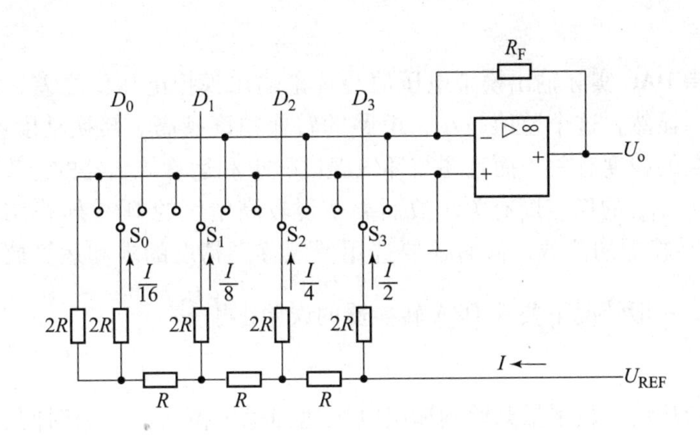

图 6－11　倒 T 型电阻网络 D/A 转换器

模拟电子开关 S_3、S_2、S_1、S_0 分别受数据锁存器输出的数字信号 D_3、D_2、D_1、D_0 控制。当 D_i 为 1 时，相应的模拟电子开关接至运算放大器的反相输入端（虚地）；若为 0 则接同相输入端（接地）。开关 $S_3 \sim S_0$ 是在运算放大器求和点（虚地）与地之间转换，因此不管数字信号 D_i 如何变化，流过每条支路的电流始终不变，从参考电压 U_{REF} 输入的总电流也是固定不变的。

集成运算放大器反相输入端为“虚地”，因此，由图 6－11 所示电路从 U_{REF} 向左看，整个电路等效电阻为 R，总电流 $I=U_{REF}/R$。流入每个 $2R$ 电阻的电流从高位到低位依次为 $I/2$、$I/4$、$I/8$、$I/16$，流入运算放大器反相输入端的电流为

$$I_{\Sigma}=D_3\frac{I}{2}+D_2\frac{I}{4}+D_1\frac{I}{8}+D_0\frac{I}{16}$$

$$=\frac{U_{REF}}{2^4R}(D_3\times 2^3+D_2\times 2^2+D_1\times 2^1+D_0\times 2^0)$$

所以运算放大器的输出电压为

$$U_O=-I_{\Sigma}R_F=-\frac{U_{REF}R_F}{2^4R}(D_3\times 2^3+D_2\times 2^2+D_1\times 2^1+D_0\times 2^0)$$

若 $R_F=R$，且为 n 位 DAC，则有

$$U_O=-\frac{U_{REF}}{2^n}(D_{n-1}\times 2^{n-1}+D_{n-2}\times 2^{n-2}+\cdots+D_1\times 2^1+D_0\times 2^0)$$

2. D/A 转换器的主要技术参数

1）分辨率

DAC 的分辨率是说明 DAC 输出最小电压的能力。它是指最小输出电压（对应的输入数字量仅最低位为 1）与最大输出电压（对应的输入数字量各有效位全为 1）之比，即

$$分辨率 = \frac{1}{2^n - 1}$$

式中，n 表示输入数字量的位数。可见，分辨率与 D/A 转换器的位数有关，位数 n 越大，能够分辨的最小输出电压变化量就越小，即分辨最小输出电压的能力也就越强。

例如，$n=8$，DAC 的分辨率为

$$分辨率 = \frac{1}{2^n - 1} = 0.0039$$

2）转换精度

转换精度是指 DAC 实际输出模拟电压值与理论输出模拟电压值之差，它包括非线性误差和漂移误差等。显然，这个差值越小，电路的转换精度越高。转换精度不仅与 D/A 转换器中的元器件参数的精度有关，而且还与环境温度、求和运算放大器的温度漂移以及转换器的位数、基准电压 U_{REF} 的稳定度有关。故而要获得较高精度的 D/A 转换结果，一定要正确选用合适的 D/A 转换器的位数，同时还要选用低漂移高精度的求和运算放大器、高稳定度的基准电压 U_{REF}。一般情况下要求 D/A 转换器的误差小于 $\frac{U_{lsb}}{2}$。

3）转换速度

转换速度是指从输入数字量开始到输出电压达到稳定值所需要的时间。转换时间越小，工作速度就越高。

3. 集成 D/A 转换器

常用的集成 DAC 有 AD7520、DAC0832、DAC0808、DAC1230、MC1408、AD7524 等，这里仅对 AD7520、DAC0832 作简要介绍。

1）集成 D/A 转换器 AD7520

AD7520 是十位的倒 $R-2R$ 电阻网络集成 DAC，内有 10 个 CMOS 开关，与 AD7530、AD7533 完全兼容。图 6－12（a）所示为 AD7520 引脚。

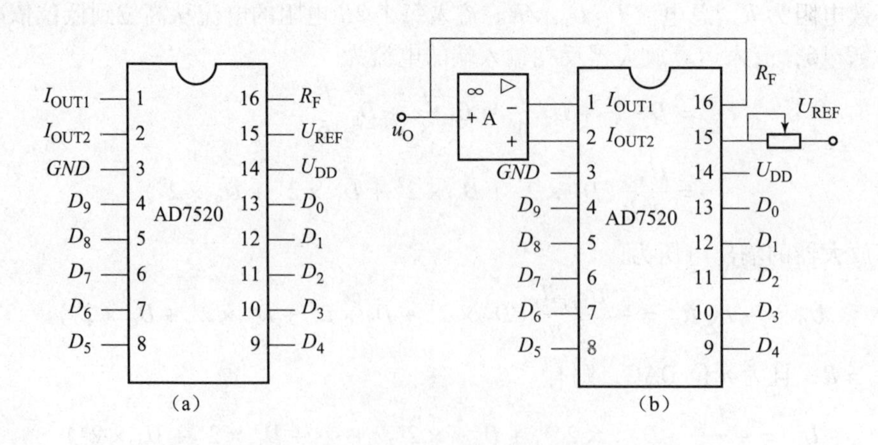

图 6－12　AD7520 引脚图及外接电路图

（a）AD7520 引脚排列　（b）AD7520 外接电路

AD7520 共 16 个引脚，各引脚功能如下。

4 ~ 13 脚为 $D_0 \sim D_9$，是 AD7520 的十位数字的输入端。

1 脚为模拟电流 I_{OUT1} 输出端，接运算放大器的反相输入端。

3 脚为接地端。

2 脚为模拟电流 I_{OUT2} 输出端，一般接地或接运算放大器的同相输入端。

14 脚为 $+U_{DD}$ 电源接线端。

15 脚为参考电源接线端，U_{REF} 可为正值或负值。

16 脚为芯片内部反馈电阻的引出端。

该芯片内部只含有倒 T 型电阻网络、电流开关和反馈电阻，不含运算放大器，输出端为电流输出。具体使用时要外接运算放大器和基准电源。图 6 - 12（b）所示为其应用电路。

2）DAC0830 系列

DAC0830 系列包括 DAC0830、DAC0831 和 DAC0832，是 CMOS 的 Cr - Si 工艺实现的 8 位 DAC，可直接与 8080、8048、Z80 及其他微处理器接口。下面以 DAC0832 为例进行说明。其内部结构和引脚排列如图 6 - 13 所示。

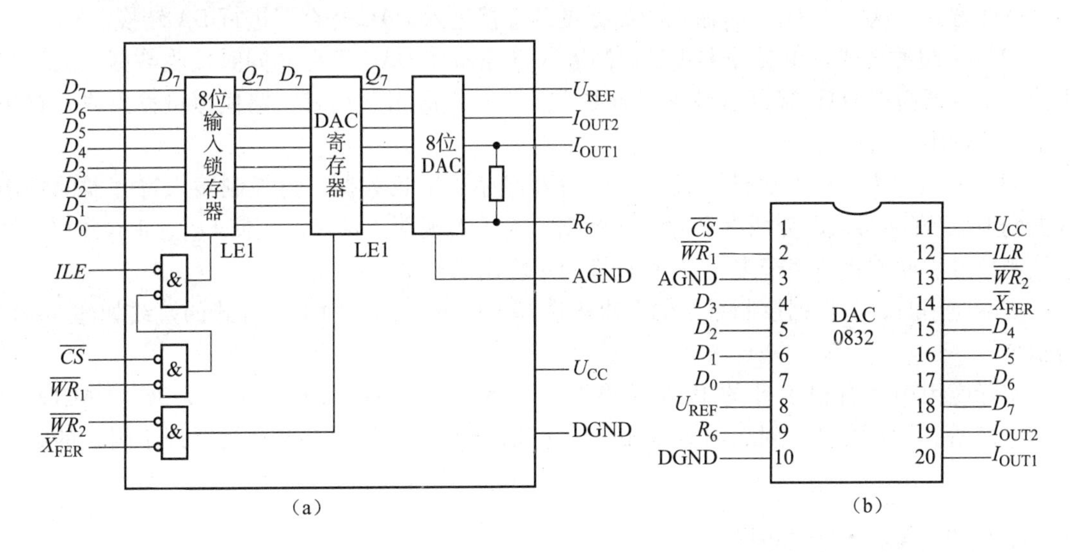

图 6 - 13　DAC0832 的内部结构和引脚排列

（a）DAC0832 内部结构　（b）DAC0832 引脚排列

DAC0832 由八位输入寄存器、八位 DAC 寄存器和八位 D/A 转换器三大部分组成。它有两个分别控制的数据寄存器，可以实现双缓冲、单缓冲和直通三种输入方式，所以使用时有较大的灵活性，可根据需要接成不同的工作方式。DAC0832 中采用的是倒 T 型 $R-2R$ 电阻网络，无运算放大器，是电流输出，使用时需外接运算放大器。芯片中已经设置了 R_{fb}，只要将 9 号管脚接到运算放大器输出端即可。但若运算放大器增益不够，还需外接反馈电阻。DAC0832 芯片上各引脚的名称和功能说明如下。

$\overline{CS}$：片选信号，低电平有效。当该端是高电平时，DAC 芯片不工作。

$\overline{WR}_1$：输入寄存器写选通信号，低电平有效。

$D_0 \sim D_7$：八位数字信号输入端。

I_{OUT1}、I_{OUT2}：DAC 输出电流端。使用时分别与集成运算放大器的反相端和同相端相连。

R_{fb}：反馈信号输入端，可以直接接集成运算放大器的输出端，通过芯片内部的电阻构成反馈支路，也可以根据需要再外接电阻构成反馈支路。

U_{CC}：数字部分的电源输入端。U_{CC}可在 +5 ~ +15 V 范围内选取。

DGND：数字电路地。

AGND：模拟电路地。

ILE：输入寄存器锁存信号，高电平有效（当$\overline{CS}=\overline{WR}_1=0$时，只要 ILE = 1，则 8 位输入寄存器将直通数据，即不再锁存）。

$\overline{WR}_2$：DAC 寄存器的写入控制信号。

U_{REF}：基准参考电压端，在 -10 ~ +10 V 之间选择。

$\overline{X_{FER}}$：DAC 寄存器的传送控制信号，低电平有效。

根据 DAC0832 的输入寄存器和 DAC 寄存器不同的控制方法，DAC 有以下三种工作方式。

（1）直通方式。如果 DAC0832 的两个八位寄存器都处于直通状态（输出跟随输入变），即为直通方式。这时由 $D_0 \sim D_7$输入的数据可以直接进入 DAC 寄存器进行 DA 转换。

（2）单缓冲方式。单缓冲方式是控制输入寄存器和 DAC 寄存器同时接收数据，或者只用输入寄存器而把 DAC 寄存器接成直通方式。此方式适用于只有一路模拟量输出或几路模拟量异步输出的情形。

（3）双缓冲方式。双缓冲方式是先使输入寄存器接收数据，再控制输入寄存器的输出数据到 DAC 寄存器，即分两次锁存输入数据。为了实现两级锁存，应使$\overline{WR}_1$、$\overline{WR}_2$分别接两个控制信号。此方式适用于多个 D/A 转换同步输出的情形。

实际应用时，要根据控制系统的要求来选择工作方式。三种工作方式的接线如图 6 - 14 所示。

实际应用中还有很多种的 D/A 转换器，如 AC1002、DAC1022、DAC1136、DAC1222、DAC1422 等，用户在使用时，可查阅相关的手册。现将常见的 D/A 转换器列于附录的附表 9 中。

6.2.2 模/数转换器

1. ADC 的基本工作原理

A/D 转换是将时间和（或）数值上连续的模拟信号转换为时间和数值上都是离散的数字信号。转换过程通过取样（时间上对模拟信号离散化）、保持、量化（数值上离散化）和编码四个步骤完成。

1）取样和保持

采样是对模拟量在一系列离散的时刻进行采集，得到一系列等距不等幅的脉冲信号。在采样过程中，每次采样结果都要暂存，即保持一定时间，以便于转换成数字量。采样电路和保持电路合称为采样 - 保持电路。图 6 - 15（a）所示是一种常见的取样保持电路，它由取样开关、保持电容和缓冲放大器组成。图 6 - 15（b）是采样过程的波形图。图中，U_i 为模拟输入信号，CP 为取样脉冲，U_o 为取样后输出信号。

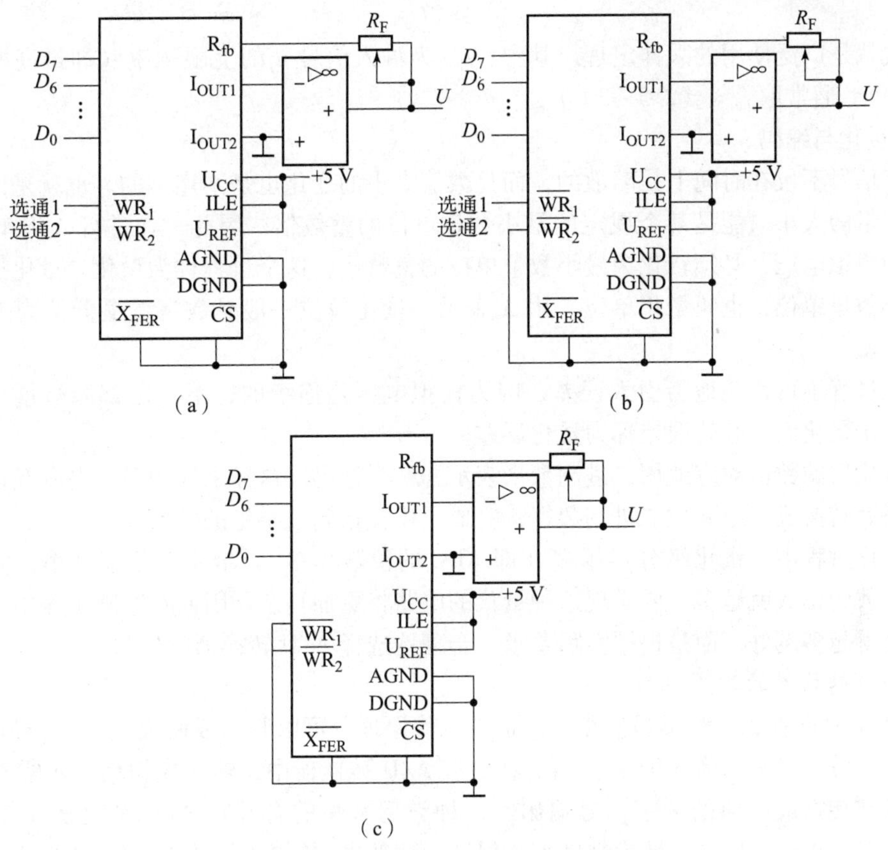

图6－14　DAC0832的三种工作方式

(a) 双缓冲器型　(b) 单缓冲器型　(c) 直通型

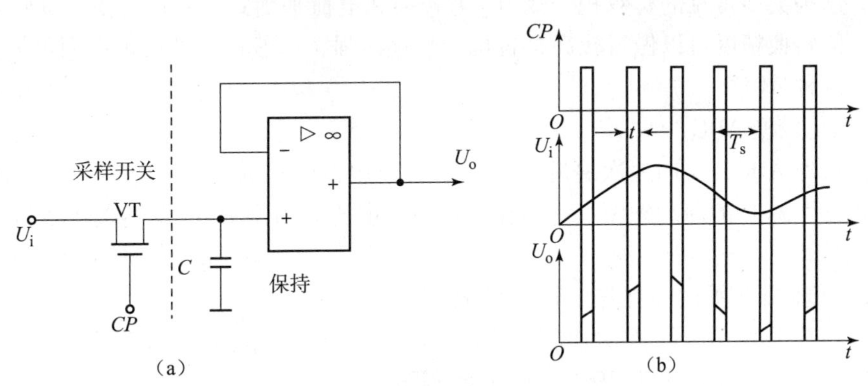

图6－15　采样保持电路及采样过程波形

(a) 采样保持电路　(b) 采样过程

在图6－15（a）中开关T（利用场效应管做模拟开关）闭合时（时间τ内），输入模拟量对电容C充电，这是采样过程；开关断开时，电容C上的电压保持不变，这是保持过程。运算放大器构成跟随器，具有缓冲作用，以减小负载对保持电容的影响。

为了不失真地用采样后的输出信号u_o来表示输入模拟信号u_i，采样频率f_s（CP）必须满足：采样频率应不小于输入模拟信号最高频率分量的两倍，即

$$f_s \geqslant 2f_{max}$$

此式就是广泛使用的采样定理。其中，f_{max}为输入信号 u_i的上限频率（即最高次谐波分量的频率）。通常取f_s =（2.5 ~3）f_{max}。

2）量化与编码

数字信号不仅在时间上是离散的，而且数值大小的变化也是不连续的。也就是说，任何一个数字量的大小只能是某个规定的最小数量单位的整数倍。因此，在进行 A/D 转换采样保持后的模拟电压，必须转化为最小数量单位的整数倍，这个过程称为量化。量化过程中所取的最小数量单位，也叫量化单位，用 Δ 表示。量化单位一般是数字量最低位为 1 时所对应的模拟量。

量化过程不可避免地会引入误差，因为模拟电压是连续的，不一定都能被量化单位 Δ 整除。由于量化而引起的误差称为量化误差。

把量化后的数值对应地用二进制数来表示，称为编码。这样采样的模拟电压经过量化与编码电路后转换成一组 n 位二进制数据，完成了模拟量到数字量的转换。

在量化过程中，量化级分得越多（即 ADC 的位数越多），量化误差就越小，但同时输出二进制数的位数就越多，要实现这种量化的电路将更加复杂。因而在实际工作中，并不是量化级分得越多越好，而是根据实际要求，合理地选择 A/D 转换器的位数。

2. A/D 转换器的类型

目前 A/D 转换器的种类虽然很多，但按工作原理分可以归结成两大类，一类是直接 A/D 转换器，另一类是间接 A/D 转换器。在直接 A/D 转换器中，输入模拟信号不需要中间变量就直接被转换成相应的数字信号输出，这种类型常见的有并行 ADC 和逐次比较型 ADC 等，其特点是工作速度高、转换精度容易保证、调准也比较方便。而在间接 A/D 转换器中，输入模拟信号先被转换成某种中间变量（如时间、频率等），然后再将中间变量转换为最后的数字量，这种类型常见的有双积分式 $U-T$ 转换和电荷平衡式 $U-F$ 转换。其特点是工作速度较低，但转换精度可以做得较高，且抗干扰性能强，一般在测试仪表中用得较多。下面介绍常用的两种 ADC。

1）逐次比较型 ADC

逐次比较型 ADC，又叫逐次逼近 ADC，是目前用得较多的一种 ADC。图 6-16 所示为 4 位逐次比较型 ADC 的原理框图。它由比较器 A、电压输出型 DAC 及逐次比较寄存器（简称 SAR）组成。

其工作原理如下所述。首先，转换前先将寄存器清零。转换开始后，让逐次比较寄存器的最高位 B_1 为“1”，使其输出为 1000。这个数码被 D/A 转换器转换成相应的模拟电压 U_o，送到比较器与输入 U_i进行比较。经 DAC 转换为模拟输出（1/2 U_{REF}）。该量与输入模拟信号在比较器中进行第一次比较。如果模拟输入大于 DAC 输出，说明寄存器输出数码还不够大，则应将这一位的 1 保留，即 B_1 =1 在寄存器中保存；如果模拟输入小于 DAC 输出，说明寄存器输出数码过大，故将最

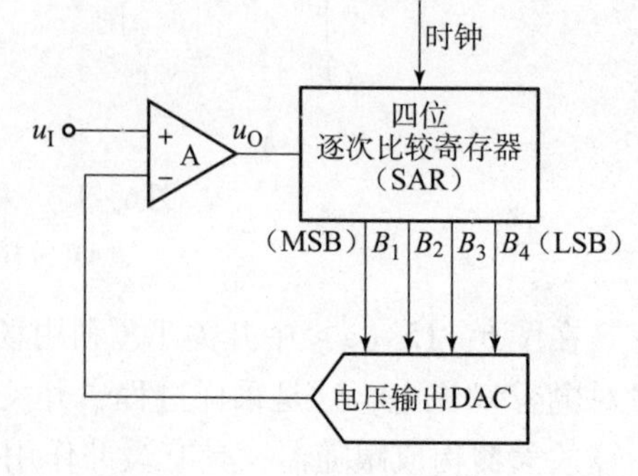

图 6-16　4 位逐次比较型 ADC 原理框图

高位的1变成0，同时将次高位置1，即SAR继续令B_2为1，连同第一次比较结果，经DAC转换再同模拟输入比较，并根据比较结果，决定B_2在寄存器中的取舍。如此逐位进行比较，直到最低位比较完毕，整个转换过程结束。这时，DAC输入端的数字即为模拟输入信号的数字量输出。

逐次比较型ADC具有速度快、转换精度高的优点，目前应用相当广泛。

例6-4　一个四位逐次逼近型ADC电路，输入满量程电压为5 V，现加入的模拟电压$U_i=4.58$ V。试求：

（1）ADC输出的数字是多少？

（2）误差是多少？

解：（1）第一步：使寄存器的状态为1000，送入DAC，由DAC转换为输出模拟电压，即

$$U_o=\frac{U_m}{2}=\frac{5}{2}\text{ V}=2.5\text{ V}$$

因为$U_o<U_i$，所以寄存器最高位的1保留。

第二步：寄存器的状态为1100，由DAC转换输出的电压为

$$U_o=\left(\frac{1}{2}+\frac{1}{4}\right)U_m=3.75\text{ V}$$

因为$U_o<U_i$，所以寄存器次高位的1也保留。

第三步：寄存器的状态为1110，由DAC转换输出的电压为

$$U_o=\left(\frac{1}{2}+\frac{1}{4}+\frac{1}{8}\right)U_m=4.38\text{ V}$$

因为$U_o<U_i$，所以寄存器第三位的1也保留。

第四步：寄存器的状态为1111，由DAC转换输出的电压为

$$U_o=\left(\frac{1}{2}+\frac{1}{4}+\frac{1}{8}+\frac{1}{16}\right)U_m=4.69\text{ V}$$

因为$U_o>U_i$，所以寄存器最低位的1去掉，只能为0。

所以，ADC输出数字量为1110。

（2）转换误差为

$$(4.58-4.38)\text{ V}=0.2\text{ V}$$

逐次逼近型ADC的数码位数越多，转换结果越精确，但转换时间也越长。这种电路完成一次转换所需时间为（$n+2$）T_{CP}。式中，n为ADC的位数，T_{CP}为时钟脉冲周期。

2）双积分型A/D电路

双积分型A/D电路工作原理：对输入模拟电压u_I和基准电压$-U_{REF}$分别进行积分，将输入电压平均值变换成与之成正比的时间间隔T_2，然后在这个时间间隔里对固定频率的时钟脉冲计数，计数结果N就是正比于输入模拟信号的数字量信号。

原理电路如图6-17所示该电路由基准电压U_{REF}、运算放大器A构成的积分器、过零比较器C、计数器及逻辑控制电路和标准脉冲CP组成。其中，基准电压U_{REF}与输入模拟电压u_i极性相反。所谓双积分，是指积分器要用两个极性不同的电源进行两个不同方向的积分。波形如图6-18所示。

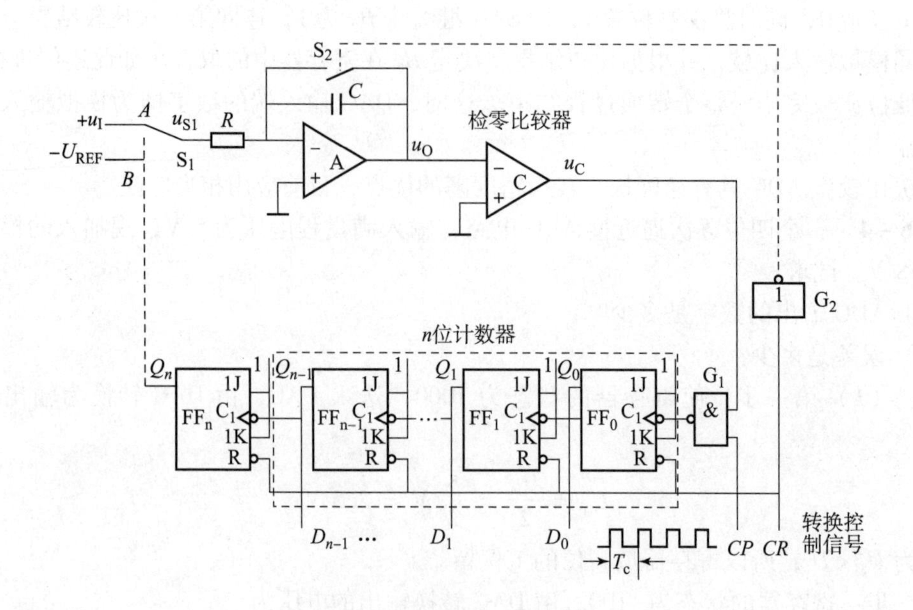

图 6－17　双积分型 ADC 电路

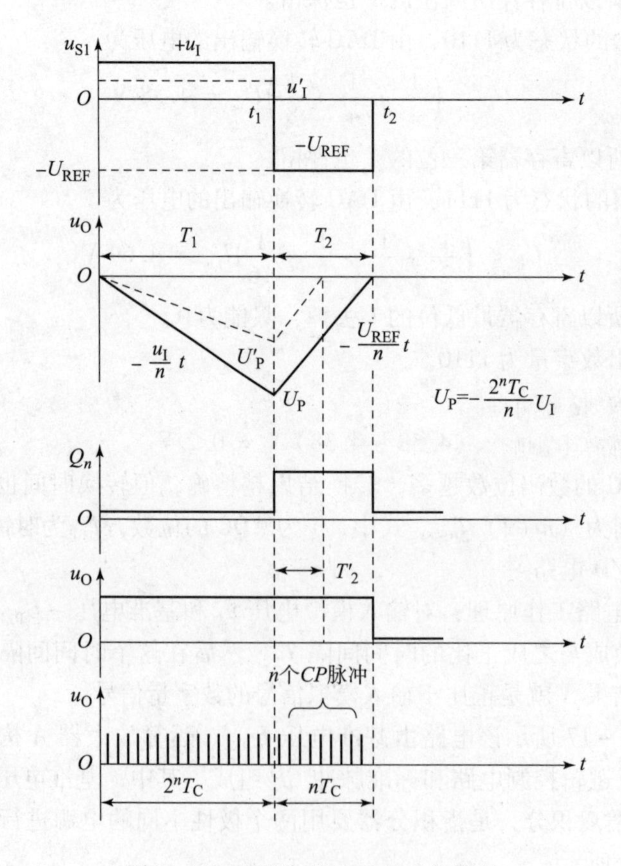

图 6－18　双积分型 ADC 的工作波形

积分器：由集成运算放大器和 RC 积分环节组成，其输入端接控制开关 S_1。S_1 由定时信号控制，可以将极性相反的输入模拟电压和参考电压分别加在积分器，进行两次方向相反的积分。其输出接比较器的输入端。

过零比较器：其作用是检查积分器输出电压过零的时刻。当 $u_o > 0$ 时，比较器输出 $u_C = 0$；当 $u_o < 0$ 时，比较器输出 $u_C = 1$。比较器的输出信号接时钟控制门的一个输入端。

时钟输入控制门 G_1：标准周期为 T_{CP} 的时钟脉冲 CP 接在控制门 G_1 的一个输入端。另一个输入端由比较器输出 u_C 进行控制。当 $u_C = 1$ 时，允许计数器对输入时钟脉冲的个数进行计数；当 $u_C = 0$ 时，禁止时钟脉冲输入到计数器。

计数器：计数器对时钟脉冲进行计数。当计数器计满（溢出）时，Q_n 被置 1，发出控制信号使开关 S_1 由 A 接到 B，从而可以开始对 $-U_{REF}$ 进行积分。其工作过程可分为两段，如图 6－18 所示。

第一段对模拟输入积分。此时，电容 C 放电为 0，计数器复位，控制电路使 S_1 接通模拟输入 u_I，积分器 A 开始对 u_I 积分，积分输出电压 u_O 自零向负方向线性增加，为负值，u_C 输出为 1，计数器开始计数。当计数器计到第 2^n 个脉冲，计数器溢出，控制电路使 S_1 接通参考电压 $-U_{REF}$，积分器结束对 u_I 积分。这段的积分输出电压达到 U_P。积分时间 $T_1 = 2^n T_{CP}$，n 为计数器的位数，此阶段又称为定时积分。

第二段对参考电压积分，又称定压积分。因为参考电压与输入电压极性相反，可使积分器的输出开始反向线性减小，计数器开始重新从 0 计数，当 u_O 减小到 0 时，通过控制门 G_1 的作用，禁止时钟脉冲输入，计数器停止计数。此时计数器的计数值 $D_0 \sim D_{n-1}$ 就是转换后的数字量。此阶段的积分时间 $T_2 = N_i T_{CP}$，N_i 为此定压积分段计数器的计数个数。

从两次积分的过程看，由于两次积分的时间常数相同，均为 RC，因此第二阶段计数器的计数值的大小 N_i 与 U_P 有关，而 U_P 的大小又由输入电压 u_I 决定，计数值 N_i 正比于输入电压的大小，从而完成模拟量到数字量的转换。

3. ADC 的主要技术指标

1）分辨率

ADC 的分辨率是指 A/D 转换器对输入模拟信号的分辨能力。常以输出二进制码的位数 n 来表示。它表明该转换器可以用 2^n 个二进制数对输入模拟量进行量化，或者分辨率反映了 ADC 能对输出数字量产生影响的最小输入量。

$$分辨率 = \frac{1}{2^n}\mathrm{FSR}$$

式中，FSR 是输入的满量程模拟电压。例如，输入模拟电压的满量程是 5 V，则 8 位 ADC 可以分辨的最小模拟电压值是 $\frac{5}{2^8}\ \mathrm{V} = \frac{5}{256}\ \mathrm{V} = 0.01953\ \mathrm{V}$，而 10 位 ADC 则为 $\frac{5}{2^{10}}\ \mathrm{V} = \frac{5}{1024}\ \mathrm{V} = 0.00488\ \mathrm{V}$，显然，ADC 位数越多，分辨率越高。

2）相对转换精度

相对转换精度是指 A/D 转换器实际输出的数字量与理论输出数字量之间的差值，通常用最低有效位 LSB 的倍数来表示。例如，转换精度 $< \pm \mathrm{LSB}/2$，表明实际输出的数字量和理论上输出的数字量之间的误差小于最低有效位的一半。ADC 的位数越多，量化单位便越小，分辨率越高，转换精度也越高。

3）转换速度

转换速度是指 A/D 转换器完成一次转换所需的时间，即从接到转换控制信号开始到输出端得到稳定数字量所需的时间。A/D 转换器转换速度主要取决于转换电路的类型。并联比较型 A/D 转换器速度最快，其次是逐次比较型，其多数转换器的转换时间都在 10 ~ 100 μs 之间，较快的也不会小于 1 μs；而双积分 A/D 转换器的转换速度就低多了，一般多在数十到百毫秒之间。

4. 集成 A/D 转换器 ADC0809

ADC0809 芯片是用 CMOS 工艺制成的双列直插式 28 引脚的 8 位 8 通道 A/D 转换器，它是按逐次比较型原理工作的，除了具有基本的 A/D 转换功能外，内部还包括 8 路模拟输入通道及地址译码电路，地址译码器选择 8 个模拟信号之一送入 ADC 进行 A/D 转换，输出具有三态缓冲功能，能与微机总线直接相连。适用于分辨率较高而转换速度适中的场合。其引脚排列如图 6－19 所示。

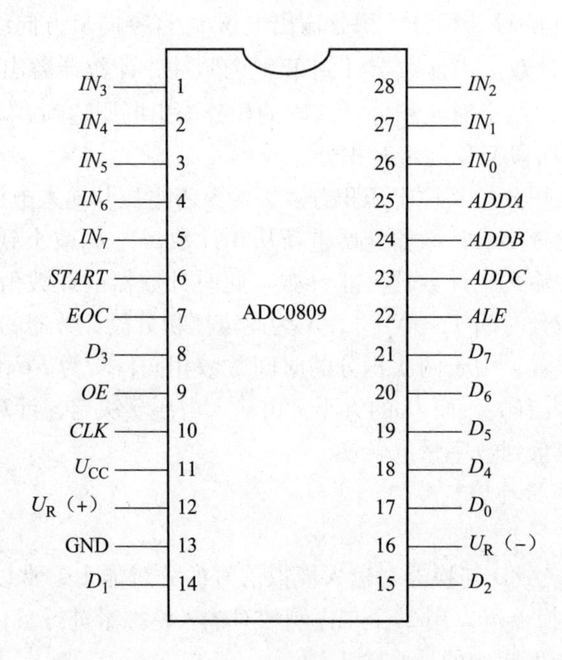

图 6－19　ADC0809 引脚图

芯片上各引脚的名称和功能如下。

IN_0 ~ IN_7：八路单端模拟输入电压的输入端。

$U_{R(+)}$、$U_{R(-)}$：基准电压的正、负极输入端。由此输入基准电压。

START：启动脉冲信号输入端。当需启动 A/D 转换过程时，在此端加一个正脉冲，脉冲的上升沿将所有的内部寄存器清零，下降沿时开始 A/D 转换过程。

ADDA、*ADDB*、*ADDC*：模拟输入通道的地址选择线。表 6－4 所例为通道选择表。

ALE（22 脚）：是通道地址锁存输入端。当 *ALE* 上升沿来到时，地址锁存器可对 *ADDA*、*ADDB*、*ADDC* 锁定。为了稳定锁存地址，即在 ADC 转换周期内模拟多路器稳定地接通在某一通道，*ALE* 脉冲宽度应大于 100 ns。下一个 *ALE* 上升沿允许通道地址更新。实际使用中，要求 ADC 开始转换之前地址就应锁存，所以通常将 *ALE* 和 *START* 连在一起，使用同一个脉

冲信号，上升沿锁存地址，下降沿启动转换。

CLK：时钟脉冲输入端。

$D_0 \sim D_7$：转换器的数码输出线，D_7 为高位，D_0 为低位。

OE：输出允许信号，高电平有效。当 $OE=1$ 时，打开输出锁存器的三态门，将数据送出。

EOC：转换结束信号，高电平有效。当 $EOC=0$ 时表示转换正在进行，当 $EOC=1$ 时表示转换已经结束。因此，*EOC* 常作为微机的中断请求信号或查询信号。显然，只有当 $EOC=1$ 以后，才可以让 *OE* 变为高电平，这时读出的数据才是正确的转换结果。

表 6-4　通道选择表

地址输入			选中通道
ADDC	*ADDB*	*ADDA*	
0	0	0	IN_0
0	0	1	IN_1
0	1	0	IN_2
0	1	1	IN_3
1	0	0	IN_4
1	0	1	IN_5
1	1	0	IN_6
1	1	1	IN_7

实际应用中的 ADC 还有多种，读者可根据需要选择模拟输入量程、数字量输出位数均适合的 A/D 转换器。常见的集成 ADC 见附录中的附表 9。

思考题

1. 常见的 A/D 转换器有几种？其特点分别是什么？
2. 为什么 A/D 转换需要采样、保持电路？
3. A/D 转换的位数越多越好吗？
4. 数模转换器的转换精度主要由什么决定？
5. 数模转换芯片为什么一定要加上参考电压？

模块 6.3　项目的实施

1. 信号发生器电路的设计

信号发生器电路原理如图 6-20 所示。电路主要由两片 74LS161、一片 EPROM 2716、一片 DAC0832、一片运算放大器 741 构成。EPROM 2716 存储器写入存储的数据还需要的设备有计算机、ALL07 编程器、紫外线擦除器。

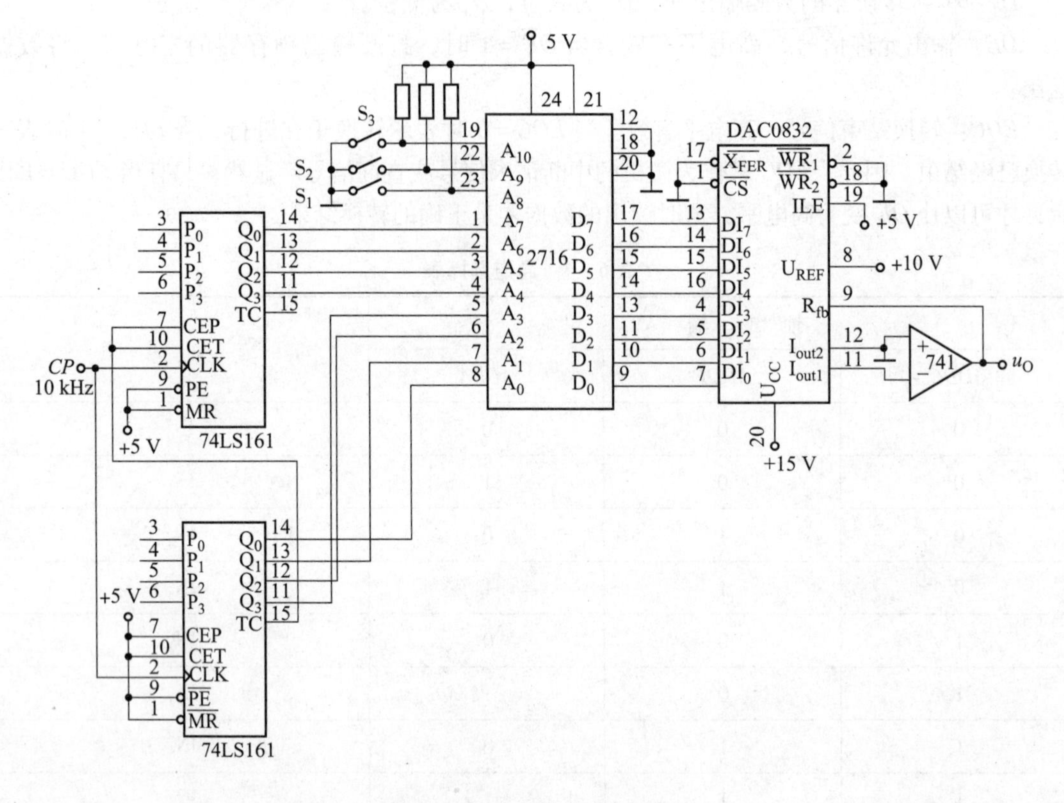

图 6－20　信号发生器原理图

电路工作原理如下。

图中两片 74LS161 构成一个 8 位二进制计数器作为地址译码器，随着计数脉冲的增加，计数器的输出状态在 00000000～11111111 之间变化。计满（11111111）时，又从 00000000 开始。也就是 2716 的低 8 位地址端 $A_7 \sim A_0$ 的地址周期性地在 00000000～11111111 之间变化，即 2716 的低 8 位地址码按自然数的顺序，从 0 变到 255，然后再从 0 开始，不断循环。

2716 是一个 2 K×8 的存储器，用来存储各种波形对应的数据。2716 共有 2 KB，每个字节 8 位。有 $A_{10} \sim A_0$ 共 11 根地址线。当 $A_{10} \sim A_0$ 从 00000000000～11111111111 变化时，对应于 000H～7FFH（H 表示十六进制）单元，每个单元 8 位。2716 的每个单元写入相应波形的数据后，通过地址线选中某单元，可读出其中的 8 位数据信息。

首先将各种电压波形的数据存储在 EPROM 2716 的不同存储单元区域。例如，在 000H～0FFH 单元写入三角波的数据，当地址在 00000000000～00011111111 间周期性反复变化时，即从 0 变到 255，然后再从 0 开始，不断循环时，EPROM 2716 的 000H～0FFH 单元中存储的三角波数据即会周期性反复从 $D_0 \sim D_7$ 输出，通过 DAC0832 进行数模转换，外接的运算放大器 741 将 DAC0832 转换后的电流输出转换为电压输出，在运算放大器 741 输出端 u_O 获得周期性重复的三角波。

在图 6－20 中，$A_8A_9A_{10}$ 分别通过开关 S_1、S_2、S_3 接地。改变开关的通断，可以得到 8

个不同的地址空间。若在这8个空间分别写入8种波形的数据，则可显示8种不同的波。

EPROM 2716中波形数据写入的步骤如下（以三角波为例）。

1）插入芯片

在编程器中插入2716并固定，注意芯片一定要按照编程器上的标识插在正确的位置。打开编程器的电源开关。

2）进入EPROM编程软件

打开计算机，执行ACCESS命令，即可进入编程界面，选择EPROM，执行EPROM的操作程序，进入到下一个界面，选择生产厂家和芯片型号。其中芯片的编程电压是一个重要的参数。所选择芯片的编程电压必须和所使用的2716的编程电压相同，一般有21 V、12.5 V和25 V几种。

3）检查2716的内容

选好合适的芯片类型并按Enter键后，就进入到编程界面，在此选择“M”和“T”也可以修改芯片的生产厂家和类型。输入“B”，可以检查2716的内容是否为空（BLANK-CHECK）。检查后若显示“OK”，则说明2716的存储内容为空，可以进行步骤4）；否则说明2716中有信息，不能写入，需要擦除后再进行写入操作。

擦除时取下电路中的2716，放进紫外线擦除器中，设定10 min左右的定时时间，插上电源，开始对2716中的内容进行擦除。擦除结束，重复步骤1）、2）、3），可以看到2716中的内容为空。

4）向2716写入内容

输入“4”，执行编辑缓冲器操作（EDITBUFFER），按Enter键后出现编辑界面。在该界面下可以显示2716的所有存储单元000H～7FFH的内容，未写入时全为1。可以根据自己的需要在相应的单元写入内容。例如，在000H～0FFH单元共256个单元，写入三角波对应的数据如表6－5所示。

表6－5　三角波存储表

十进制数	二进制数 $A_{10}A_9\cdots A_0$			存储单元内容 $D_7D_6\cdots D_0$	
0	000	0000	0000	0000	0000
1	000	0000	0001	0000	0001
2	000	0000	0010	0000	0100
3	000	0000	1011	0000	0110
⋮	⋮	⋮	⋮	⋮	⋮
253	000	1111	1101	0000	0110
254	000	1111	1110	0000	0100
255	000	1111	1111	0000	0010
0	000	0000	0000	0000	0000

其他单元的内容根据所需要的波形而定。

本项目中三角波波形如图6－21所示。在图中取256个值代表波形的变化情况。在水平方向的256个点顺序取值，按照二进制送入 EPROM 2716（2 K×8 位）的地址端 $A_0 \sim A_7$，地址译码器的输出为256个；垂直方向的取值也转换成二进制数。由于2716是8位的，所以要将其转换成8位二进制数。将256个二进制数通过用户编程的方法，写入对应的存储单元，如表6－5所示。这里将2716的高三位地址 $A_8A_9A_{10}$ 取为0，则该三角波占用的地址空间为000 0000 0000～000 1111 1111，共256个。

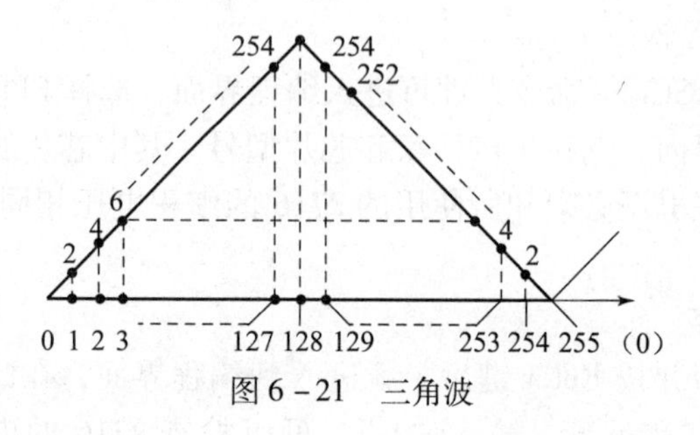

图6－21　三角波

2. 电路制作

制作本电路所需要的器件为一片 EPROM 2716、两片 74LS161、1 kΩ 电阻三个、一片 DAC0832、一片运算放大器741。按电路原理图6－20制作电路板，也可按照电路插装在面包板上。插接集成电路时，先校准两排引脚，轻轻用力将电路插上。面包板上导线应粗细适当，一般选取直径为0.6～0.8 mm 的单股导线，布线应有次序地进行。其次，按信号源的顺序从输入到输出依次布线。连线应避免过长，避免从集成器件上方跨越，避免多次的重叠交错。电路布线应整齐、美观、牢固。电路安装完后，要仔细检查电路连接，确认无误后再接入电源。

3. 电路的调试

1）测试由两片74LS161构成的8位二进制计数器是否正常工作

在脉冲输入 *CP* 端接信号源，将信号源的频率调为10 kHz 左右，幅度大于2 V。用示波器的一个探头测量 *CP* 信号，另一个探头依次测量 DAC0832 的 $DI_0 \sim DI_7$ 的波形（即计数器的8位二进制输出信号），观察示波器上显示的两个波形的频率关系。DI_0 信号波形的频率应为 *CP* 的二分频，DI_1 的频率为 *CP* 的四分频，DI_2 为 *CP* 的八分频，依此类推。如果测试正确，说明由两片74LS161构成的八位二进制计数器工作正常。

2）DAC0832 功能测试

DAC0832 是实现 D/A 转换的器件。用示波器测量运算放大器741的输出信号，记录输出波形的形状、频率和幅度。如果电路工作正常，其输出应为一个三角波，波形如图6－21所示。

改变输入脉冲 *CP* 的频率，观察输出波形的频率变化，输出三角波的频率 f_0 和计数脉冲频率 f_{cp} 的关系应为 $f_0 = f_{cp}/256$。

改变数模转换器 DAC0832 第8脚 U_{REF} 的大小，观察输出波形的幅值变化情况，输出三角波的幅值与 D/A 转换器的输入参考电压 U_{REF} 应成正比。

项目小结

存储器是数字计算机和其他数字装置中重要的组成部分，半导体存储器从存、取功能上主要分为 RAM 和 ROM 两大类。RAM 是随机存取存储器，其存储的信息随电源断电而消失，因而是一种易失性的读写存储器。ROM 是一种非易失性的存储器，断电后所存储的数据不消失，它存储的是固定信息，只能被读出，常见的有固定 ROM、PROM、EPROM、EEPROM 等，而 EPROM、EEPROM 更为常见。

A/D 和 D/A 转换器是现代数字系统中的重要组成部分，应用日益广泛。

D/A 转换器根据工作原理基本上分为权电阻网络 D/A 转换和 T 型电阻网络 D/A 转换。由于倒 T 型电阻网络 D/A 转换只要求两种阻值的电阻，因此在集成 D/A 转换器中得到了广泛的应用。D/A 转换器的分辨率和转换精度都与 D/A 转换器的转换位数有关，位数越多，分辨率和精度就越高。

A/D 转换按工作原理主要分为并行 A/D、逐次逼近 A/D 及双积分型 A/D 等。不同的 A/D 转换方式具有各自的特点。在要求速度高的情况下，可以采用并行 ADC；在要求精度高的情况下，可以采用双积分 ADC；逐次逼近 ADC 在一定程度上兼顾了以上两种转换器的优点。

目前，常用的集成 ADC 和 DAC 种类很多，在不同的场合，要根据实际情况选择不同的转换器，发挥器件的特点，做到经济合理。

习题六

一、填空题

（1）信息存入存储单元称为________，从存储单元取出信息称为________。

（2）只读存储器（ROM）电路由________译码器、________、________三大部分构成。其核心部件是________。

（3）可编程只读存储器简称________，其存储内容可由________编制，但只能编________次。

（4）存储容量为 256×4 的 RAM，有________条地址输入线，有________条输出线。

（5）模数转换一般由________、________、________和________四步完成。

（6）一个无符号 8 位数字输入的 D/A 转换器，其分辨率为________位。

（7）A/D 转换器的分辨率以输出二进制代码的位数表示，位数越多，转换精度________。

二、选择题

（1）4 位倒 T 型电阻网络 D/A 转换器的电阻网络的电阻取值有（　　）种。

A. 1　　B. 2　　C. 4　　D. 8

（2）为使采样输出信号不失真地代表输入模拟信号，采样频率 f_s 和输入模拟信号的最高频率 f_{max} 的关系是（　　）。

A. $f_s \geqslant f_{max}$　　B. $f_s \leqslant f_{max}$　　C. $f_s \geqslant 2f_{max}$　　D. $f_s \leqslant 2f_{max}$

（3）一个无符号十位数字输入的 DAC，其输出电平的级数为（　　）。

A. 4　　B. 10　　C. 1000　　D. 2^{10}

（4）D/A 转换器的位数越多，能够分辨的最小输出电压变化量（　　）。

A. 越小　　B. 越大　　C. 与能够分辨无关　　D. 不能确定

（5）将一个时间上连续变化的模拟量转换为时间上断续（离散）的数字量的过程称为（　　）。

A. 采样　　　B. 量化　　　C. 保持　　　D. 编码

(6) 以下四种转换器，(　　) 是 A/D 转换器且转换速度最高。

A. 并联比较型　　　B. 逐次比较型　　　C. 双积分型　　　D. 施密特触发器

(7) A/D 转换器的二进制数的位数越多，量化单位 Δ (　　)。

A. 越小　　　B. 越大

C. 与转换器的二进制位数无关　　　D. 以上都不是

(8) 如果将一个最大幅值为 5.1 V 的模拟信号转换为数字信号，要求模拟信号每变化 20 mV 能使数字信号最低位（LSB）发生变化，应选用转换器的位数是（　　）。

A. 10 位　　　B. 4 位　　　C. 8 位

三、分析计算题

(1) 试用 2114（1024×4）扩展成 1024×8 的 RAM，画出连接图。

(2) 把 256×4RAM 扩展成 1024×4 的 RAM，说明各片的地址范围。

(3) 用 ROM 实现 8421BCD 码转换为余三码电路。

(4) 一个六位的 D/A 转换电路，输出的最大模拟电压为 10 V，当输入的二进制码是 100100 时，输出的模拟电压是多少?

(5) 在八位倒 T 型 D/A 转换电路中，$R=R_f$，输入二进制码是 10110010，输出模拟电压是多少?

(6) 在电路图 6-11 中，若 $U_{REF}=10$ V，求对应 $D_3D_2D_1D_0$ 分别为 1010、0110 和 1100 时输出电压值。

(7) 一个八位的 D/A 转换器的最小输出电压增量为 0.01 V，当输入代码为 10001101，输出电压 U_O 为多少伏?

(8) 已知某八位二进制 ADC，当 $U_I=3.6$ V 时输出数字量 $D_1=(10000010)_2$，试求 $U_I=5.4$ V 时的数字量 $D_2=(\quad)_2$。

(9) 在四位逐次比较型 ADC 中，设 $U_{REF}=10$ V，$U_I=8.2$ V，试说明逐次比较的过程和转换的结果。

数字电路系统的设计与前面介绍的组合逻辑电路的设计有较大的区别。组合逻辑电路与一般时序逻辑电路的设计是根据设计任务要求，画出真值表、状态表，然后用各种方法化简求出简化的逻辑表达式，画出逻辑图、逻辑电路，用一般的集成门电路或集成触发器电路来实现任务要求。而本项目设计的数字频率计具有复杂的逻辑功能，难以用真值表、逻辑表达式来完整地描述其逻辑功能，用前面介绍的方法来设计，显然是复杂而困难的。在本项目中将利用现有的数字电路器件来设计与实现具有各种复杂逻辑关系的数字系统。通过本项目的学习，将达到如下目标。

知识目标

(1) 掌握数字系统设计的基本步骤。
(2) 熟悉数字系统设计的基本方法。
(3) 熟悉数字电路系统的调试方法。

技能目标

(1) 能利用所学知识采用各种中、大规模数字集成电路设计数字电路系统。
(2) 能对设计的数字电路系统正确调试。
(3) 能检测排除数字电路系统的故障。

项目任务

在许多情况下，要对信号的频率进行测量。利用示波器可以粗略测量被测信号的频率，精确测量则要用到数字频率计。本项目所设计的数字频率计是一种能用十进制数字显示被测信号频率的数字测量电路，其技术指标如下。

（1）频率测量范围：10 ~ 9999 Hz。

（2）输入电压幅度：300 mV ~ 3 V。

（3）输入信号波形：任意周期信号。

（4）显示位数：4 位。

（5）电源：220 V、50 Hz。

模块 7.1　数字电路系统设计制作方法

7.1.1　数字电路系统设计与制作的一般方法

设计一个数字电路系统时，首先必须明确系统的设计任务，根据任务进行总体方案选择。在确定总体方案后，根据方案对各部分电路的要求，合理地进行单元电路的设计、参数计算以及器件选择，最后将各部分连接在一起，做成完整的数字电路系统。数字逻辑电路系统多使用中、大规模集成电路，不仅可以减少元器件的数目，而且能提高电路的可靠性、降低成本；在确实需要时，才选用小规模集成电路和分立元器件。因此，在设计过程中应选择合适的集成电路，用最简单的连接方式完成设计。

数字电路系统一般包括输入电路、控制电路、输出电路、时钟电路、脉冲产生电路和电源等，如图 7 - 1 所示。

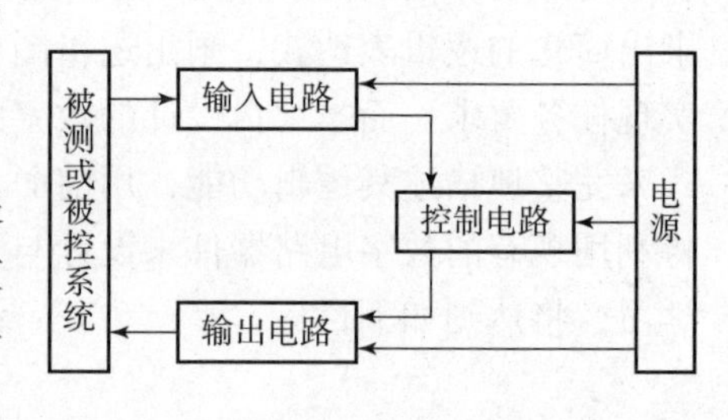

图 7 - 1　数字系统电路组成

输入电路主要作用是接收被测或被控系统的有关信息，将被控信号进行必要的变换处理，使之变成数字信号。在设计输入电路时，必须首先了解输入信号的性质、接口的条件，以设计合适的输入接口电路。输入电路的形式包括各种输入接口电路。比如对微弱信号进行放大、整形的输入电路，通过输入电路得到数字电路可以处理的数字信号。有些模拟信号则通过模数转换电路转换成数字信号再进行处理。

控制电路的功能是将接收到的信息按一定的模式进行逻辑判断和数字运算，并为系统各部分提供所需的各种控制，它是整个电路的中枢环节。数字电路系统中，各种逻辑运算、判别电路等，都是控制电路。设计控制电路是数字系统设计的最重要内容，必须充分注意不同信号之间的逻辑性与时序性。

数字电路系统中存在各种各样的输出接口电路，输出电路是完成系统最后逻辑功能的重要部分。其功能可能是发送一组经系统处理的数据，或显示一组数字，或将数字信号进行转换，变成模拟输出信号，输出电路的这些数据或信号用来驱动被测或被控系统。设计输出电路，必须注意与负载在电平、信号极性、拖动能力等方面进行匹配。

时钟电路属于一种控制电路，是数字电路系统中的灵魂，整个系统都在它的控制下按一定的规律工作。时钟电路包括主时钟振荡电路及经分频后形成各种时钟脉冲的电路。设计时钟电路，应根据系统的要求先确定主时钟的频率，并注意与其他控制信号结合产生系统所需的各种时钟脉冲。

电源为整个系统工作提供所需的能源，为各端口提供所需的直流电平。在数字电路系统中，TTL 电路对电源电压要求比较严格，电压值必须在一定范围内。CMOS 电路对电源电压的要求相对比较宽松。设计电源时，必须注意电源的负载能力、电压的稳定度及波纹系数等。

任何复杂的数字电路系统都可以逐步划分成不同层次、相对独立的子系统。总体方案设计的基本方法在于：首先根据总的功能要求把复杂的逻辑电路系统分解成若干个独立的单元，通过对各单元的逻辑关系、时序等的分析，最后可以选用合适的数字电路器件来实现。将各单元系统组合起来，便完成了整个大系统的设计。按照这种由大到小、由整体到局部，再由小到大、由局部到整体的设计方法进行系统设计，就可以避免盲目的拼凑，完成设计任务。为减少各单元之间由于连接而产生错误的机会，划分单元的数目一般不宜太多，但是每个单元又不能太大、太复杂，以免出现故障时难以查找。

要设计出一个比较理想的符合任务要求的数字电路系统，必须对数字电路器件，尤其是中、大规模集成电路器件有比较多的了解，熟悉器件的种类、功能和特点，并且要经常训练、反复实践才能熟练。学会查阅数字电路器件手册，了解不同器件之间的区别。充分明了各器件输入端、控制端对信号的要求，以及输出端输出信号的特点，这些对设计者来说是十分重要的。

数字电路系统设计的一般方法与步骤总结如下。

1）明确系统的设计任务要求

对系统的设计任务进行具体分析，充分了解设计要求，明确被设计系统的全部功能、要求及技术指标，熟悉被处理信号与被控制对象的各种参数与特点。

2）确定总体设计方案

这一步的工作要求把系统要完成的任务分解成若干个单元电路，并画出一个能表示各单元功能的整机原理框图。原理框图必须正确反映不同矩形框单元间各种信号的逻辑关系与时序关系。框图应能简洁、清晰地表示设计方案的原理。

3）单元电路的设计

单元电路是整机的一部分，只有把各单元电路设计好才能提高整体设计水平。

每个单元电路设计前都需明确本单元电路的任务，与前后级之间的关系，分析电路的组成形式。然后选择合适的数字器件，用电子 CAD 软件绘出各逻辑单元的逻辑电路图，标注各单元电路输入输出信号的波形。电路的排列一般按信号流向由左至右排列；重要的线路放在图的上方，次要线路放在图的下方，主电路放在图的中央位置；当信号通路分开画时，在分开的两端必须作出标记，并指出断开处的引出与引入点。

单元电路设计好后，利用仿真软件对电路进行仿真测试，以确定电路是否准确无误。当电路中采用 TTL、CMOS、运算放大器、分立元器件等多种元器件时，如果采用不同的电源供电，则要注意不同电路之间电平的正确转换，并绘制出电平转换电路。

4）分析电路

可能设计的单元电路不存在任何问题，但组合起来后系统却不能正常工作，因此，必须充分分析各单元电路，尤其是对控制信号要从逻辑关系、正反极性、时序几个方面进行深入考虑，确保不存在冲突。在深入分析的基础上通过对原设计电路的不断修改，获得最佳设计方案。

5）完成整体设计

在各单元电路完成的基础上，用电子 CAD 软件将各单元电路连接起来，画出符合软件要求的整机逻辑电路图。

画整机电路图时，一般从输入端或信号源画起，由左至右或由上至下按信号的流向依次画出各单元电路，而反馈通路的信号流向则与此相反。

6）逻辑仿真

整体电路设计完成后，再次在仿真软件上对整个试验系统进行逻辑仿真，验证设计。

7.1.2　数字电路系统的安装与调试

数字试验系统整体电路设计完成后，还必须通过试验板的安装与调试，纠正设计中因考虑不周出现的错误或不足。检测出实际系统正常运行的各项技术指标、参数、工作状态、输出驱动情况、动作情况与逻辑功能。因此，系统装调工作是验证理论设计，进一步修正设计方案的重要实践过程。

1. 数字电路系统的安装

1）制作 PCB

数字电路系统设计好后，可以在面包板或万能板上进行插装验证，但是使用面包板或万能板容易引起干扰，工作可靠性低。但如果整体电路是利用电子 CAD 软件按其要求绘制的，则可以利用该软件绘制 PCB 图，制作出印制电路板。采用 PCB 制作数字电路系统可以保证试验系统工作可靠，减少不必要的差错，能大大节省电路试验时间。

2）检测元器件

在将元器件安装到 PCB 上之前，对所选用的元器件必须先进行测试，以保证元器件的良好性，这样可以减少因元器件原因造成的电路故障。

3）安装元器件

将各种元器件安装到 PCB 上是一件不太困难的工作。安装时，集成电路最好通过插座与电路板连接，以便于不小心损坏元器件后进行更换。插接集成电路时首先应认清方向，不要倒插，注意管脚不要弯曲。数字电路的布线一般比较紧密、焊点较小，在焊接过程中注意不要出现挂锡或虚焊。

2. 数字电路系统的电路调试

数字电路系统按照设计的电路参数进行安装，往往难以达到预期的效果。这是因为在设计时，不可能周密地考虑各种复杂的客观因素（如元器件值的误差、元器件参数的分散性、分布参数的影响等），必须通过调试，发现纠正设计方案的不足和安装的不合理，达到性能指标的要求。

电路的调试可分两步来进行，一是单元电路的调试，二是总调。只有通过调试使单元电路达到预定要求，总调才能顺利进行。

在调试前先要进行电路连线的检查，检查元器件引脚之间有无短路、集成电路和电解电容极性有无连错、电源对地是否短路等。若电路经上述检查无误后可转入调试阶段。

单元电路调试时比较理想的调试程序是按信号的流向进行，这样可以把前面调试过的输出信号作为后一级的输入信号，为最后的总调创造条件。调试时先进行静态调试再进行动态调试。

静态调试是在没有外加信号的条件下测试各输入、输出电平及逻辑关系等，确定 IC 的电源、地、控制端的静态电平等直流工作状态是否正常。

动态调试是在静态调试的基础上进行的，可以利用前级的输出信号作为后级的输入信号，也可用自身的信号检查功能块的各种指标是否满足设计要求。对于数字系统来说，由于集成度比较高，一般调试工作量不大，只要元器件选择合适，直流工作状态正常，逻辑关系就不会有太大问题，一般是测试电平的转换和工作速度。

如果电路装配工艺比较好，也可以在动态测量发现问题后再进行静态测量。进行静、动态测量时应尽量保证测试条件与电路的实际工作状态相吻合。

在单元电路调试的过程中，由于是逐步扩大调试范围，故实际上已经完成了某些局部的调试工作。下面只要做好各单元电路之间接口电路的调试工作，再把全部电路接通，就可以实现整机总调。

整机总调只需观察动态结果，与设计指标逐一比较，找出问题，然后进一步修改电路参数，直到完全符合设计要求为止。

3. 数字电路系统故障分析的特点

数字电路系统在调试中，故障的出现往往是不可避免的，切不可一遇故障解决不了就拆掉线路重新安装，应当认真查找故障原因。分析故障、处理故障可以提高分析问题和解决问题的能力。分析和处理故障的过程，就是从故障现象出发，通过反复测试，做出分析判断，逐步找出问题的过程。

在寻找故障时，可以按信号的流程对电路进行逐级测量，或由前往后，或由后向前；也可以根据电路的特点从关键部位入手进行；或根据通电连接后系统的工作状态直接从电路的某一部分着手进行。

数字电路的故障寻找和排除相对比较简单，除三态电路外，其余数字电路的输入和输出只有高电平和低电平两种状态，不允许出现不高不低的电平。如对于使用 +5 V 电源的 TTL 电路来说，高电平要大于 2.8 V，低电平要低于 0.5 V 才能满足要求。

在电路中，当某个元器件静态电平正常而动态电平有问题时，往往会认为是这个元器件本身有问题而要去更换它，但有时并不是这个元器件的问题。例如，一个计数器加入单脉冲信号时，测量输出电平完全正确，加入连续脉冲时输出波形出现问题（如输出波形呈现台阶式）。遇到这种情况，不要急于更换元器件，需要检查计数器本身的负载能力及为它提供输入信号的信号源的负载能力，将计数器的输出负载断开，检查它的工作是否正常，若工作正常，说明计数器负载能力有问题，可以更换它。如果断开负载电路仍有问题，要检查提供给计数器的输入信号波形是否符合要求，或把输入信号通过施密特电路整形后再加到计数器输入端，检查输出波形，这种方法检查完成若仍存在问题，则必须更换计数器。

查找故障首先要有合适的信号源和示波器，示波器的频带一般应大于 10 MHz，而且应该用双踪示波器同时观察输入和输出的波形、相位关系。把输出的结果和预期的状态相比较，通过分析、试验（调整）循环往复进行，就可以发现与排除故障，达到预定的设计目标。如果信号是非周期性的，应该借助逻辑分析仪和其他辅助设备观察各处的状态。

在对电路进行检测、试验或调整的过程中，应掌握一些实用的检测方法，如对换法（将检测好的元器件或电路代替怀疑有故障的元器件或电路）、对比法（通过测量将故障电路与正常电路的状态、参数等进行逐项对比）、对分法（把有故障的电路根据逻辑关系分成两部分，确定是哪一部分有问题，然后再对有故障的电路再次对分，直至找到故障所在）、信号注入法（根据电路的逻辑关系，人为设置输入端口电平或注入数字信号，观测电路的响应，判断故障所在）、信号寻迹法（从信号的流向入手，通过在电路中跟踪寻找信号，找出故障所在）。

在数字电路中，由于不存在大功率、大电流、高电压的工作状态，电路故障一般都是装配过程中出现的挂锡、虚焊、元器件插错等原因造成的，除非 IC 插反了方向或电源接错了极性，一般情况下，有源器件损坏的可能性较小。

4. 善于归纳总结

当电路能够正常工作以后，应将测试的数据、波形、计算结果等原始数据归纳保存，以备以后查阅。最后编写总结报告。总结报告应对本设计的特点、所采用的设计技巧、调试中出现的故障、原因及排除方法、电路达到的技术指标等进行必要的分析与阐述。

模块 7.2　项目的实施

数字频率计的基本功能是测量正弦信号、方波信号、尖脉冲信号以及其他各种周期性信号在单位时间（1 s）内信号周期性变化的次数。在设计数字频率计时，首先将被测信号转换成幅度与波形均能被数字电路识别的脉冲信号，然后在给定的 1 s 时间内通过计数器计算这一段时间间隔内的脉冲个数，并将计数结果显示出来，就能读取被测信号的频率。这就是数字频率计的基本原理。要能准确地测出信号的频率，相对稳定与准确的时间获得也是非常重要的。

7.2.1　电路设计

1. 数字频率计设计的整体方案

根据数字频率计的设计要求，从其基本原理出发，数字频率计主要由电源电路、1 s 方波信号形成电路、信号放大整形电路、控制门、计数电路、计数锁存电路、显示译码电路等 7 部分构成，整机原理框图如图 7－2 所示。

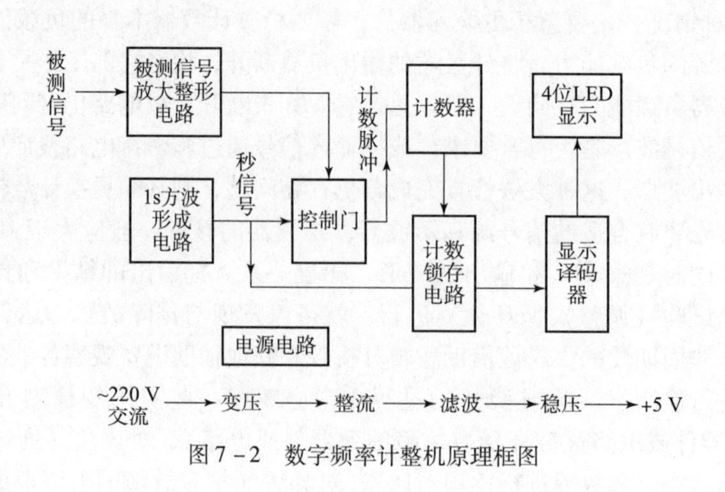

图 7－2　数字频率计整机原理框图

2. 单元电路设计

1）电源与整流稳压电路

框图中的电源采用 50 Hz 的交流市电。市电用降压变压器降压到 15 V，然后经全波整流、电容滤波，选用三端集成稳压器 7805 稳压到 +5 V，为各部分电路提供直流电源。如图 7－3 所示。系统对电源的要求不高，所以采用串联式稳压电源电路来实现。

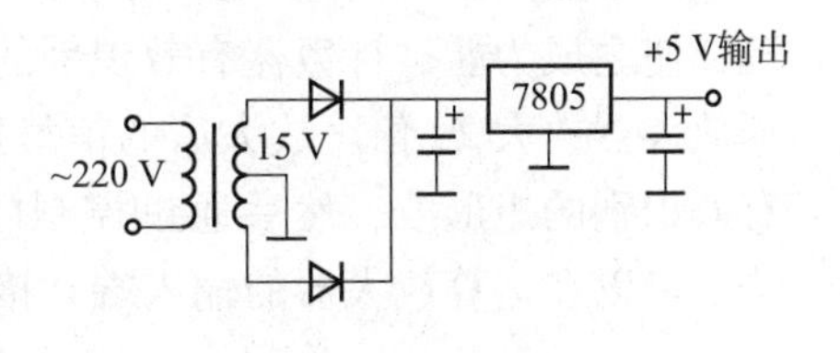

图 7－3　整机电源电路

2）1 s 方波信号形成电路

1 s 方波信号形成电路可以由石英晶体振荡器与分频器构成。但本频率计采用市电频率作为标准频率，通过相应电路的处理，获得稳定的基准时间 1 s。市电频率按国家标准，频率漂移不能超过 0.5 Hz，即在 1% 的范围内。用它作普通频率计的基准信号完全能满足系统的要求。

50 Hz 交流市电首先通过全波整流电路进行全波整流，得到图 7－4（a）所示 100 Hz 的全波整流波形。再通过波形整形电路对 100 Hz 信号进行整形，得到图 7－4（b）所示 100 Hz 的矩形波。波形整形电路可采用过零触发电路将全波整流波形变为矩形波，也可采用施密特触发器进行整形。本项目中采用集成施密特触发器 74HC14 来完成。

将 100 Hz 矩形波信号进行 100 分频得到图 7－5（a）所示周期为 1 s 的脉冲信号，分频器在本项目中由计数器通过计数获得。然后再将 1 s 的脉冲信号进行二分频，得到图7－5（b）所示占空比为 50% 脉冲宽度为 1 s 的方波信号，由此获得测量频率的基准时间。利用此信号去打开与关闭控制门，可以获得在 1 s 时间内通过控制门的被测脉冲的数目。

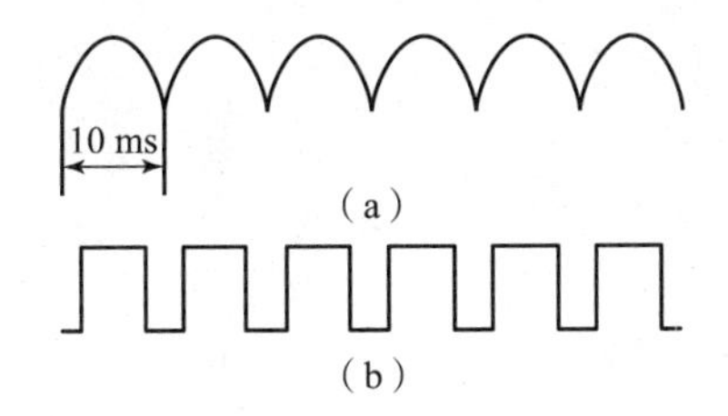

图 7－4　全波整流与波形整形电路的输出波形

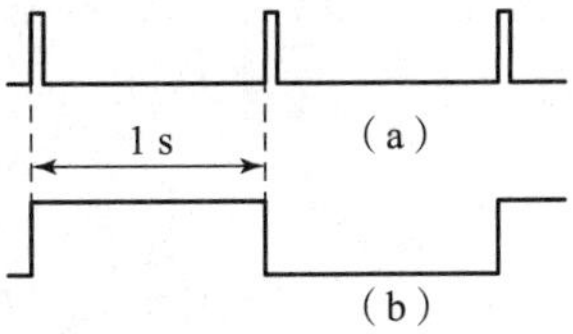

1 s
(a)
(b)

图 7－5　分频器的输出波形

由计数器构成的 100 分频电路，是由 7 位二进制计数器 74HC4024 构成的一百进制计数器完成。计数脉冲下降沿有效。在 74HC4024 的 Q_7、Q_6、Q_3 端通过与门加入反馈清零信号。当计数器输出为二进制数 1100100（十进制数为 100）时，计数器异步清零，实现一百进制计数。为了获得稳定的分频输出，清零信号与输入脉冲“与”后再清零，使分频输出脉冲在计数脉冲为低电平时能保持高电平一段时间（10ms）。

二分频可以采用 T′触发器来实现。在本项目中，采用双 JK 触发器 74HC109 中的一个触发器组成 T′触发器。它将分频输出脉冲整形为脉宽为 1 s、周期为 2s 的方波。从触发器 Q 端输出的信号加至控制门，确保计数器只在 1 s 的时间内计数。

1 s 方波信号形成电路如图 7－6 所示。

3）被测信号放大、整形电路

为了能测量不同电平值与波形的周期信号的频率，必须对被测信号进行放大与整形处理，使之成为能被计数器有效识别的脉冲信号。本项目中信号放大电路由741741组成的运算放大器放大20倍。放大后的信号通过施密特触发器74HC14进行整形，得到能被计数器有效识别的矩形波，然后通过控制门送计数器。为了防止输入信号太强损坏集成运算放大器，可以在运算放大器的输入端并接两个保护二极管。电路如图7－7所示。

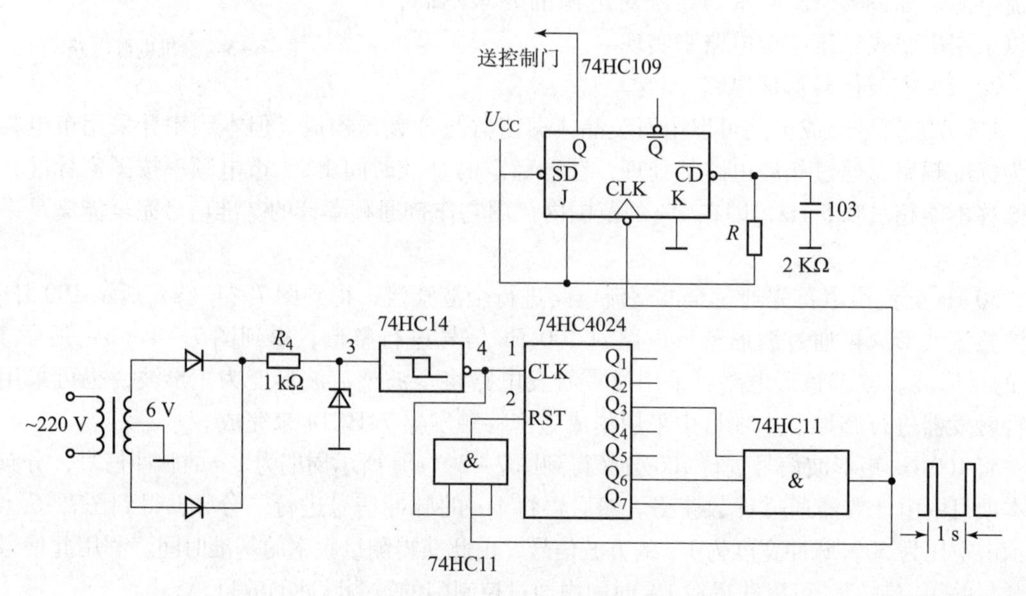

图7－6　1 s方波信号形成电路

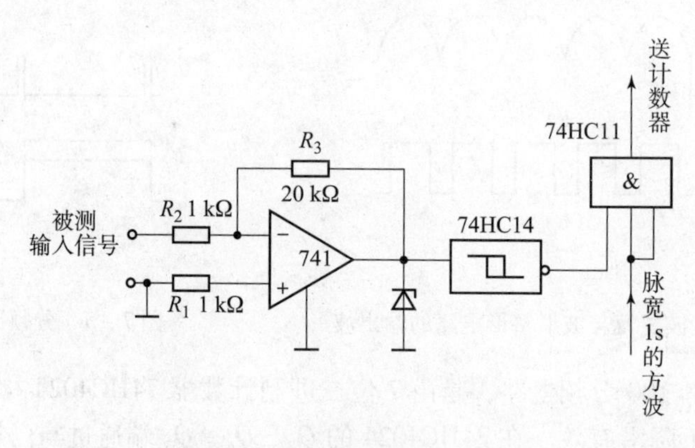

图7－7　放大整形及控制门电路

4）控制门

控制门可以用与门和或门来实现，目的是用于控制输入脉冲是否送到计数器计数。这里由集成与门74HC11构成控制门，它的一个输入端接标准秒信号，一个输入端接输入信号放大整形后的被测脉冲。电路如图7－7所示。

5）计数器

计数器主要用来对输入脉冲计数。根据设计要求，最高测量频率为9999 Hz，应采用4位十进制计数器。可以选用现成的十进制集成计数器。本项目由两块双十进制计数器

74HC4518 组成，最大计数值为 9999 Hz。由于计数器受控制门控制，每次计数只在 JK 触发器 Q 端为高电平时进行，即在占空比为 50% 脉冲宽度为 1 s 的方波信号的高电平期间计数。其整机电路原理如图 7－8 所示。

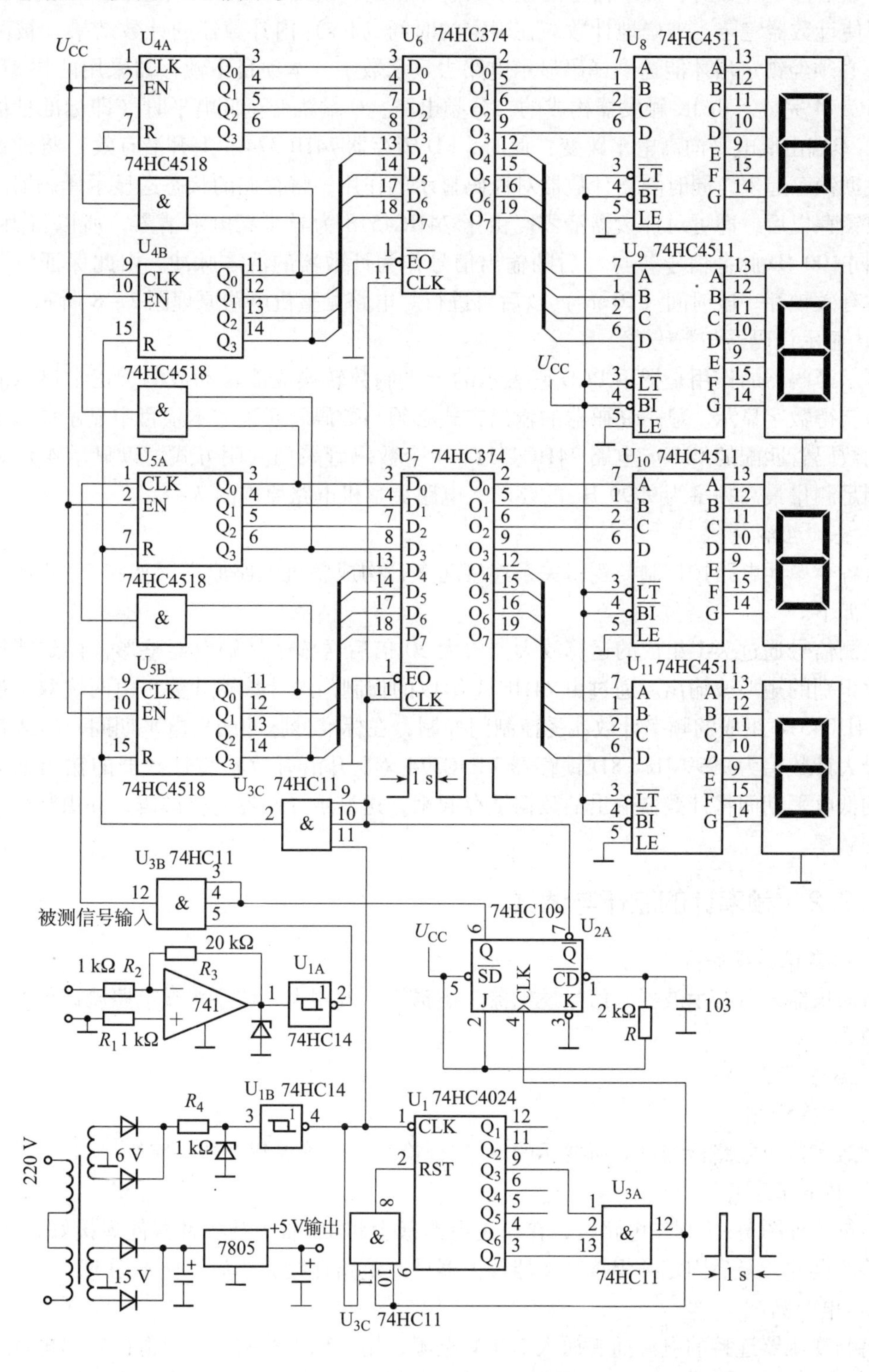

图 7－8　数字频率计电路图

6）锁存器

如果在系统中不接锁存器，则显示器上的显示数字就会随计数器的状态不停地变化，只有在计数器停止计数时，显示器上的显示数字才稳定，所以计数器后边必须接入锁存器。这里为了使计数器稳定、准确地计数，在确定的时间（1 s）内计数器的计数结果（被测信号频率）必须经锁定后才能送到译码显示电路去显示数字。本项目中锁存器采用两块8D锁存器74HC374完成。由JK触发器构成的二分频电路，Q端跳变至低电平时（即标准秒信号低电平），$\overline{Q}$端由低电平向高电平跳变，此时，8D锁存器74HC374（上升沿有效）将计数器的输出数据锁存起来，同时隔离计数器对译码显示的作用，将存储的状态送显示译码器。计数结果被锁存以后，即可对计数器清零。由于74HC4518为异步高电平清零，所以将JK触发器的$\overline{Q}$同100 Hz脉冲信号“与”后的输出信号作为计数器的清零脉冲。由此保证清零是在数据被有效锁存一段时间（10 ms）以后再进行。电路见整机电路原理图7－8所示。

7）显示译码器与数码管

显示译码器的作用是把用BCD码表示的十进制数转换成能驱动数码管正常显示的段信号，以获得数字显示。显示译码器的输出方式必须与数码管匹配。本项目中显示译码器采用与共阴数码管匹配的CMOS电路74HC4511，4个数码管采用共阴方式，以显示4位频率数字，满足测量最高频率为9999 Hz的要求。电路见整机电路原理图7－8。

3. 整机电路

将各个单元电路按控制与逻辑关系连接起来，构成整机电路原理图如图7－8所示。工作原理如下。

被测信号通过741组成的运算放大器放大20倍后送施密特触发器整形，得到能被计数器有效识别的矩形波输出。通过由74HC11组成的控制门送计数器计数。由两块双十进制计数器74HC4518组成的频率计数器受控制门控制，在标准秒脉冲的高电平期间对输入信号计数，最大计数值为9999 Hz。8D锁存器74HC374（上升沿有效）将计数器的输出数据在秒脉冲的低电平期间将计数器输出的数据锁存起来，送显示译码器进行译码，并由数码管显示信号的频率。

7.2.2 频率计的制作与调试

1. 所需仪器设备

所需仪器设备有示波器、信号发生器、逻辑笔、万用表、数字集成电路测试仪和直流稳压电源。

2. 参考步骤

1）器件检测

用数字集成电路检测仪对所要用的IC进行检测，以确保每个器件完好。

2）PCB的制作

根据原理图7－7制作电路板，在自制电路板上将IC插座及各种器件焊接好；装配时，先焊接小器件，最后固定并焊接变压器等大器件。电路连接完毕后，先不插IC。

3）电源测试

将与变压器连接的电源插头插入220 V电源，用万用表检测稳压电源的输出电压。7805输出电压的正常值应为＋5 V。如果输出电压不对，应仔细检查相关电路，消除故障。稳压电源输出正常后，接着用示波器检测产生基准时间的全波整流电路输出波形。正常情况应观测到图 7－4（a）所示波形。

4）基准时间检测

关闭电源后，插上全部 IC。依次用示波器检测由 U_1（74HC4024）与 U_{3A} 组成的基准时间计数器与由 U_{2A} 组成的 T′触发器的输出波形，并与图 7－5 所示波形对照。如无输出波形或波形形状不对，则应对 U_1、U_3、U_2 各引脚的电平或信号波形进行检测，消除故障。

5）输入检测信号

从被测信号输入端输入幅值在 1 V 左右，频率为 1 kHz 左右的正弦信号，如果电路正常，数码管可以显示被测信号的频率。如果数码管没有显示，或显示值明显偏离输入信号频率，则做进一步检测。

6）输入放大与整形电路检测

用示波器观测整形电路 U_{1A}（74HC14）的输出波形。正常情况下，可以观测到与输入频率一致、信号幅值为 5 V 左右的矩形波。

7）控制门检测

检测控制门 U_{3C}（74HC11）输出信号波形。正常时，每间隔 1 s 时间，可以在荧屏上观测到被测信号的矩形波。如观测不到波形，则应检测控制门的两个输入端的信号是否正常，并通过进一步检测找到故障电路，消除故障。如电路正常，或消除故障后频率计仍不能正常工作，则检测计数器电路。

8）计数器电路的检测

依次检测 4 个计数器 74HC4518 时钟端的输入波形。正常时，相邻计数器时钟端的波形频率依次相差 10 倍。正常情况下，各电平值或波形应与电路中给出的状态一致。如频率关系不一致或波形不正常，则应对计数器和反馈门的各引脚电平与波形进行检测，通过分析找出原因，消除故障。如电路正常，或消除故障后频率计仍不能正常工作，则检测锁存器电路。

9）锁存电路的检测

依次检测 74HC374 锁存器各引脚的电平与波形。正常情况时，各电平值应与电路中给出的状态一致。其中，第 11 脚的电平每隔 1s 跳变一次。如不正常，则应检查电路，消除故障。

如电路正常，或消除故障后频率计仍不能正常工作，则检测锁存器电路。

10）显示译码电路与数码管显示电路的检测

检测显示译码器 74HC4511 各控制端与电源端引脚的电平，同时检测数码管各段对应引脚的电平及公共端的电平。通过检测与分析找出故障。

项目小结

本项目通过数字频率计的设计制作，介绍数字系统设计的一般方法。

学会采用各种中、大规模数字集成电路设计数字电路系统，是本课程的首要任务。数字电路系统的设计，应采取从整体到局部，再从局部到整体的设计方法。在设计过程中首先要通过对系统的目标、任务、指标要求等的分析画出系统的框图；再对每个框图作用进行进一步分析，合理地选用各种数字器件完成相应任务。合理设计每个框图中的实际电路是系统设计中最重要的内容，通过对电路的进一步分析、仿真、修改以使系统完善与优化，是系统设计的关键所在。

电路设计完成后，进行系统装配与调试工作，是进一步修正设计方案、验证理论设计的实践过程。数字系统的制作必须严格遵守相关工艺，按步骤进行。在调试数字系统时要充分理解电路的工作原理和电路结构，有步骤、有目的地进行。对系统进行检测时，应灵活运用“对换”“对比”“对分”“信号注入”“信号寻迹”等方法。

在数字电路系统调试时出现故障要认真查找故障原因，应当把查找故障并分析故障原因看成一次好的学习机会，通过它来不断提高自己分析问题和解决问题的能力。

习题七

1. 在设计数字电路系统完毕后，为什么还要对数字电路系统进行调试？
2. 简述图 7 - 2 中各矩形框的作用。
3. 简述项目 7 中数字频率计设计制作的基本原理。
4. 简述项目 7 中数字频率计的基准时间是如何获得的？
5. 在图 7 - 8 中，计数器与显示译码器能否直接相连？
6. 在图 7 - 8 中，各与门的作用是什么？
7. 在图 7 - 8 中，JK 触发器起什么作用？

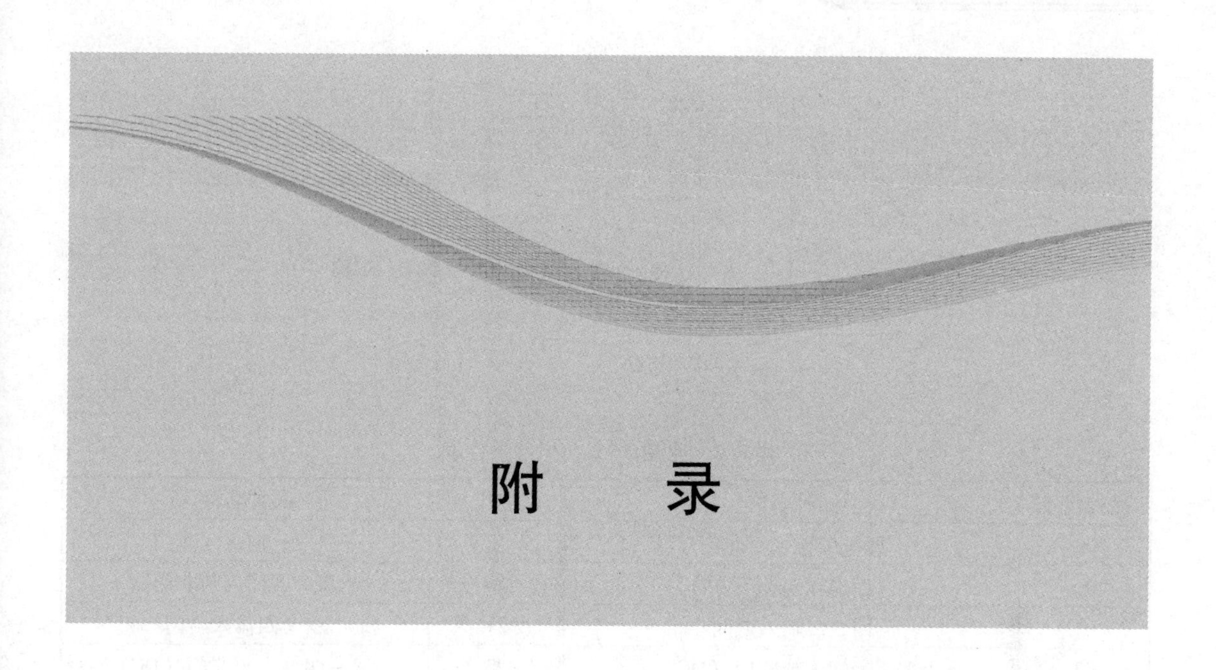

附 录

《半导体集成电路型号命名方法》（GB/T 3420—1989）是现行国家标准，于1989年开始实施。我国集成电路器件型号由五个部分组成，其符号及意义如附表1所示。

附表1　中国半导体集成电路型号命名方法

第1部分		第2部分		第3部分	第4部分		第5部分	
用字母表示器件符合国家标准		用字母表示器件的类型		用阿拉伯数字表示器件的系列和品种代号	用字母表示器件的工作范围		用字母表示器件的封装	
符号	意义	符号	意义		符号	意义	符号	意义
C	中国制造	T	TTL电路	其中，TTL电路分为四个系列： 1000 - 中速系列 2000 - 高速系列 3000 - 肖特基系列 4000 - 低功耗肖特基系列	C	0℃ ~70℃	F	多层陶瓷扁平
		H	HTL电路		G	-25℃ ~70℃	B	塑料扁平
		E	ECL电路		L	-25℃ ~85℃	H	黑瓷扁平
		C	CMOS电路		E	-40℃ ~85℃	D	多层陶瓷双列直插
		M	存储器		R	-55℃ ~85℃	J	黑瓷双列直插
		U	微型机电路		M	-55℃ ~125℃	P	塑料双列直插
		F	线性放大器				S	塑料单列直插
		W	稳压器				T	金属圆壳
		D	音响电视电路				K	金属菱形
		B	非线性电路				C	陶瓷芯片载体
		J	接口电路				E	塑料芯片载体
		AD	A/D转换电路				G	网络针栅阵列
		DA	D/A转换电路					
		SC	通信专用电路					
		SS	敏感电路					
		SW	钟表电路					
		SJ	机电信电路					
		SF	复印机电路					

示例：

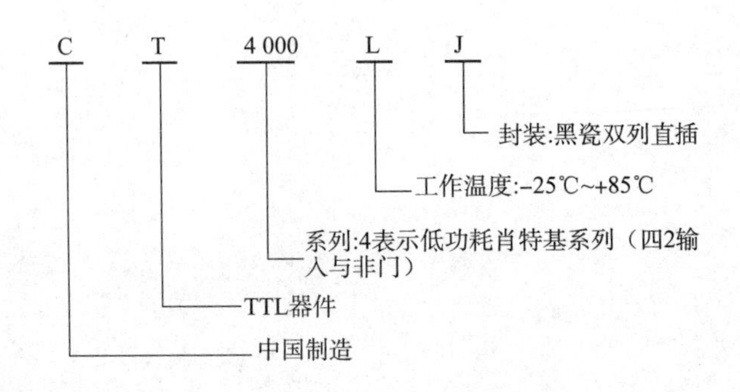

附表 2　常用 TTL 门电路器件表

品种代号	品种名称	品种代号	品种名称
00	四－二输入与非门	12	三－三输入与非门
01	四－二输入与非门（OC）	20	双－四输入与非门
02	四－二输入或门	21	双－四输入与门
03	四－二输入或非门（OC）	22	双－四输入与非门（OC）
04	六反相器	27	三－三输入或非门
05	六反相器（OC）	30	八输入与非门
06	六高压输反相缓冲/驱动器（OC，30 V）	37	四－二输入与非缓冲器
07	六高压输同相缓冲/驱动器（OC，30 V）	40	双－四输入与非缓冲器
08	四－二输入与门	136	四－二输入异或门（OC）
10	三－三输入与非门	245	双向总线发送/接收器

附表 3　常见组合集成电路

类型	型号	功能
码制转换器	74184 74185	BCD 码移二进制码转换器 二进制码 BCD 码转换器
数据选择器	74150 74151 74153　74LS253	16 选 1 数据选择器（有选通输入，反码输出） 8 选 1 数据选择器（有选通输入，互补输出） 双 4 选区据选择器（有选通输入）
数据选择器	74157 74253　74LS253 74353　74LS353 74351	四 2 选 1 数据选择器（有公共选通输入） 双 4 选 1 数据选择器（三态输出） 双 4 选 1 数据选择器（三态输出，反码） 双 8 选 1 数据选择器（三态输出）
比较器	7485 74LS85 74LS85 74LS686 74LS687 74688　74LS688 74689	4 位幅度比较器 8 位数值比较器 8 位数值比较器（OC） 8 位数值比较器/等值检测器 8 位数值比较器/等值检测器（OC）
运算器	74283　74LS283	4 位二进制超前进位全加器

附表 4　常用编码器和译码器

类型	型号	功能
编码器	74148　74LS148　74HC148	八 - 三线优先编码
	74147　74LS147　74HC42	十 - 四线优先编码
	74LS348	八 - 三线优先编码（三态输出）
译码器	7442　74L42　74LS42　74HC42	- 十进制译码器
	74C42	余 3 码 - 十进制译码器
	7443　74L43	余 3 格雷码 - 十进制译码器
	7444　74L44	三 - 八线译码器（带地址锁存）
	74HC131　74S137　74LS137　74HC137	三 - 八线译码器/多路转换器
	74HC237	
	74S138　74LS138　74HC138	
	74S139　74LS139　74HC139	双 2 - 4 线译码器/多路转换器
	74141	BCD - 十进制译码器/驱动器
	74145　74LS155　74HC145	BCD - 十进制译码器/驱动器（OC）
	74154　74L154　74LS154　74HC154	四 - 十六线译码器/多路分配器（OC）
译码器	74159　74hc1459	三 - 八线译码器/多路分配器
	74HC238	双二 - 四线译码器/多路分配器
	74HC239	
	74LS48　74C48　7449　74LS49	BCD - 七段译码器/驱动器
	74246　74LS247　74247　74248	
	74LS248　74249　74LS249　74LS373	
	74LS447	
	7446　74L46　7447　74L47　74LS47	BCD - 七段译码器/驱动器（OC）
	74249　74LS249	
	74LS445	BCD - 十进制译码器/驱动器（OC）
	74LS537	BCD - 十进制译码器（三态）
	74LS538	三 - 八线多路分配器（三台）

附录 5　常用触发器 IC

品种代码	品种名称	品种代码	品种名称
70	与门输入上升沿 JK 触发器（带预置、清除端）	71	与或门输入主从 JK 触发器（带预置端）
72	与或门输入主从 JK 触发器（带预置、清除端）	74	双上升沿 D 触发器（带预置、清除端）
78	双主从触发器（带预置、公共清除、公共时钟端）	107	双下降沿 JK 触发器（带清除端）

续表

品种代码	品种名称	品种代码	品种名称
108	双下降沿 JK 触发器（带预置、公共清除端	109	双上升沿 JK 触发器（带预置、清除端
110	与门输入主从 JK 触发器（带预置、清除端、有数据锁定功能）	111	双主从 JK 触发器（带预置端、清除端、有数据锁定功能）
112	双下降触发器（带预置、清除端）	116	双四位锁存器
125	四总线缓冲器	173	四位寄 D 存器
174	六上升沿 D 触发器（Q 端输出，带公共清除端）	175	四上升沿 D 触发器（带公共清除端）
244	八缓冲/驱动/线接收器	245	双向总线发送/接收器
247	四线七段译码/驱动器（BCD 输入，OC，30 V）	248	四线七段译码/驱动器（BCD 输入，有上拉电阻）
249	四线七段译码/驱动器（BCD 输入，OC）	279	四锁存器
373	八 D 锁存器	374	八 D 上升沿触发器
375	双二位 D 锁存器	377	八上升 D 沿触发器

附表 6　常用计数器 IC

类型	型号	功能
计数器	7468	双十进制计数器
	74LS90	十进制计数器
	74LS92	十二分频计数器
	74LS93	4 位二进制计数器
	74LS160	同步十进制计数器
	74LS161	4 位二进制同步计数器（异步清除）
	74LS162	十进制同步计数器（同步清除）
	74LS163	4 位二进制同步计数器（同步清除）
	74LS168	可预置制十进制同步加/减计数器
	74LS169	可预置 4 位二进制同步加/减计数器
	74LS190	可预置十进制同步加/减计数器
	74LS191	可预置制 4 位二进制同步加/减计数器
	74LS192	可预置十进制同步加/减计数器（双时钟）
	74LS193	可预置 4 位二进制同步加/减计数器（双时钟）
	74LS196	可预置十进制计数器
	74LS197	可预置二进制计数器

续表

类型	型号	功能
计数器	74LS290	十进制计数器
	74LS293	4 位二进制计数器
	74LS390	双 4 位十进制计数器
	74LS393	双 4 位二进制计数器（异步清除）
	74LS490	双 4 位十进制计数器
	74LS568	可预置十进制同步加/减计数器（三态）
	74LS569	可预置二进制同步加/减计数器（三态）
	74LS668	十进制同步加/减计数器
	74LS669	二进制同步加/减计数器
	74LS690	可预置十进制同步计数器/寄存器（直接清除、三态）
	74LS691	可预置二进制同步计数器/寄存器（直接清除、三态）
	74LS692	可预置十进制同步计数器/寄存器（同步清除、三态）
	74LS693	可预置二进制同步计数器/寄存器（同步清除、三态）
	74LS696	十进制同步加/减计数器（三态、直接清除）
	74LS697	二进制同步加/减计数器（三态、直接清除）
	74LS698	十进制同步加/减计数器（三态、同步清除）
	74LS699	二进制同步加/减计数器（三态、同步清除）

附表 7　常用寄存器 IC

类型	型号（74、54 系列）	功能
移位寄存器	164	8 位移位寄存器（串行输入、并行输出）
	165	8 位移位寄存器（并行输入、串行输出）
	166	8 位移位寄存器（串并行输入、并行输出）
	194	4 位双向移位寄存器（并行存储）
	195	4 位双向移位寄存器（并行存储，J，K 输入）
	299	8 位双向移位寄存器（3s）
	589	8 位移位寄存器（3s，并行输入，串行输出）
	595	8 位移位寄存器（3s 串行输入，串、并行输出、输入锁存）
	597	8 位移位寄存器（串并行输入，串行输出、输入锁存器）
	173	4 位 D 寄存器（3s）
	174	6D 锁存器（上升沿触发）
	175	4D 锁存器（上升沿触发）
	259	8 位可寻址锁存器（电平触发）
	273	8D 锁存器（上升沿触发）
	373	8D 锁存器（3s，高电平触发）
	374	8D 锁存器（3s，上升沿触发）
	533	8D 锁存器（3s，高电平触发，Q 非端输出）
	534	8D 锁存器（3s，上升沿触发，Q 非端输出）
	563	8D 锁存器（3s，高电平，Q 非端输出）
	564	8D 锁存器（3s，上升沿触发，Q 非端输出）
	573	8D 锁存器（3s，高电平触发）
	574	8D 锁存器（3s，上升沿触发）

附表 8 常用集成存储器

型号	类型说明
6116、6114、6264	RAM
2716、2732、2764、27128	EPROM
27264、27512	
2864	E^2PROM
29BV010、29BV020、29BV040	Flash Memory
24C00、24C01、24AA01、24LC21	I^2C EPROM
24LC21A、24LC41A、24LCS61	
37LV65、37LV36、37LV128	串行 EPROM

附表 9 常用的 D/A 及 A/D 转换器

类型	功能说明
DAC0830、DAC0831、DAC0832	8 位 D/A 转换器
DAC1000、DAC1001、DAC1002	10 位 D/A 转换器
DAC1006、DAC1007、DAC1008	
DAC1230、DAC1231、DAC1232	12 位 D/A 转换器
DAC700、DAC701、DAC702	16 位 D/A 转换器
DAC703、DAC712、	
DAC811、DAC813、	12 位 D/A 转换器
AD7224、AD7228A、AD7524	8 位 D/A 转换器
AD7533	10 位 D/A 转换器
AD7534、AD7525、AD7538	14 位 D/A 转换器
ADC0801、ADC0802、ADC0803	8 位 A/D 转换器
ADC0831、ADC0832、ADC0834	
ADC10061、ADC10062	10 位 A/D 转换器
ADC10731、ADC10734	11 位 A/D 转换器
AD7880、AD7883	12 位 A/D 转换器
AD7884、AD7885	16 位 A/D 转换器

常用数字集成电路引脚排列图

74 系列 TTL 集成电路

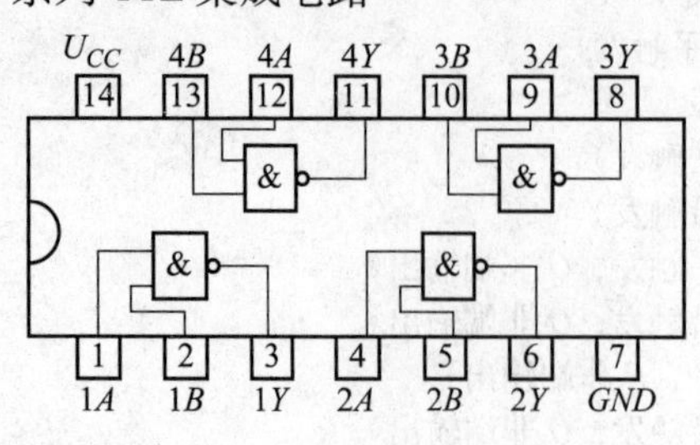

四 2 输入正与非门 74LS00

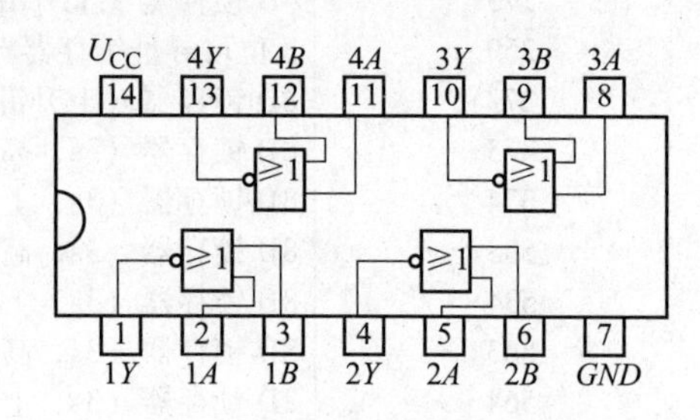

四 2 输入正或非门 74LS02

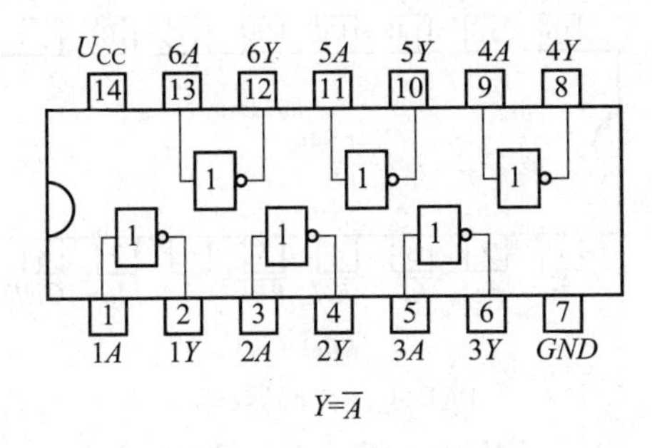

$Y=\overline{A}$

六反相器 74LS04

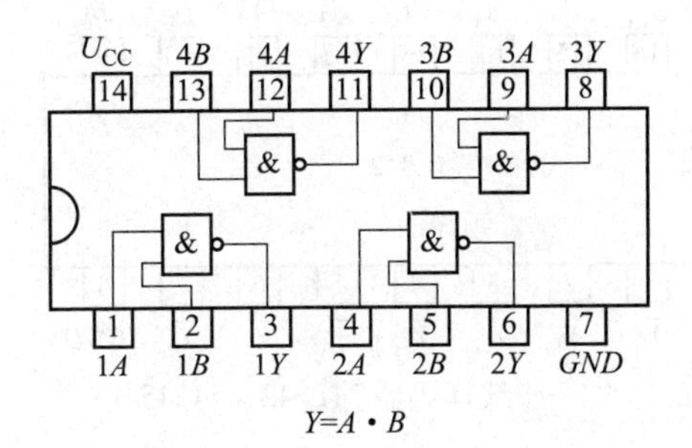

$Y=A\cdot B$

74LS08 四 2 输入正与门

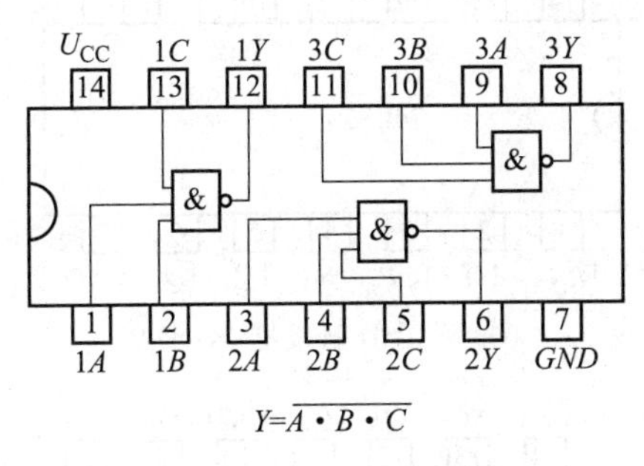

$Y=\overline{A\cdot B\cdot C}$

三 3 输入正与非门 74LS10

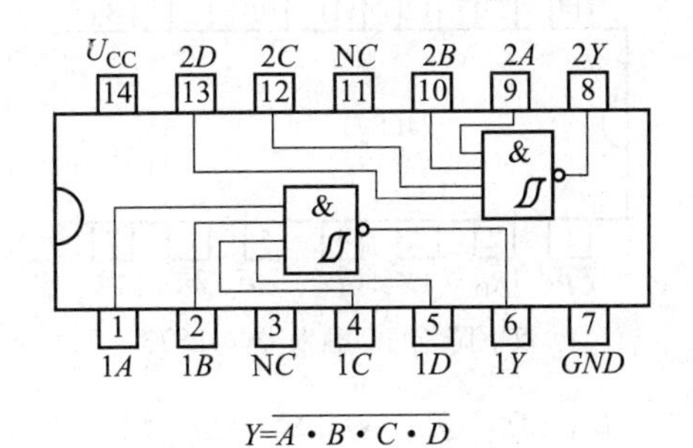

$Y=\overline{A\cdot B\cdot C\cdot D}$

74LS13 双 4 输入正与

非门（有施密特触发器）

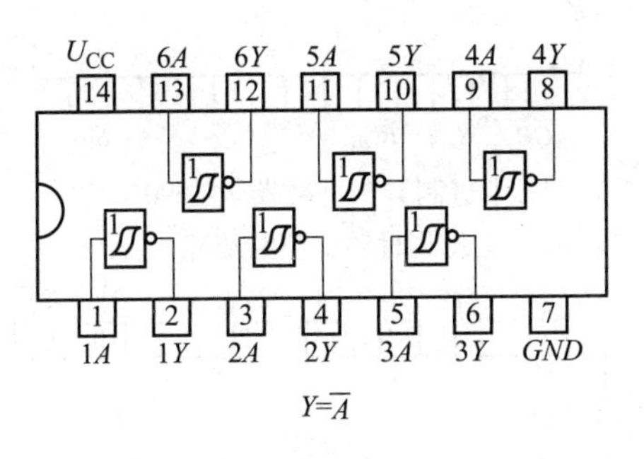

$Y=\overline{A}$

六反相器施密特触发器 74LS14

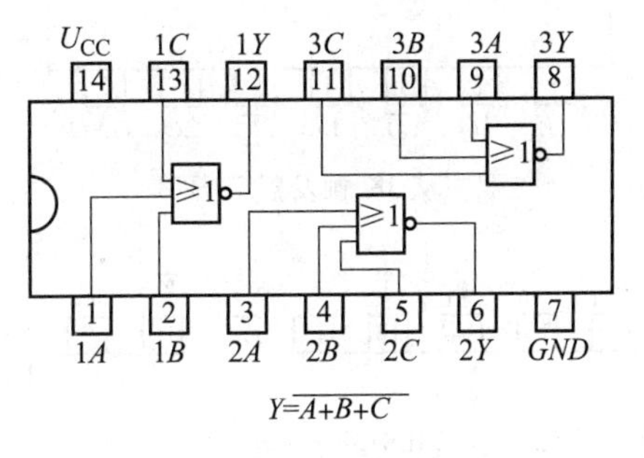

$Y=\overline{A+B+C}$

三输入正或非门 74LS27

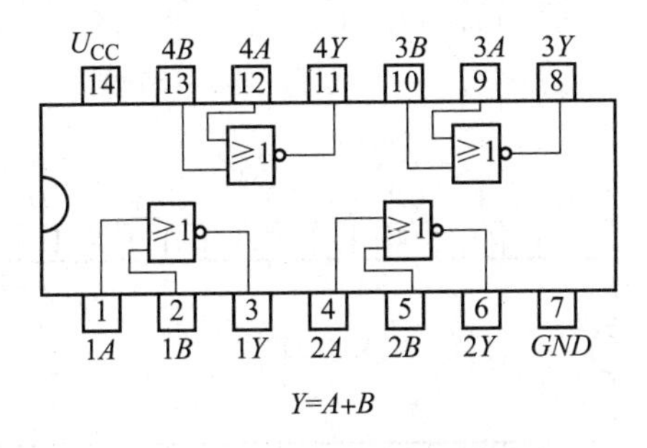

$Y=A+B$

四 2 输入正或门 74LS32

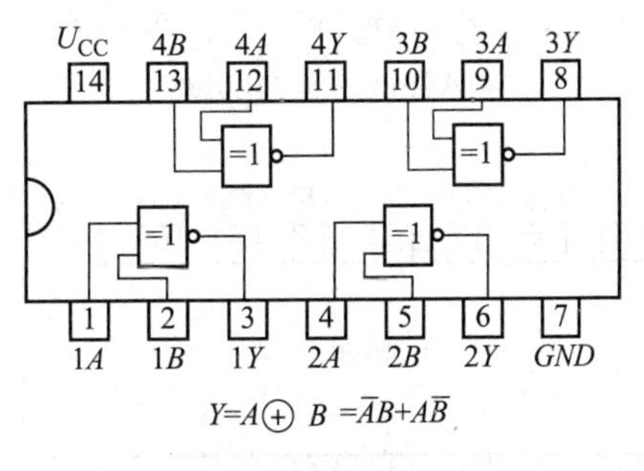

$Y=A\oplus B=\overline{A}B+A\overline{B}$

四异或门 74LS86

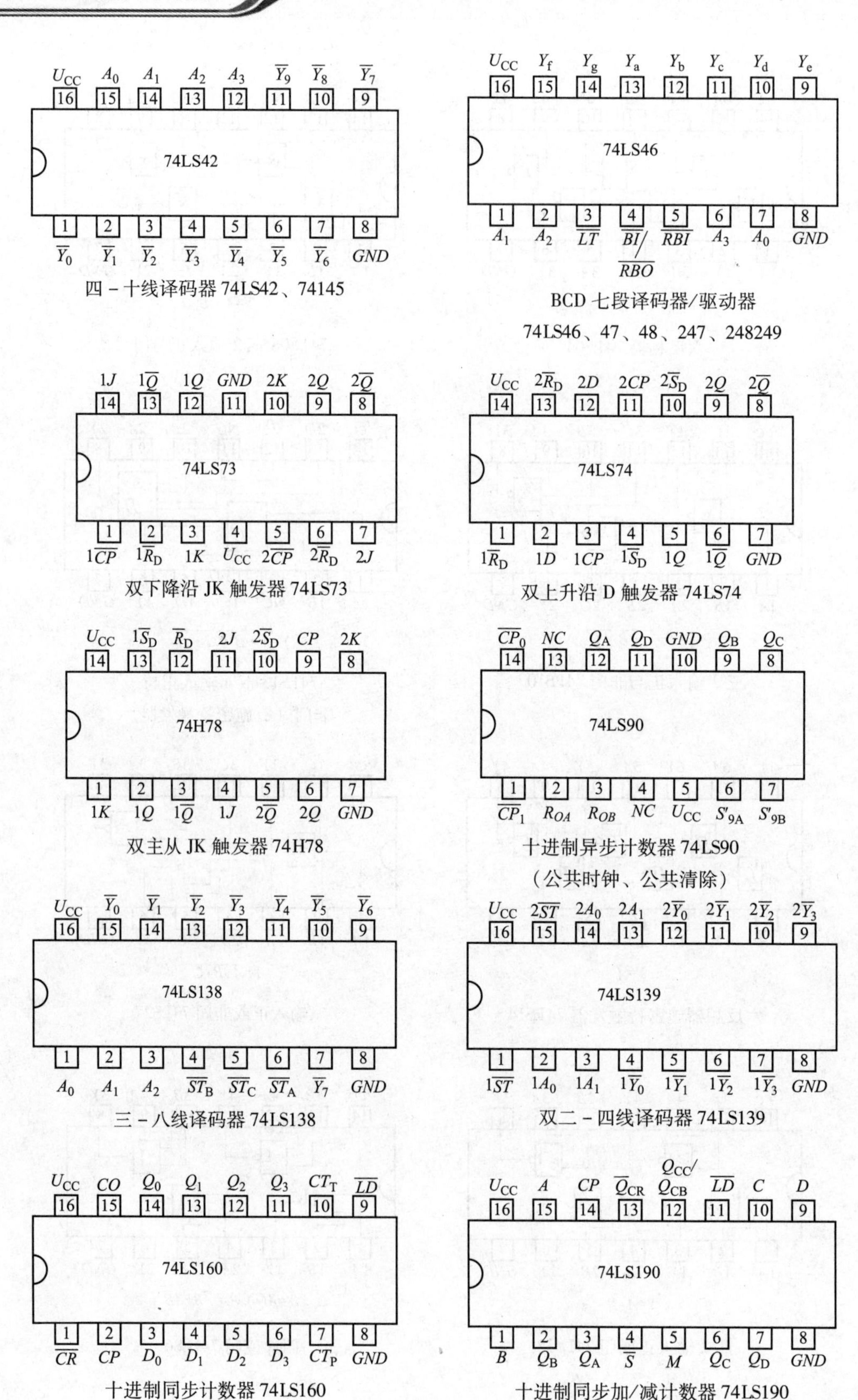

四－十线译码器 74LS42、74145

BCD 七段译码器/驱动器 74LS46、47、48、247、248249

双下降沿 JK 触发器 74LS73

双上升沿 D 触发器 74LS74

双主从 JK 触发器 74H78

十进制异步计数器 74LS90（公共时钟、公共清除）

三－八线译码器 74LS138

双二－四线译码器 74LS139

十进制同步计数器 74LS160

十进制同步加/减计数器 74LS190

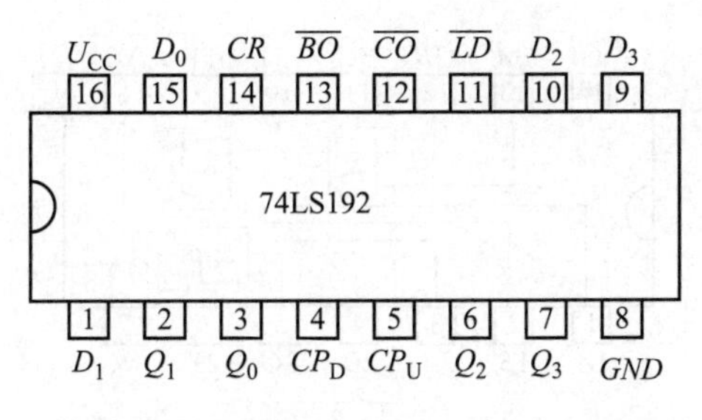

十进制同步加/减计数器（双时钟）74LS192

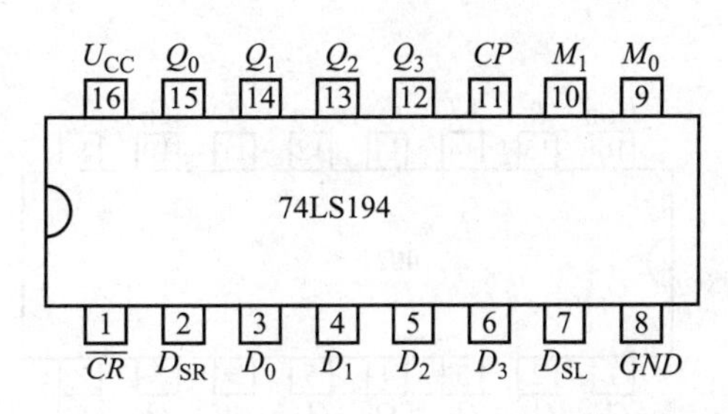

4 位双向移位寄存器 74LS194（并行存取）

4 位二进制同步加/减计数器（双时钟）74LS193

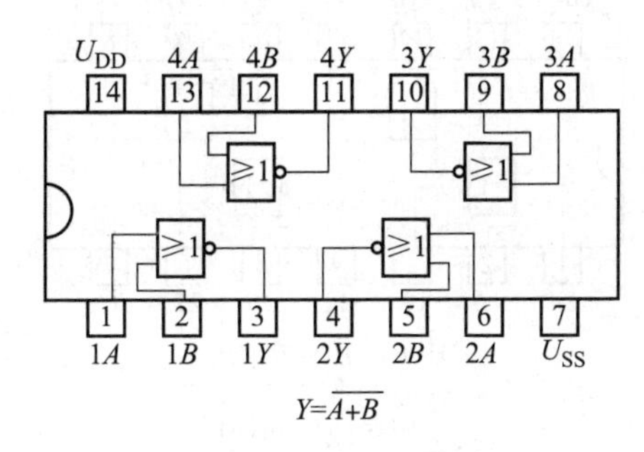

四 2 输入正或非门 4001

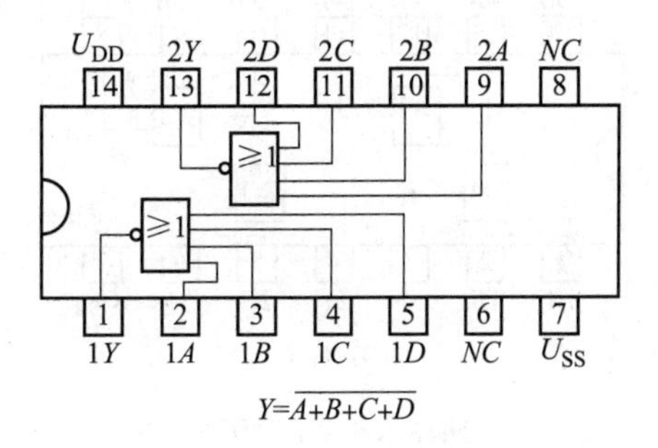

双 4 输入正或非门 4002

CMOS 集成电路

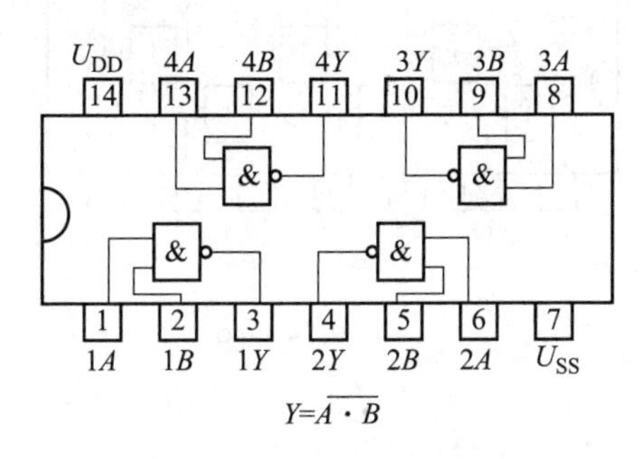

四 2 输入正与非门 CC4011

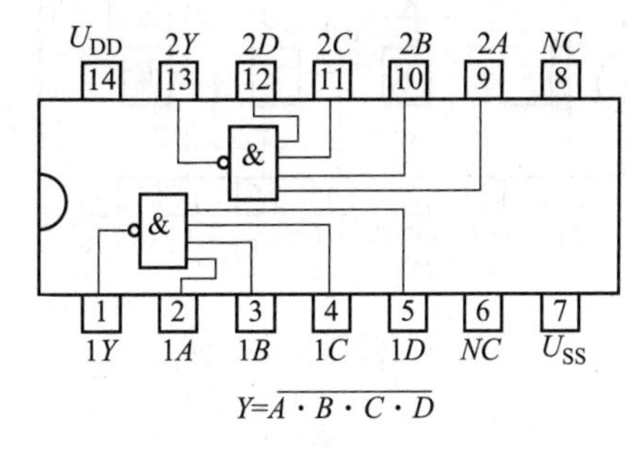

双 4 输入正与非门 CC4012

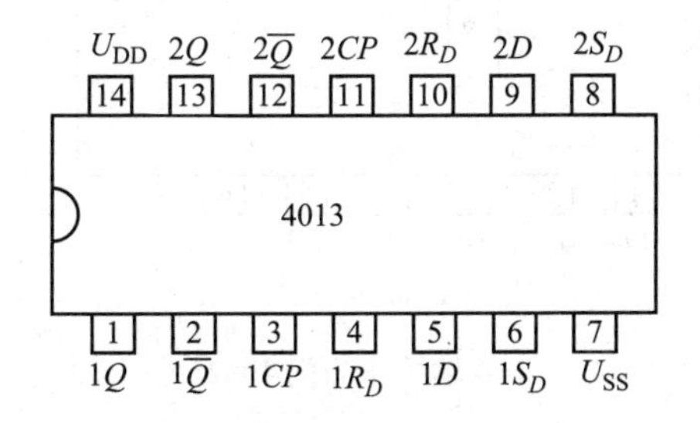

双主从型 D 触发器 4013

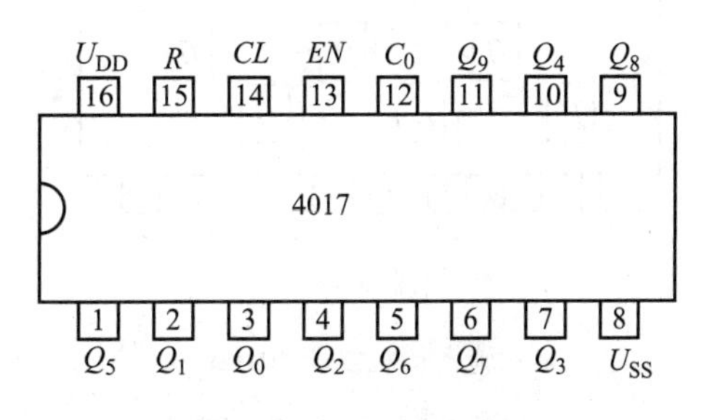

十进制计数/脉冲分配器 4017

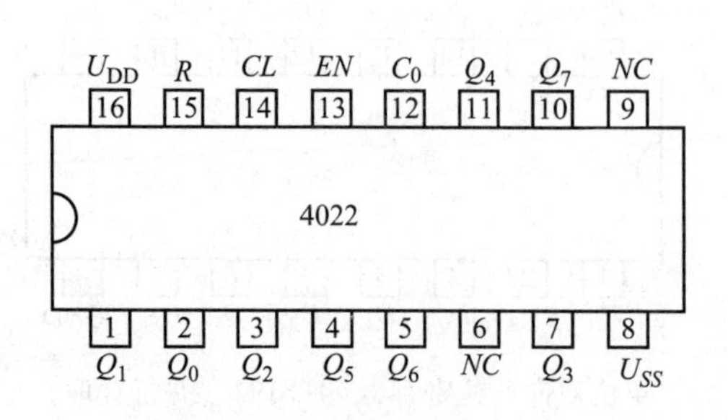

八进制计数/脉冲分配器 4022

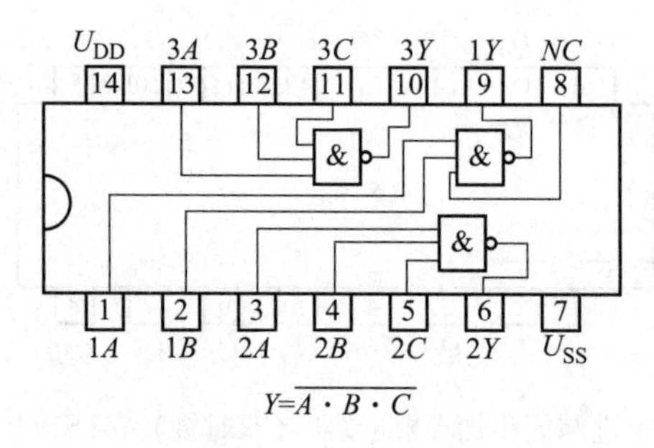

三 3 输入正与非门 4023

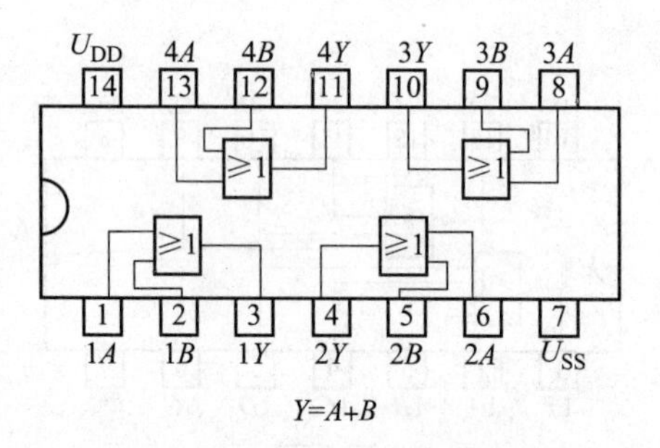

四输入正或门 4071

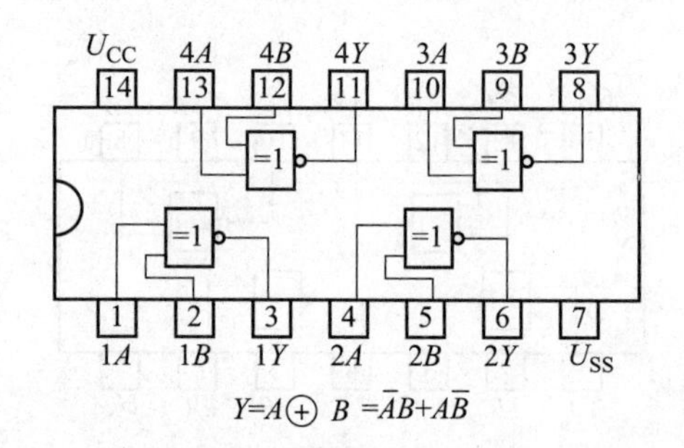

四异或门 4070

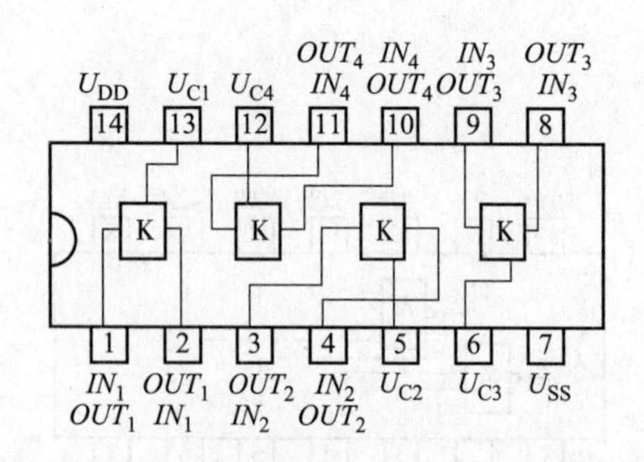

四双向模拟开关 4066

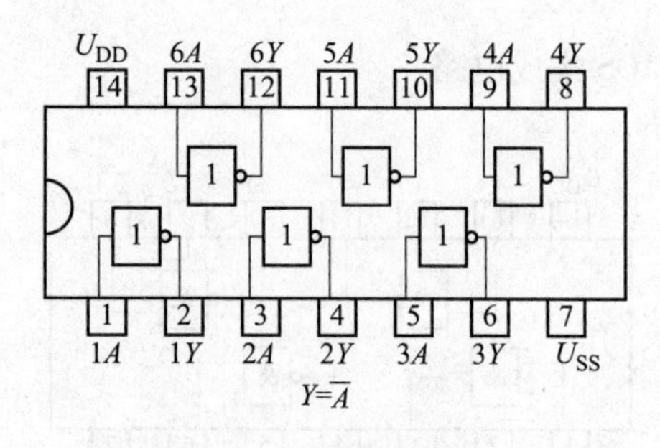

六反相器 4069

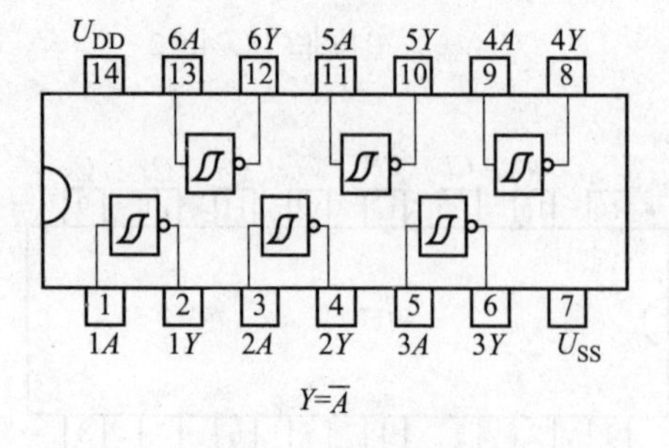

六施密特触发器 40106

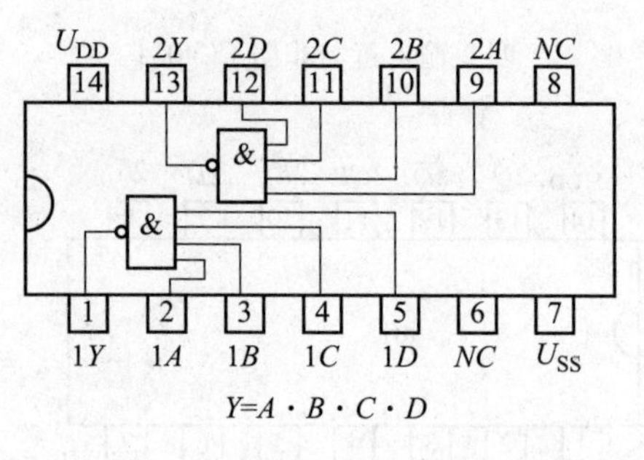

双 4 输入正与门 4082

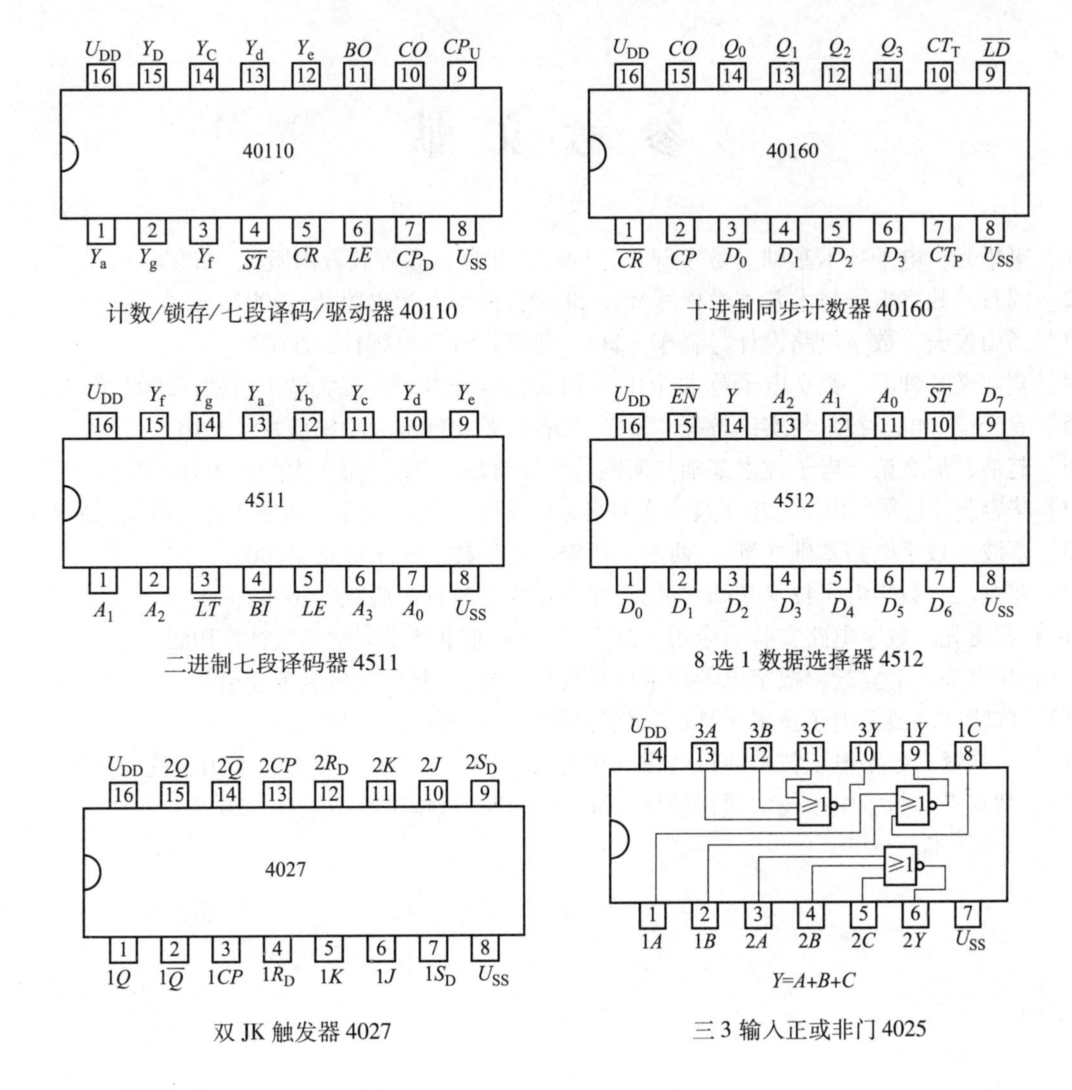

计数/锁存/七段译码/驱动器 40110

十进制同步计数器 40160

二进制七段译码器 4511

8 选 1 数据选择器 4512

双 JK 触发器 4027

三 3 输入正或非门 4025

555 时基电路

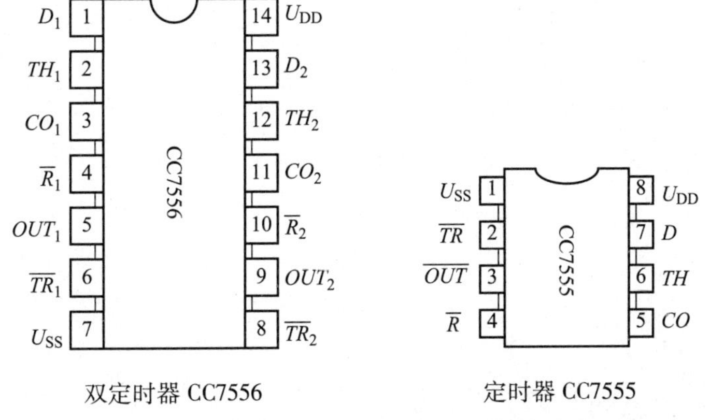

双定时器 CC7556

定时器 CC7555

注：CMOS 电路（CC＊）引脚排列图中的 V_{DD} 和 V_{SS} 等同于 TTL 电路（74LS＊）引脚排列图中的 U_{CC} 和 GND。

参 考 文 献

[1] 康华光. 电子技术基础（数字部分）[M]. 北京：高等教育出版社，2000.

[2] 阎石. 数字电子技术基本教程 [M]. 北京：清华大学出版社，2007.

[3] 汤山俊夫. 数字电路设计与制作 [M]. 北京：科学出版社，2005.

[4] 刘守义，钟苏. 数字电子技术 [M]. 西安：西安电子科技大学出版社，2007.

[5] 袁光德. 电子技术与实训教程 [M]. 长春：东北师范大学出版社，2010.

[6] 赵洁，周文谊. 电子技术基础与实践 [M]. 青岛：中国海洋大学出版社，2011.

[7] 华容茂，过军. 电工、电子技术实习与课程设计 [M]. 北京：电子工业出版社，2000.

[8] 郝波. 数字电路基础 [M]. 西安：西安电子科技大学出版社，2004.

[9] 张友汉. 数字电子技术基础 [M]. 北京：高等教育出版社，2008.

[10] 程震先. 数字电路实验与应用 [M]. 北京：北京理工大学出版社，1989.

[11] 牛百齐，毛立云. 数字电子技术项目教程 [M]. 北京：机械工业出版社，2012.

[12] 陈晓文. 数字电子技术 [M]. 北京：机械工业出版社，2013.

[13] 朱祥贤. 数字电子技术项目教程（项目式）[M]. 北京：机械工业出版社，2010.

[14] 贺立克. 数字电子技术项目教程 [M]. 北京：机械工业出版社，2012.